◇ギリシャ文字の読み方

大文字	小文字	読み方	大文字	小文字	読み方
A	α	アルファ	N	ν	ニュー
B	β	ベータ	Ξ	ξ	グザイ
Γ	γ	ガンマ	O	o	オミクロン
Δ	δ	デルタ	Π	π	パイ
E	ε	イプシロン	P	ρ	ロー
Z	ζ	ゼータ	Σ	σ	シグマ
H	η	イータ	T	τ	タウ
Θ	θ	シータ	Y	υ	ウプシロン
I	ι	イオタ	Φ	φ	ファイ
K	κ	カッパ	X	χ	カイ
Λ	λ	ラムダ	Ψ	ψ	プサイ
M	μ	ミュー	Ω	ω	オメガ

確率統計学 statistics / probability
A to Z

小林潔司
喜多秀行 著
戸田澤利守

電気書院

まえがき

あなたは,サッカープレイヤー.スタディアムが熱狂につつまれ,まさに観客があなたのペナルティー・キックを待っている.延長戦でも決着がつかず PK 戦までもつれ込んだ.敵と味方のそれぞれ 4 人ずつが蹴って,味方は 3 人,敵は 2 人がゴールを決めた.あなたの 1 本が,決まれば,味方の勝利が決まる.これまで,味方のプレイヤーはすべてコーナーの右隅にゴールを決めた.敵のゴールキーパーは,右方向でも左方向でも,防御能力は同じようだ.右隅をねらうか,左隅をねらうべきか? 答えは,これまでのプレイヤーの選択の結果とは無関係にフィフティー・フィフティー.確率論でいえば,どちらを狙う確率も 0.5.スポーツは,まさに確率論の世界.

ところで,われらのチーム監督は有能な統計家だ.監督が,あなたに囁いた.敵のゴールキーパーの右方向のキック阻止率は 0.2,左方向の阻止率は 0.4.右のほうが成功しやすい.それでは,右隅を狙おう.監督は過去の試合記録(統計)を調べ,ペナルティー・キック阻止率を計算していた.敵のゴールキーパーの試合経験数が少ないと,阻止率を計算したところで,あまり参考にならない.しかし,記録数が多くなってくると,阻止率が低いという情報は,より確かになるように思える.過去の記録から,左と右の阻止率に違いがあるかどうか自信を持って判断できるだろうか.

統計学は,過去のさまざまな記録から,確率論に基づいて,知りたいことの「確からしさ」に関する情報を科学的に与えてくれる.統計学を勉強すれば,監督が直面する問題は,典型的な統計的仮説検定だということが理解できるだろう.確率論や統計学が有用なのは,スポーツの世界だけではない.私たちの日常生活や,ビジネスの世界とも密接な関わりがある.たとえば,天気予報や降水確率,さまざまな保険の保険料の計算・年金の計算,株価の変動予測などは,確率論や統計学が大活躍するテーマだ.さらに,ビジネスの世界では,新しい工場を建設したり,支店を出したり,新製品を開発したりする場合には,ビジネスが成功するかどうかを確率計算により検討することが重要視されている.

もちろん，確率論や統計学を勉強することにより，人生やビジネスの成功者になることが保証されているわけではない．しかし，確率論や統計学を勉強し，あらかじめ不確実なことに対して備えておくことで，不必要な失敗を防ぐことが可能になる．ここが大事．

　初学者にとって，確率論，統計学の世界は，とっつきにくいかもしれない．しかし，一度，確率論，統計学を理解できれば，それを日常生活やビジネスに応用することは，そう難しいことではない．本書では，できるだけ，わかりやすい事例をとりあげて，確率論，統計学の基本的な考え方や数学モデルを説明することを心がけている．一歩，一歩，山に登るつもりで，確率論，統計学をマスターしていただきたいと思います．

　本書を執筆するにあたって，多くの方々からご支援・ご協力をいただきました．神戸大学織田澤研究室の学生諸君は原稿を丁寧に読み，多くの有益なコメントを下さいました．特に，植田綱基君には問題及び解答の作成についてご協力いただきました．また，本書が完成に至ったのは，著者らを辛抱強く励まし続けて下さった電気書院の近藤知之氏のお陰であります．ここに記して，心から感謝申し上げます．

著者しるす

はじめに

本書の内容と目的

　本書は，確率・統計を学ぼうとする大学の学部生（文系・理系を問わない）ならびに高等専門学校の学生を対象とする入門書です．それでは早速，確率・統計とはそれぞれどのようなもので，これから皆さんは何を学ぶかについて見ていきましょう．

　皆さんの中には，「確率」と聞くと「サイコロを○回振ったときに，□□である確率を求めよ」や「箱の中から玉を△個取り出したとき，××である確率はいくらか」といった教科書や参考書でよく目にする問題文のフレーズを思い浮かべる人も少なくないでしょう．人によっては，「確率の計算は苦手だから…」と不安に思うかもしれませんが，ご安心ください．本書では，高校数学までで学んだような，ある特定の現象が起こる確率の値そのものの計算ではなく，確率と呼ばれる数値の持つ性質について学んでいきます．確率が満たすべき最低限の前提のみを与えた上で，確率の様々な性質を導き体系化するアプローチは近代確率論と呼ばれ，1930年代にロシアの数学者コルモゴロフによって始められました．その後，自然科学から社会科学に至る幅広い分野に応用され，現代科学の発展に大きく寄与しています．

　「統計」という言葉は日常生活でもよく耳にしますが，あらためて説明しようとすると意外に難しいかもしれません．統計とは，ある『集団』について，着目する事項を定めて調査・観察を行い，その集団全体の『性質・傾向』を『数量的』に表すことです．少し分かりづらいので，身近な統計の例として内閣支

持率について考えてみましょう．この場合，集合とは有権者全体のことで，着目する性質・傾向は内閣を支持するか否かを指します．調査・観察の対象となる事項について得られた測定値の集合は統計データと呼ばれます．内閣支持率に関しては，報道機関による世論調査がしばしば実施されますが，その際に調査対象となる個々の有権者によって表明される，支持もしくは不支持といった回答結果の集まりがそれです．回答結果はそれぞれの有権者によって当然異なるため，統計データには必然的に"ばらつき"が含まれることがわかると思います．統計データに含まれる"ばらつき"の規則性を発見・把握し，集団全体の特徴を数量的に記述あるいは推論することを統計分析といい，統計分析のための理論的枠組みが統計学です．なお，統計学においては"ばらつき"を適切に扱う上で，確率の知識が不可欠となります．

本書の目的は，読者の皆さんが確率論の基礎を理解すること，また，その上で統計学の概念と分析方法を習得することにあります．

学習の手引き

本書を用いた確率論・統計学の学習を登山に見立ててみましょう．本書は序章を含め全10章で構成されています．序章は登山のための足ならしです．残りの9章のうち，前半の1～4章（1編）では確率について学び，後半の5～9章（2編）では統計について学びます．1編までの学習を終えると，ちょうど五合目まで到達したことになります．登頂するためには，まずは必ず1編で確率について学習し，それから2編の統計に挑んでください（ただし，4章の確率過程についてはスキップして，後で別に学習しても結構です）．

なお，†印の付いている節や小節は，初学者にとってあまり優先度が高くないため，ひとまずとばして読んでも構いません．また，定理などの証明のうち，やや高度な数学の知識を必要とするものには☆印を付けています．数学が苦手なひとはとりあえず定理を覚えて使えるようになれば十分です．

さて，山頂では，どのような景色が皆さんを待っているでしょうか？　いよいよ登山に出発しましょう！

目　次

序章　知っておきたい基礎知識　1
- 序.1　集合 1
- 序.2　順列・組合せと二項定理 6
- 序.3　度数分布 11

第1章　確率　17
- 1.1　確率とは 17
- 1.2　確率の与え方 18
- 1.3　確率の表現と性質 22
- 1.4　ベイズ (Bayes) の定理 32

第2章　確率分布と期待値　39
- 2.1　確率変数と確率分布 39
- 2.2　期待値 47
- 2.3　確率変数が複数ある場合 54
- 2.4　相関関係 58

第3章　主な確率分布　75
- 3.1　離散確率分布 75
- 3.2　連続確率分布 85

第4章　時と共に変化する確率変数　95
- 4.1　確率過程 95
- 4.2　マルコフ過程 97
- 4.3　ポアソン過程 109

第5章　統計学の基本的な考え方と準備　121
- 5.1　統計的現象と確率分布 121

5.2	母集団と標本	122
5.3	標本統計量	126
5.4	標本分布	128
5.5	中心極限定理	132
5.6	代表的な標本分布	136

第 6 章 推定   143

6.1	推定とは	143
6.2	母平均の区間推定	143
6.3	比率の区間推定	152
6.4	母分散の区間推定	154
6.5	点推定	155

第 7 章 検定   161

7.1	検定とは	161
7.2	1 つの母集団に関する検定	166
7.3	2 つの母集団に関する検定	174
7.4	適合度と独立性の検定	181

第 8 章 最小 2 乗法による回帰分析   189

8.1	回帰分析	189
8.2	重回帰分析	202
8.3	回帰関係の統計的推論	210

第 9 章 最尤推定法   227

9.1	最尤推定法	227
9.2	線形回帰モデルの最尤推定	232
9.3	ロジットモデルの最尤推定	233

章末問題の解答   243

索引   273

序章 知っておきたい基礎知識

さあ，これから読者の皆さんは「確率・統計学」の登山に出発するわけであるが，いきなり闇雲に登り始めてもいずれ道に迷い遭難してしまうのがオチであろう．登山前には然るべき準備と訓練が必要となる．したがって，本章をこの登山において最低限必要な道具（基礎的な知識）の準備とそれらを使う訓練に当てたいと思う．早速，準備に取りかかるとしよう．

序.1 集合

「集合！」とはいっても，読者の皆さんをどこか1カ所に集めたいわけではない．ここでは，数学の概念である「集合」について述べる．集合は，これから勉強する確率・統計学の土台となる基礎概念である．

集合とはもの（対象）の集まりのことをいい，そこに含まれるものを**要素**（元）という．要素 x が集合 X に含まれていることを

$$x \in X \tag{序.1}$$

と表す．一方，x が集合 X に含まれないことは，$x \notin X$ と表す．例えば，サイコロの目を要素とする集合を X とする．このとき，集合はその要素を書き上げる形で，

$$X = \{1, 2, 3, 4, 5, 6\} \tag{序.2}$$

と表されたり，

$$X = \{x|\ x はサイコロの目\} \qquad (序.3)$$

と表される．

　サイコロの目のように要素が有限の場合，その集合を有限集合という．一方，自然数全体の集合のように，その要素が無限に存在する集合を無限集合という．その場合は，

$$Y = \{1, 2, 3, \cdots\} \qquad (序.4)$$

や

$$Y = \{y|\ y は自然数\} \qquad (序.5)$$

と表す．また，各々の要素に番号を振って数え上げることができる集合を可算集合という．なお，集合 Y のように無限の要素を持つが，それらを順に数え上げることが可能（可算的）である集合は可算無限集合と呼ばれる．

　一般に，集合 X のどの要素も集合 Y に含まれるとき，X が Y の**部分集合**であると表現し，

$$X \subset Y \qquad (序.6)$$

と書く．先ほどの例では，サイコロの目はいずれも自然数である．したがって，サイコロの目を要素とする集合 X は自然数全体の集合 Y の部分集合である．$X \subset Y$ かつ $X \supset Y$ ならば，集合 X と Y は等しく，$X = Y$ と表される．

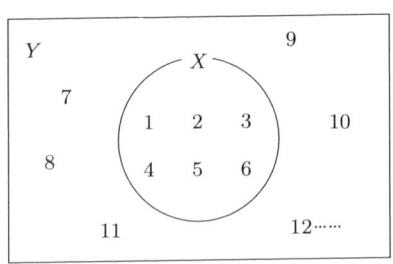

図 序.1　部分集合の例

序.1. 集合

ひとつも要素を持たない集合を**空集合**といい，ϕ で表す．記号 ϕ はファイと読む．また，対象とする要素の全てを含む集合を全体集合 U という．U のある部分集合 X を考えるとき，X に属さない要素全体でできている集合を X の**補集合**といい，$\overline{X}$，または $U - X$, X^c で表す．このとき，次の関係が成り立つ．

$$\overline{(\overline{X})} = X \tag{序.7}$$

$$X \cap \overline{X} = \phi \tag{序.8}$$

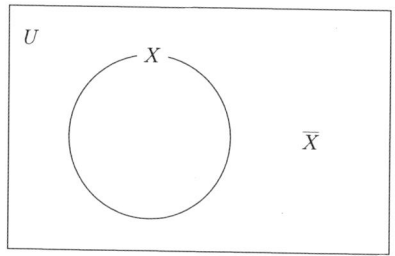

図 序.2　補集合

2つの集合 X と Y に含まれる要素の全てを要素とする集合を**和集合**といい，

$$X \cup Y \tag{序.9}$$

と表す．記号 ∪ はカップと読む．一方，X と Y の要素のうち，2つの集合に共通する要素全体がつくる集合を**共通部分**といい，

$$X \cap Y \tag{序.10}$$

と表す．記号 ∩ はキャップと読む．なお，和集合，共通部分とも表記の順序を入れ替えても意味は変わらない．

$$X \cup Y = Y \cup X \tag{序.11}$$

$$X \cap Y = Y \cap X \tag{序.12}$$

X と Y が共通する要素を持たない場合,すなわち

$$X \cap Y = \phi \tag{序.13}$$

のとき,X と Y は互いに**排反**であるという.排反とは,ベン図において 2 つの集合 X と Y が重なる部分を持たないことである.

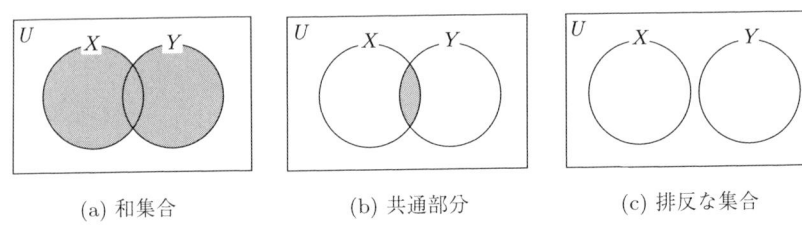

(a) 和集合　　　　　(b) 共通部分　　　　　(c) 排反な集合

図 序.3　集合の関係(ベン図による理解)

補集合について,以下の法則が成り立つ.

ド・モルガンの法則:

$$\overline{(X \cap Y)} = \overline{X} \cup \overline{Y} \tag{序.14}$$

$$\overline{(X \cup Y)} = \overline{X} \cap \overline{Y} \tag{序.15}$$

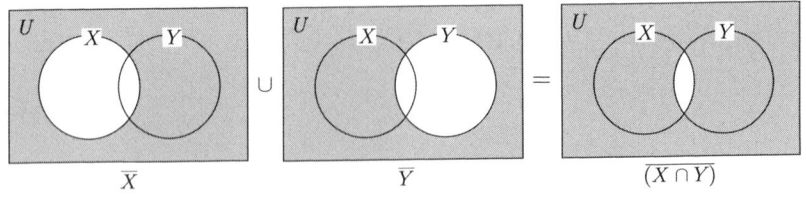

図 序.4　ド・モルガンの法則:$\overline{(X \cap Y)} = \overline{X} \cup \overline{Y}$

集合が 3 つ以上の場合は,以下の法則が成り立つ.

序.1. 集合

結合法則：

$$X \cup (Y \cup Z) = (X \cup Y) \cup Z \tag{序.16}$$

$$X \cap (Y \cap Z) = (X \cap Y) \cap Z \tag{序.17}$$

分配法則：

$$X \cap (Y \cup Z) = (X \cap Y) \cup (X \cap Z) \tag{序.18}$$

$$X \cup (Y \cap Z) = (X \cup Y) \cap (X \cup Z) \tag{序.19}$$

これらの法則についても，ベン図を用いれば直感的に理解ができる．図序.5 の上段左 2 つは $X \cap (Y \cup Z)$ を，下段の 2 つは $(X \cap Y) \cup (X \cap Z)$ を表しており，両者が等しいことから分配法則 (序.18) が成立することがわかる．

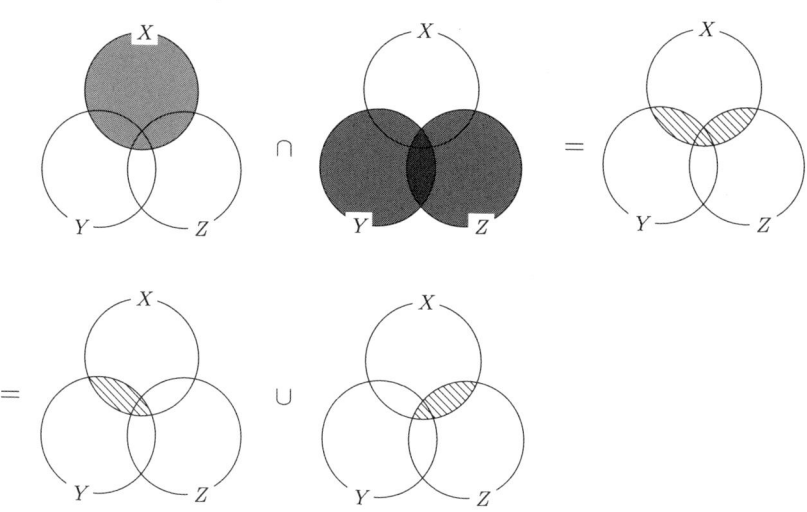

図 序.5　分配法則：$X \cap (Y \cup Z) = (X \cap Y) \cup (X \cap Z)$

序.2 順列・組合せと二項定理

登山をする場合,パーティーと呼ばれるグループ単位で行動するのが一般的である.また,山道は幅が狭いため,1列になって進まなければならない.このとき,グループの組合せや列の順番の決め方は,何通りあるだろうか?

まずは,順列の説明から始めよう.ある集合からいくつかの要素を取り出して,順に1列に並べたものを**順列**といい,その並び方の数を順列の数という.

例 序.1:ある大学の登山部には,10人の部員がいる.そのうち,主将と副将,マネージャーを各1人ずつ選ぶとき,選び方は何通りあるだろうか?

まず,主将の選び方は10通り,副将の選び方は,主将を決めた後には9通り,さらに主将と副将を決めた後のマネージャーの決め方は8通りであるから,10人の部員のうち主将,副将,マネージャーを選ぶ決め方は,$10 \times 9 \times 8 = 720$通りある.

より一般的には,異なるn個のものから$r\,(\leq n)$個を取って1列に並べる順列の数は,

$$_nP_r = n(n-1)\cdots(n-r+1)$$

と表される.$r=n$のときは,

$$_nP_n = n(n-1)\cdots 2 \cdot 1 = n!$$

である.$n!$はnから1までの整数を順にかけ合わせたものであり,nの階乗と呼ぶ(ただし,例外的に$0! = 1$と定義される).この記号を使うと,

$$_nP_r = \frac{n!}{(n-r)!}$$

と表すことができる.先ほどの例だと,$_{10}P_3 = 10 \times 9 \times 8 = 720$通りと表現される.

序.2. 順列・組合せと二項定理

練習問題 序.1

6人の学生がいる．そのうち，m_1 君，m_2 君，m_3 君の3人が男子，f_1 さん，f_2 さん，f_3 さんの3人が女子である．

(1) 6人の学生のうち3人を並べる場合の順列の数を求めよ．

(2) 男子同士，女子同士を区別せずに6人を並べる場合の順列の数を求めよ．

解答

(1) $_6P_3 = 6!/3! = 120$（通り）

(2) 男子同士，女子同士を区別せずに6人を並べる場合の順列の数を x で表そう．男子を m，女子を f と表せば，$mmmfff$, $mfmfmf$ などがこれらの順列に含まれる．いま，ある順列について，男子同士を m_1, m_2, m_3 と区別して，m のところに順番に並べる方法は $_3P_3 = 3!$ 通りある．さらに，女子同士 f_1, f_2, f_3 と区別して，f のところに順番に並べる方法も $_3P_3 = 3!$ 通りある．これより，m, f を区別して並べる方法は $x \times 3! \times 3!$ 通りあることになるが，これは6人を区別して順番に並べる場合の順列の数 $_6P_6 = 6!$ と等しいはずである．したがって，

$$x \times 3! \times 3! = 6!$$
$$x = \frac{6!}{3! \times 3!} = 20 \text{（通り）}.$$

例 序.2：例序.1の登山部では，次の登山に向けて10人のうち3人をメンバーとして選ぶという．メンバーの選び方は何通りあるだろうか？

順列の考え方を利用して説明しよう．10人から3人を選び順番に1列に並べるときの並び方は，例序.1と同様に720通りある．順列の数の場合，同じ組合せでも並び順が異なれば，それぞれ区別して数え上げられる．例えば，A君，B君，C君の3人の組合せのとき，順列としては，ABC, ACB, BCA, BAC, CAB,

CBA のように $_3P_3 = 3 \times 2 \times 1 = 6$ 通りの並び方がある．ここでは，順番にかかわらず組合せだけが問題となるから，順列の数を同一の組合せ内における並び方の数で除すればよい．すなわち，例序.2 の場合，$720/6 = 120$ 通りの組合せがある．以上をより一般的に表現すれば，以下の通りである．

ある集合から，順序はつけずにいくつかの要素を取り出した組を**組合せ**という．n 個の異なるものから，r 個を取り出す組合せの数は，

$$_nC_r = \frac{_nP_r}{_rP_r} = \frac{n(n-1)\cdots(n-r+1)}{r!} = \frac{n!}{(n-r)!r!} \qquad (\text{序}.20)$$

である．$_nC_r$ の別の表記として，$\binom{n}{r}$ が用いられることがある．なお，式 (序.20) の形から $_nC_r = {}_nC_{n-r}$ が成り立つことがわかる．例序.2 では，$_{10}C_3 = (10 \times 9 \times 8)/(3 \times 2 \times 1) = 120$ 通りと計算できる．また，練習問題序.1 (2) は，一列に並んだ 6 脚の椅子のうち 3 脚を選び男子を座らせ，残りに女子を座らせるときの場合の数と解釈すれば，$_6C_3 = 6!/(3! \times 3!) = 20$（通り）と簡単に求めることができる．

練習問題　序.2

あるレストランには 3 種類のランチメニュー（A ランチ，B ランチ，C ランチ）がある．いま，4 人連れの客が店にやって来た．このグループの客が注文するメニューの組合せは何通りあるか？

解答

この問題では，重複して注文されるメニューがある一方で，注文されないメニューが存在する状況も考える必要がある．また，個々の客がどのメニューを注文するかは区別する必要はない．いま，○と | を用いて，次のようにメニューの組合せを表現してみよう．例えば，

序.2. 順列・組合せと二項定理

$$A,A,B,C \quad \rightarrow \quad \bigcirc\bigcirc | \bigcirc | \bigcirc$$
$$A,A,A,C, \quad \rightarrow \quad \bigcirc\bigcirc\bigcirc | | \bigcirc$$

といった具合である．すなわち，○はランチのメニューを，|はAランチとBランチ，およびBランチとCランチの境界を表している．2つ目の例では，|が隣り合わせに連続して配置されており，Bランチが選ばれていないことを表している．このような表記ルールを用いれば，メニューの組合せは○4個と | 2個を合わせた6個の中から○4個を選ぶ方法と等しい．したがって，$_6C_4 = 6!/(4! \times 2!) = 15$（通り）である．

組合せ $_nC_r$ を用いて，二項式 $(a+b)^n$ の展開を以下の公式として表すことができる．

■定理 序.1 二項定理

n が正の整数のとき，以下が成り立つ．

$$\begin{aligned}
(a+b)^n &= \sum_{r=0}^{n} {_nC_r} a^{n-r} b^r \\
&= {_nC_0} a^n + {_nC_1} a^{n-1} b + {_nC_2} a^{n-2} b^2 + \cdots \\
&\quad + {_nC_r} a^{n-r} b^r + \cdots + {_nC_n} b^n \\
&= a^n + n a^{n-1} b + \frac{n(n-1)}{2} a^{n-2} b^2 + \cdots \\
&\quad + \frac{n!}{(n-r)! r!} a^{n-r} b^r + \cdots + b^n
\end{aligned} \qquad (序.21)$$

二項定理を用いて $n = 2, 3$ の場合の二項式を展開すれば，以下のようになる．

$$\begin{aligned}
(a+b)^2 &= (a+b)(a+b) \\
&= {_2C_0} a^2 + {_2C_1} ab + {_2C_2} b^2 \\
&= a^2 + 2ab + b^2
\end{aligned} \qquad (序.22)$$

$$(a+b)^3 = (a+b)(a+b)(a+b)$$
$$= {}_3C_0 a^3 + {}_3C_1 a^2 b + {}_3C_2 ab^2 + {}_3C_3 b^3$$
$$= a^3 + 3a^2 b + 3ab^2 + b^3 \qquad (\text{序}.23)$$

$n=3$ の場合について考えよう．$(a+b)^3$ の展開式の各項は $a^{3-r}b^r$ ($r=0,1,2,3$) とその係数の積の形で表される．$a^{3-r}b^r$ の項は，3 個の因数 $(a+b)$ のうち，$3-r$ 個から a を，残りの r 個から b を選び，それらをかけ合わせることによって得られる．一方，$a^{3-r}b^r$ の係数は，そのときの組合せの数 ${}_3C_{3-r} = {}_3C_r$ と等しくなる．各項を足し合わせれば，式 (序.23) のようになる．$n=1,2,3,\cdots$ とし，より一般的に表したものが二項定理である．

なお，係数 ${}_nC_r$ は，図序.6 に示すパスカルの三角形を用いれば，順次に計算することができる．パスカルの三角形は，漸化式 ${}_nC_r = {}_{n-1}C_r + {}_{n-1}C_{r-1}$ ($n \geq 2, r \geq 1$) という性質を利用したものである．漸化式の証明は，以下の通りである．

［証明］
$$_{n-1}C_r + {}_{n-1}C_{r-1} = \frac{(n-1)!}{r!(n-r-1)!} + \frac{(n-1)!}{(r-1)!(n-r)!}$$
$$= \frac{(n-1)!}{r!(n-r)!}(n-r+r) = \frac{(n)!}{r!(n-r)!} \equiv {}_nC_r$$

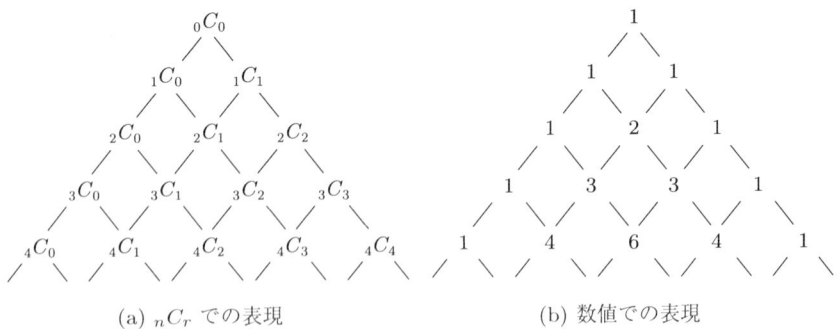

(a) ${}_nC_r$ での表現　　　　(b) 数値での表現

図 序.6　パスカルの三角形

練習問題 序.3

$(x-2y)^8$ の展開式の x^5y^3 の係数を求めよ．

解答

二項定理より，$(x-2y)^8$ の展開式は，

$$(x-2y)^8 = \sum_{r=0}^{8} {}_8C_r \, x^{8-r}(-2y)^r \tag{序.24}$$

と表される．x^5y^3 を含む項は $r=3$ のときであり，その係数は，

$$\begin{aligned}
{}_8C_3 \, 1^{8-3}(-2)^3 &= \frac{8!}{5!\,3!} \times (-2)^3 \\
&= 8 \times 7 \times (-8) = -448
\end{aligned} \tag{序.25}$$

である．

序.3 度数分布

話は少し変わって，ここでは調査などによって得られたデータを扱う上で基本となる度数分布について説明しよう．**度数**（または**頻度**）とは，データのうちそれぞれの値が観測される回数である．また，回数そのものではなく，全体に対する回数の割合（比）を用いて定義される度数を相対度数という．なお，両者を区別するときには，回数を用いて定義される度数を絶対度数と呼ぶ．

例 序.3：登山部の部員たちは，日本の代表的な 100 の山々（百名山）についてその標高を調べて，以下のような表とグラフを作成した．

表 序.1 日本百名山の標高と度数

標高 (m)	絶対度数（山）	相対度数（割合）
1,000 m 未満	2	0.02
1,000 m 以上 1,500 m 未満	3	0.03
1,500 m 以上 2,000 m 未満	32	0.32
2,000 m 以上 2,500 m 未満	29	0.29
2,500 m 以上 3,000 m 未満	21	0.21
3,000 m 以上 3,500 m 未満	12	0.12
3,500 m 以上 4,000 m 未満	1	0.01
合計	100	1.00

この表は，度数分布表と呼ばれる．例のように，データが連続的な値をとる場合は，ある幅で区間を区切り，その区間に含まれる値が観測される回数を度数とする．また，図のように，横軸に標高の区間を，縦軸に度数をとって，度数分布表を元に描いたグラフをヒストグラム（度数分布図）という．

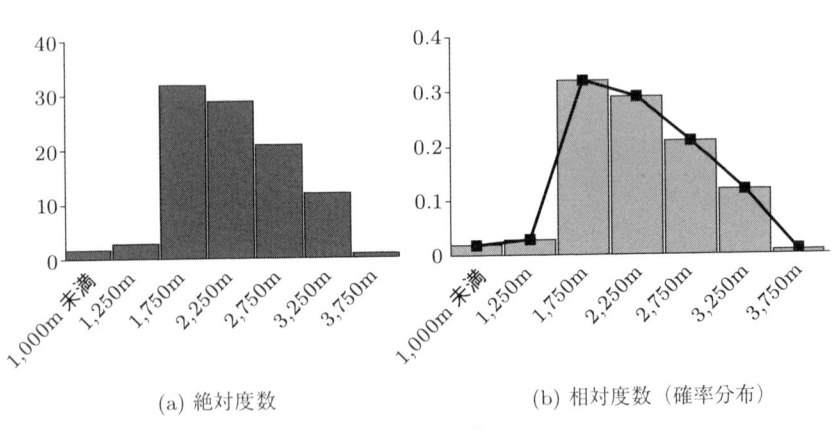

(a) 絶対度数　　　　　　　　(b) 相対度数（確率分布）

図 序.7 ヒストグラム

特に，横軸に区間の代表値（主に中央値）を，縦軸に相対度数を用いて描い

たヒストグラムは，確率分布としての性質を持つ．確率および確率分布については，1編で詳しく述べる．

章末問題 序

(1) 集合に関する以下の問いに答えよ．
  (a) 式 (序.15) について，「ド・モルガンの法則」が成り立つことをベン図を用いて示せ．
  (b) 式 (序.19) について，「分配法則」が成り立つことをベン図を用いて示せ．

(2) 0, 1, 2, 3, 4, 5 のうち 4 つの数字を使ってできる数は何通りあるか？

(3) 正十二角形に引ける対角線の数は何本か？

(4) 9 人の学生がいる．このとき，以下の問いに答えよ．
  (a) 4 人，3 人，2 人のグループへの分け方は何通りあるか？
  (b) 3 人ずつ A, B, C の 3 グループへ分ける方法は何通りあるか？
  (c) 3 人ずつ 3 グループへ分ける方法は何通りあるか？

(5) $(1+x)^n$ の展開式を利用して以下の等式を証明せよ．
  (a) $2^n = {}_nC_0 + {}_nC_1 + {}_nC_2 + \cdots + {}_nC_n$
  (b) $0 = {}_nC_0 - {}_nC_1 + {}_nC_2 - \cdots + (-1)^n {}_nC_n$

1編
確率

第1章 確率

1.1 確率とは

　さて,登山の準備が調ったら,出発前に天気を確認しておいた方が良さそうである.途中で雨に降られたら,たまったものじゃない.幸い,天気予報によれば,今日の天気は晴れ,降水確率は10%とのこと.これなら大丈夫なようである.早速,確率の山頂を目指して登山を開始しよう！

　この天気予報の例のように,私たちは確率的な表現を日常的に用いている.その際,確実に起こる事柄(以下,事象という)には確率1 (100%) を,確実に起こらない事象には確率0 (0%) を,起こるか起こらないかが不確かな(確率的な)事象には,0〜1 (0〜100%) の間の値を割り当て,その事象の起こる確からしさを表現している.すなわち,**確率とは,起こるか起こらないかが不確かな事象について,その事象の起こる確からしさの程度を表す尺度である**.

練習問題　1.1
身近にある確率的な事象を挙げてみよう.

1.2 確率の与え方

では,ある事象の起こる確からしさと,この確率という尺度はどのように結びついているのだろうか? 以下では,個々の事象に対する確率の与え方のうち,代表的な4つについて述べる.

1.2.1 古典的確率

古典的確率は,場合の数を利用する考え方である.

$$[事象Aの確率] = \frac{[事象Aが起こる場合の数]}{[可能性のある全事象の場合の数]} \quad (1.1)$$

練習問題 1.2

以下の確率を求めよ.
(1) サイコロを1回投げて偶数の出る確率はいくらか?
(2) サイコロを2回投げて出た目の和が7である確率はいくらか?

解答
(1) 可能性のある全事象の場合の数は,サイコロの目1から6までの6通り.そのうち,偶数の目は2, 4, 6の3通り.したがって,3/6 = 1/2となる.
(2) 可能性のある全事象の場合の数は,$6 \times 6 = 36$通り.出た目の和が7となるのは,それぞれのサイコロの目が (1,6), (2,5), (3,4), (4,3), (5,2), (6,1) の6通り.したがって,6/36 = 1/6となる.

古典的確率が適用できるのは,個々の事象が起こる確からしさが同等である

1.2. 確率の与え方

（あるいは，そのように考えても支障のない）場合に限られる．練習問題 1.2 では，サイコロの各目が出ることの確からしさが同等であるかどうかが問題となる．例えば，1の目が特に出やすいように細工されたサイコロを用いた場合，上述の方法で算出した古典的確率は妥当とはいえない．また，「（現実的には不可能だが，）サイコロを無限に振り続けた場合に出た目の和が素数である確率は？」などのように可能性のある全事象の場合の数〔式 (1.1) の分母〕が無限大となる場合もやはり扱えない．

1.2.2 幾何学的確率

幾何学は，図形や空間の性質について分析する数学の分野である．幾何学的確率は，確率を図形の面積の比と対応づける考え方である．

$$[事象 A の確率] = \frac{[事象 A に対応する領域の面積]}{[可能性のある全事象に対応する面積]} \quad (1.2)$$

練習問題 1.3

図 1.1 のような標的の円（半径 1）に向けてランダムに矢を射ったとき，中心の 5 点の円（半径 1/4）内にあたる確率はいくらか？　なお，放たれた矢が標的を外れることはないとする．

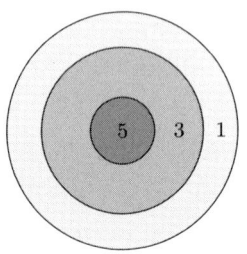

図 1.1 ランダムな放矢

解答

矢が中心の円内にあたる事象を事象 A とする．事象 A に対応する領域の面積は，$\pi \times (1/4)^2 = \pi/16$ である．可能性のある全事象に対応する面積が π であることから，事象 A の確率は $1/16$ となる．

練習問題 1.3 において「ランダム」という言葉を用いられていなければ，上記のように確率を計算することはできない．ここでのランダムとは，標的内のどの点に矢が刺さる確からしさも同等であることを意味している．すなわち，幾何学的確率においても，古典的確率と同様に，個々の事象の起こる確からしさが同等である場合に限り適用可能となる．

1.2.3 経験的確率

例えば，晴れ・くもり・雨・雪などの天気はそれぞれ同程度の確からしさで起こるとはいえない．では，天気予報はどのように確率を算定しているのだろうか？ 答えは，経験的確率という考え方を用いている．わかりやすい例として，サイコロを振って 1 の目が出る確率について考えよう．「サイコロを振って 1 の目が出る確率は $1/6$ に決まっている」と思った皆さん，それは何も細工さ

1.2. 確率の与え方

れていない公正なサイコロの場合だけである．目の前のサイコロが公正でないかもしれない場合，どのようにそれを確かめたらよいだろうか？　もっとも簡単な方法は，そのサイコロを何度も振って，その全試行回数に対する1の目が出た回数の比率（相対頻度）を求めればよい．

$$[事象Aの相対頻度] = \frac{[事象Aが（n回の試行で）起こる回数]}{[全試行回数n]} \quad (1.3)$$

その際，試行回数が小さければ，"たまたま"の影響を強く受けてしまうことがある．これを避けるためには，試行回数を十分に多くする必要がある．すなわち，経験的確率とは，相対頻度の極限のことである．

$$[事象Aの確率] = \lim_{n \to \infty} [事象Aの相対頻度] \quad (1.4)$$

ただし，経験的確率は事象が何度も繰り返し起こり，その結果を観察できることが前提とされているため，滅多に起こらない事象や過去に経験したことのない事象については考えることができない．

1.2.4 主観的確率

前述のいずれの方法によっても確率の値を定めることができない場合には，評価者の主観的な判断によって決めるほかない．関心となる事象が起こることに対する確信の度合い，信頼性の度合いなどの数値的な表現したものを主観的確率という．例えば，海外旅行に出かける前に保険をかける場合を考えよう．多くの人は旅行中に事故や事件に遭遇した経験を持たないだろうし，旅行者のうち不幸にもそのような経験をされた人の割合に関する情報なども持ち合わせていないだろう．そうした中では，事故や事件に遭遇する可能性を主観的に評価して保険の種類や金額を決めるほかないのである．

> **練習問題 1.4**
> 気象予報の「降水確率○○％」は何という考え方に基づく確率か？

解答
気温，湿度，気圧などの気象条件が今と同じ（近い）過去のデータのうちどの程度の頻度で雨が降ったかという客観的データに基づく<u>経験的確率</u>である．

1.3 確率の表現と性質

これまでは，確率の値を決める方法について述べた．ここからは，確率そのものの値ではなく，確率が満たすべき性質について述べていくことにする．そのためには，まず確率の数学的な表現に慣れておく必要がある．

1.3.1 標本空間

通常，私たちがある事象の確率について考える際には，考えている現象に対して起こる可能性のある全ての結果（事象）についても同時に想定している．明日が晴れである確率を考える場合，明日の天気がくもりや雨，あるいは雪である可能性も想定に含まれている（もちろん，真夏に雪が降ることは想定外であろうが，その場合にはその事象を想定した上で確率として 0 の値を与えていると考えることができる）．考えている現象に対して可能な結果の全体からなる集合を**標本空間**Ω といい，個々の起こり得る結果に相当する要素 $\omega \in \Omega$ を**根元事象**（標本点）と呼ぶ（Ω, ω はいずれもオメガと読む．両者を区別する場合，大文字である Ω をキャピタル・オメガ，小文字である ω をスモール・オメガと呼

1.3. 確率の表現と性質

ぶ）．確率は，事象のそれぞれに対するある種の「起こりやすさ」を表す量である．このように捉えれば，確率が集合と密接な関係にあることがわかるだろう．

練習問題 1.5

コインを投げて表が出る事象を H (Head)，裏が出る事象 T (Tail) と表す．次の (1)〜(4) の試行に対する標本空間 Ω を示せ．
(1) コインを 1 回だけ投げる試行
(2) コインを 2 回投げる試行
(3) コインを n 回投げる試行
(4) 表が出るまで繰り返し投げる試行

解答
(1) 起こりうる結果（標本点）は表 (H)，裏 (T) の 2 つのみ．したがって，標本空間は $\Omega = \{H, T\}$ と表される．
(2) 「コインを 2 回投げる試行」の結果は，1 度の試行で投げられる 2 個のコインが，それぞれ表であるか裏であるかの組合せを用いて表される．したがって，標本点は，表表 (HH)，表裏 (HT)，裏表 (TH)，裏裏 (TT) の 4 つ．標本空間は $\Omega = \{HH, HT, TH, TT\}$ と表される．
(3) (2) と同様に，1 度の試行で投げられる n 個のコインのそれぞれが表であるか裏であるかについて全ての組合せを考えればよい．いま，1 個目から n 個目まで全てのコインが表である場合を $HH\cdots H$ と表す．次に，1 個目から $n-1$ 個目までが表で n 個目が裏である場合は $HH\cdots HT$ となる．このようにして考えれば，標本点は 2^n 個あり，標本空間は $\Omega = \{HH\cdots H, HH\cdots HT, \cdots, TT\cdots T\}$ と表される．なお，n が有限である場合，有限標本空間と呼ばれる．
(4) 標本空間は $\Omega = \{H, TH, TTH, \cdots, TT\cdots TH, \cdots\}$ となる．可算的であるが，無限個の標本点を含むため離散的な無限標本空間と呼ばれる．

ここで，事象という言葉を改めて定義しておこう．事象とは，標本空間 Ω 内のいくつかの根元事象によって構成される部分集合のことである．例えば，練習問題 1.5 (2) において，コインを投げた 2 回のうち少なくとも 1 回は表 (H) が出る事象を A とすれば，事象 A は HH, HT, TH を含む部分集合である ($A = \{HH, HT, TH\}$)．また，表 (H) が 2 回出る事象 ($A = \{HH\}$) のように，事象そのものがひとつの根元事象と一致することもある．次に，任意の事象 A について事象 A が起きない事象を余事象とよび，$\overline{A}$ で表す．また，絶対に起きない事象は空事象といい，ϕ で表す．事象 A または B が起こる事象は和事象といい，$A \cup B$ で表し，A と B が同時に起こる事象は積事象といい，$A \cap B$ で表す．A と B が同時には起きないとき，$A \cap B = \phi$ と書き，互いに排反であるという．根元事象は全て互いに排反である．こうした表現方法は，序章で述べた集合の概念に従っている．

1.3.2　基本的な性質

　確率を数学的に扱う規則が次の公理[1]である．

■コルモゴロフの公理

標本空間 Ω の各事象 A に対して，次の 3 つの条件を満たす実数 $P(A)$ が存在するとき，$P(A)$ を事象 A が起こる確率という．
(1) $0 \leq P(A) \leq 1$
(2) $P(\Omega) = 1$, $P(\phi) = 0$
(3) $A_1, A_2, \cdots$ が互いに排反な事象のとき，
$$P(A_1 \cup A_2 \cup A_3 \cup \cdots) = P(A_1) + P(A_2) + P(A_3) + \cdots$$

　この公理について説明しよう．(1) は確率の取りうる値が 0 から 1 の範囲で

---

[1] 公理とは，数学で，論証がなくても自明の真理として承認され，他の命題の前提となる根本命題のこと．

1.3. 確率の表現と性質

あることを表している．(2) は標本空間（起こりうる全ての事象の集合）に含まれる事象が起こる確率は 1 であり，空集合には事象を含まないためその確率は 0 であることを表している．

(3) は同時に起こることのない事象（またはその集合）のうちいずれかが起こる確率は，個々の事象（または集合）が起こる確率の和で表される．例えば，サイコロで異なる目が同時に出ることはなく，それらは互いに排反な事象である．したがって，偶数の目が出る確率 (1/2) は，それぞれ 2, 4, 6 の目が出る確率 (1/6) の和で表される．

これはあくまでも約束事であり，以下で確率の性質を議論する上での前提である．

コルモゴロフの公理より，次の定理を導くことができる．

> ■定理 1.1
> (1) $P(\overline{A}) = 1 - P(A)$
> (2) $P(A \cup B) = P(A) + P(B) - P(A \cap B)$ （加法定理）
> (3) $A \supset B$ のとき $P(A) \geq P(B)$

練習問題 1.6

定理 1.1 を導こう．以下の空欄 ア ～ コ に当てはまる適切な語句または記号を答えよ．

(1) ある事象 A とその余事象 $\overline{A}$ を考えると，

$$A \cup \overline{A} = \Omega \tag{1.5}$$

$$A \cap \overline{A} = \phi \tag{1.6}$$

である．コルモゴロフの定理を利用すると，

$$P(\Omega) = P(A \cup \overline{A}) = \boxed{\text{ア}} + \boxed{\text{イ}} = 1 \tag{1.7}$$

が成立する．したがって，$P(\overline{A}) = 1 - P(A)$ が導かれる（図 1.2）．

$$P(\Omega)=1$$

$$P(\overline{A})=1-P(A)$$

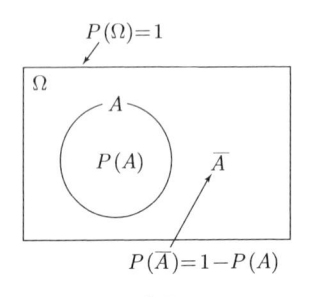

図 1.2 定理 1.1 (1)

(2) 図 1.3 のように，ある事象 A と B について
$$E_1 = A \cap \overline{B}, \quad E_2 = B \cap \overline{A}, \quad E_3 = \boxed{\text{ウ}}$$
とすると，E_1, E_2, E_3 は互いに排反であり，
$$A = E_1 \cup E_3, \quad B = E_2 \cup E_3, \quad A \cup B = \boxed{\text{エ}}$$
と表される．コルモゴロフの公理を利用すると，
$$P(A) = \boxed{\text{オ}} + \boxed{\text{カ}}$$
$$P(B) = \boxed{\text{カ}} + \boxed{\text{キ}}$$
$$P(A \cap B) = \boxed{\text{カ}}$$
$$P(A \cup B) = \boxed{\text{オ}} + \boxed{\text{カ}} + \boxed{\text{キ}}$$
$$= \boxed{\text{オ}} + \boxed{\text{カ}} + \boxed{\text{カ}} + \boxed{\text{キ}} - \boxed{\text{カ}}$$
$$= P(A) + P(B) - P(A \cap B)$$
である．以上より，加法定理 $P(A \cup B) = P(A) + P(B) - P(A \cap B)$ が成立する．

(3) 再び，ある事象 A と B を考える．図 1.4 のように $B \subset A$ であるとき，
$$A = (A \cap \overline{B}) + B \tag{1.8}$$

1.3. 確率の表現と性質

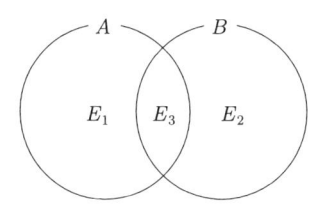

A　B

E_1　E_3　E_2

図 1.3　定理 1.1 (2)：加法定理

である．$A\cap\overline{B}$ と B は互いに排反なので，

$$P(A) = \boxed{\text{ク}} + \boxed{\text{ケ}} \tag{1.9}$$

となる．$A\cap\overline{B}\neq\phi$ のとき，$P(A\cap\overline{B}) \boxed{\text{コ}} 0$ なので $P(A) \geq P(B)$ の関係が成立する．

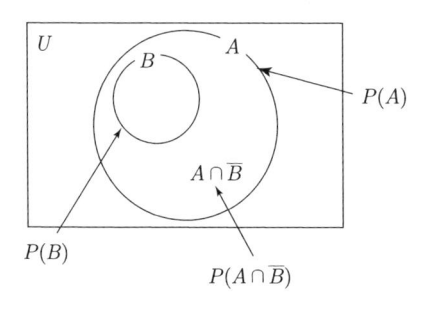

図 1.4　定理 1.1 (3)

解答

ア：$P(A)$，イ：$P(\overline{A})$，ウ：$A\cap B$，エ：$E_1\cup E_2\cup E_3$，オ：$P(E_1)$，
カ：$P(E_3)$，キ：$P(E_2)$，ク：$P(A\cap\overline{B})$，ケ：$P(B)$，コ：$\geq$

練習問題 1.7

コインを 2 回投げる試行を行う．
(1) 全ての根元事象を定義し，各事象が起こる確率を求めよ．
(2) 事象 $A = \{1$ 投目に表が出る$\}$，事象 $B = \{2$ 投目に表が出る$\}$ とするとき，確率 $P(A \cup B)$ を求めよ．

解答

(1) 根元事象：$\omega_1 = \{HH\}$, $\omega_2 = \{HT\}$, $\omega_3 = \{TH\}$, $\omega_4 = \{TT\}$
   確率：$P(\omega_i) = 1/4$
(2) 事象 $A = \{HH, HT\}$, $B = \{HH, TH\}$, $A \cap B = \{HH\}$
   確率：$P(A) = 1/2$, $P(B) = 1/2$, $P(A \cap B) = 1/4$
   加法定理より，$P(A \cup B) = P(A) + P(B) - P(A \cap B) = 3/4$

1.3.3 条件付き確率

2 つの事象 A, B があって，A が起こったという条件の下で B が起こるという事象を $B|A$ で表す．また，その確率 $P(B|A)$ を条件 A の下での B の条件付き確率といい，次のように定義する．

$$P(B|A) = \frac{P(A \cap B)}{P(A)} \tag{1.10}$$

式 (1.10) は，条件付き確率 $P(B|A)$ が A, B が同時に起こる確率 $P(A \cap B)$ を A が起こる確率 $P(A)$ で除したものと等しくなることを示している．

練習問題 1.8

表 1.1 のような学生 30 人がいる．

1.3. 確率の表現と性質

表 1.1 文系男子・理系女子

	理系 (S)	文系 (A)	計
男性 (M)	10 人	8 人	18 人
女性 (F)	2 人	10 人	12 人
計	12 人	18 人	30 人

(1) 学生 30 人の中からランダムに選んだ 1 人が文系男子である確率は？
(2) ランダムに選んだ 1 人が女子であったとき，その人が理系である条件付き確率は？

解答
(1) $P(M \cap A) = 8/30 = 4/15$
(2) $P(S|F) = 2/12 = 1/6$

■定理 1.2
(1) $P(A \cap B) = P(A)P(B|A) = P(B)P(A|B)$ （乗法定理）
(2) 互いに排反な n 個の事象 $A_1, A_2, \cdots, A_n$ ($\Omega = A_1 + A_2 + \cdots + A_n$) と任意の事象 B に対して，以下が成立する．

$$P(B) = P(A_1)P(B|A_1) + P(A_2)P(B|A_2) + \cdots + P(A_n)P(B|A_n) \quad \text{（全確率の定理）}$$

乗法定理は，式 (1.10) の分母を払えば直ちに得られる．全確率の定理は図 1.5 を用いて説明する．この図のように，事象 A_1, A_2, A_3, A_4 ($\Omega = A_1 + A_2 + A_3 + A_4$) が排反であるとき，事象 B の確率は次のように表される．

$$P(B) = P(A_1 \cap B) + P(A_2 \cap B) + P(A_3 \cap B) + P(A_4 \cap B)$$

上式に乗法定理を適用すれば，全確率の定理を得る．

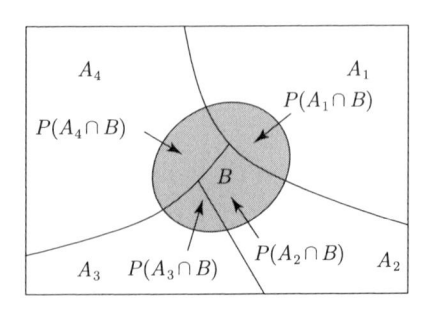

図 1.5 全確率定理の説明図

練習問題 1.9

100 本のくじの中に 5 本の当たりくじが入っている.最初に引いた人が当たりくじを引く事象を A_1,はずれくじを引く事象を A_2,2 番目に引く人が当たりくじを引く事象を B とする.このとき,以下の問いに答えよ.

(1) 最初の人が当たりを引いたという条件の下で 2 番目の人が当たりを引く確率 $P(B|A_1)$ はいくらか?
(2) 最初の人が当たりを引き,2 番目の人も当たりを引く確率 $P(A_1 \cap B)$ はいくらか? また,最初の人がはずれを引き,2 番目の人が当たりを引く確率 $P(A_2 \cap B)$ はいくらか?
(3) 2 番目の人が当たりを引く確率 $P(B)$ はいくらか? 全確率の定理より確率 $P(B)$ を求めよ.

解答

(1) 最初の人が当たりを引いた後では,くじの全本数は 99 本でそのうち当たりの本数は 4 本である.したがって,$P(B|A_1) = 4/99$ となる.
(2) 最初の人が当たりを引く確率は $P(A_1) = 5/100 = 1/20$ である.乗法定理を利用す

1.3. 確率の表現と性質

れば，

$$P(A_1 \cap B) = P(A_1)P(B|A_1) = \frac{1}{20} \times \frac{4}{99} = \frac{1}{5 \times 99} = \frac{1}{495}$$

である．同様に，

$$P(A_2 \cap B) = P(A_2)P(B|A_2) = \frac{95}{100} \times \frac{5}{99} = \frac{19}{4 \times 99} = \frac{19}{396}$$

となる．

(3) 全確率の定義を用いれば，

$$\begin{aligned}P(B) &= P(A_1)P(B|A_1) + P(A_2)P(B|A_2) \\ &= \frac{1}{5 \times 99} + \frac{19}{4 \times 99} = \frac{1}{20}\end{aligned}$$

を得る．この結果は，2番目の人が当たりを引く確率 $P(B)$ は最初の人が当たりを引く確率 $P(A_1)$ と等しいことが示している．実際に，くじ引きで当たりを引く確率は，引く順番によらず同じなのである．

条件付き確率 $P(B|A)$ は，事象 A が起こった下で事象 B が起こる確率であった．しかし，事象 A が起こったかどうかが事象 B の起こる確率に影響を及ぼさない場合もある．例えば，コインを2枚投げる試行を考えよう．1枚目が表か裏かは，2枚目の結果に影響しない．このとき，

$$P(B|A) = P(B) \tag{1.11}$$

が成立する．乗法定理に式 (1.11) を代入すれば，

$$P(A \cap B) = P(A)P(B) \tag{1.12}$$

となる．式 (1.11) と式 (1.12) は同じことを表している．式 (1.11)，または式 (1.12) が成り立つとき，事象 A と B は（確率的に）**独立**であるという．なお，式 (1.12) が成立するならば，乗法定理より

$$P(A|B) = P(A) \tag{1.13}$$

が同時に成立していることがわかる.

練習問題 1.10

次に示す2つの事象が独立であるかを判断せよ.
(1) 練習問題 1.8 において，ランダムに選んだ学生 1 人が男性であるという事象 M と理系であるという事象 S.
(2) 練習問題 1.9 において，最初に引く人が当たりくじを引く事象 A_1 と 2 番目に引く人が当たりくじを引く事象 B.
(3) ジョーカーを除く 1 組のトランプ 52 枚から引いた 1 枚が絵札である事象 F とクローバーである事象 C.

解答
(1) 表 1.1 より，$P(M) = 18/30 = 3/5$，$P(S) = 12/30 = 2/5$，および $P(M \cap S) = 10/30 = 1/3$ である．したがって，$P(M \cap S) \neq P(M)P(S)$ より，事象 M と S は独立ではない.
(2) 練習問題 1.9 の解答より，$P(B|A_1) = 4/99$，および $P(B) = 1/20$ である．したがって，$P(B|A_1) \neq P(B)$ より，事象 A_1 と B は独立ではない．
(3) $P(F) = 3/13$，$P(C) = 1/4$ であり，$P(F \cap C) = P(F)P(C) = 3/52$ が成立する．したがって，事象 F と C は独立である．

1.4 ベイズ (Bayes) の定理

例 **1.1**：ある工場では，機械 A_1, A_2, A_3 で全体の製品のそれぞれ 20%, 30%, 50% を製造しており，それぞれの機械が不良品を出す確率（不良品率）は 1%, 2%, 3% であることがわかっているとする．ランダムに選んだ製品が不良品で

1.4. ベイズ (Bayes) の定理

あるとき,それが機械 A_1 でつくられたものである確率を知りたい.

製品が機械 A_i ($i = 1, 2, 3$) で製造される確率は,それぞれ

$$P(A_1) = 0.2,\ P(A_2) = 0.3,\ P(A_3) = 0.5$$

である.また,製品が不良品である事象を B とすると,それぞれの機械の不良品率は,

$$P(B|A_1) = 0.01,\ P(B|A_2) = 0.02,\ P(B|A_3) = 0.03$$

である.

以上の関係を整理すると,図 1.6 のようになる.四角形の横辺は製品が機械 A_i で製造される割合を,縦辺は機械毎の不良品と良品の割合を表している.ある製品が機械 A_1 で製造されたもので,かつ不良品である確率 $P(A_1 \cap B)$ は,乗法定理より,

$$P(A_1 \cap B) = P(A_1)P(B|A_1) \tag{1.14}$$

であり,すなわち,図 1.6 中の斜線で示した四角形の面積に相当する.また,不

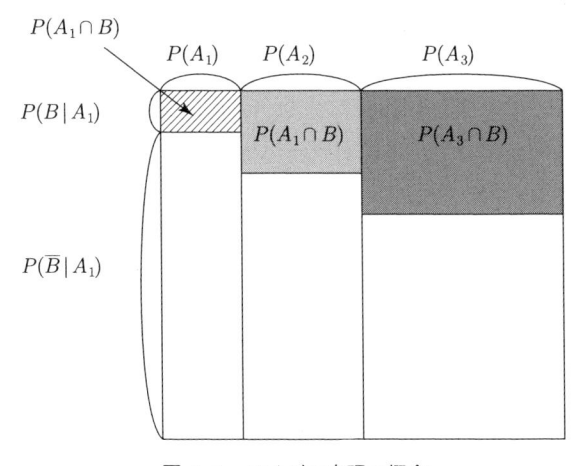

図 **1.6** ベイズの定理の概念

良品の確率 $P(B)$ は，全確率の定理より，

$$P(B) = P(A_1)P(B|A_1) + P(A_2)P(B|A_2) + P(A_3)P(B|A_3) \quad (1.15)$$

であり，図 1.6 中の色が付いた部分（斜線部分も含む）の面積の和に相当する．

いま知りたいのは，ランダムに選んだ製品が不良品である (事象 B) とき，それが機械 A_1 でつくられたものである確率である．これは，事象 B が起こったという条件の下で事象 A_1 が起こる条件付き確率 $P(A_1|B)$ であるから，図 1.6 においては色の付いた部分（斜線部分も含む）に対する斜線部分の面積の割合で表される．したがって，$P(A_1|B)$ は以下のように求めることができる．

$$\begin{aligned} P(A_1|B) &= \frac{P(A_1)P(B|A_1)}{P(A_1)P(B|A_1) + P(A_2)P(B|A_2) + P(A_3)P(B|A_3)} \\ &= \frac{0.2 \times 0.01}{0.2 \times 0.01 + 0.3 \times 0.02 + 0.5 \times 0.03} = \frac{2}{23} \fallingdotseq 0.087 \end{aligned}$$

以上のことを一般化し整理すれば，以下の定理が導かれる．

> **■定理 1.3　ベイズの定理**
> 互いに排反な n 個の事象 $A_1, A_2, \cdots, A_n$ ($\Omega = A_1 + A_2 + \cdots + A_n$) と任意の事象 B に対して，$P(B) > 0$ のとき，以下が成立する．
>
> $$P(A_i|B) = \frac{P(A_i)P(B|A_i)}{\sum_{i=1}^{n} P(A_i)P(B|A_i)} \quad (1.16)$$

ベイズの定理が意味するところについて考察しよう．事象 B が起こったとする．B は n 個の排反な原因 A_i ($i = 1, \cdots, n$) のいずれか 1 つに起因して起こったとしよう．原因 A_i の起こる確率 $P(A_i)$ は**事前確率**と呼ばれる．A_i が原因であったときに B が起こる確率は $P(B|A_i)$ である．このとき，$P(A_i|B)$ は B が起こったとき，それが原因 A_i に起因して起こった確率を与え，**事後確率**と呼ばれる．すなわち，ベイズの定理は，事象 A_i（原因）の事前確率 $P(A_i)$ が，事象 B（結果）が起こったという情報によって，結果を条件とする原因の事後確率 $P(A_i|B)$ に修正されることを表していると解釈できる．

ベイズの定理は，身近なところで広く利用されている．例えば，電子メールソフトの迷惑メールフィルタや携帯電話などのカナ漢字変換，コンピュータ・ソフトのトラブルシューティングなどがある．

1.4. ベイズ (Bayes) の定理

練習問題 1.11

ある格付け会社は，企業をランク i ($i = A, B, C$) に格付けする．企業がランク i に格付けられる確率 $P(i)$ とランク i の企業が倒産する確率 $P(D|i)$ は，下表の通りである．

ランク i	ランク i に格付けされる確率 $P(i)$	ランク i の企業が倒産する確率 $P(D|i)$
A	0.25	0.01
B	0.55	0.05
C	0.20	0.15

(1) 企業が倒産する確率 $P(D)$ を求めよ．

(2) 倒産した企業の格付けが A ランクである確率 $P(A|D)$ を求めよ．

解答

(1) 企業が倒産する確率 $P(D)$ は以下の通り．

$$P(D) = 0.25 \times 0.01 + 0.55 \times 0.05 + 0.20 \times 0.15 = 0.06$$

(2) ベイズの定理を用いれば，事象 D が起きたとき，その原因が事象 A である確率は以下の通り．

$$P(A|D) = \frac{P(D|A)P(A)}{P(D|A)P(A) + P(D|B)P(B) + P(D|C)P(C)}$$

$$= \frac{0.0025}{0.06} = \frac{1}{24} \fallingdotseq 0.042$$

章末問題 1

(1) 表が出るまでコインを繰り返し投げる実験を考え，根元事象 $\omega_i = \{i$ 回目に実験が終わる $\}$ $(i=1,2,\cdots)$ とする．
  (a) 事象 ω_i が起こる確率 $P(\omega_i)$ を求めよ．
  (b) 実験が n 回以上続く事象を A_n とするとき，確率 $P(A_n)$ を求めよ．

(2) 1 から 12 までの数字が書かれた 12 枚のカードから 1 枚をランダムに選ぶとき，そのカードの数字が 2 の倍数または 3 の倍数である確率を求めよ．

(3) 中身の見えない箱に赤玉が 10 個，黒玉が 8 個入っている．箱からランダムに 1 つの玉を取り出し，それと同色の玉を 2 個付け加えて一緒に箱に戻すという試行を 3 回繰り返す．
  (a) 1 回目に赤玉が出る確率 $P(R)$ を求めよ．また，1 回目に赤玉が出たとき，2 回目に黒玉が出る条件付き確率 $P(RB|R)$，および以上の条件で 3 回目に黒玉が出る確率 $P(RBB|RB)$ を求めよ．
  (b) 1 回目に赤玉，2 回目に黒玉，3 回目に黒玉の出る確率 $P(RBB)$ を乗法定理から求めよ．
  (c) 3 回の試行の後，箱の中の赤玉と黒玉の数が異なる確率を求めよ．

(4) ジョーカーを除く 1 組のトランプ 52 枚から引いた 1 枚が絵札である事象 F と奇数である事象 O が独立であるか判断せよ．

(5) あるメールソフトにはベイズの定理を応用した迷惑メールフィルター機能が付いている．いま，メール全体のうち，迷惑メール（事象 A）の割合は $P(A_1) = 0.2$，普通のメール（事象 A_2）の割合は $P(A_2) = 0.8$ であった．また，メールに『無料』という単語が含まれている（事象 B）割合は，迷惑メール全体に対しては $P(B|A_1) = 0.2$ であり，普通のメール全体に対しては $P(B|A_2) = 0.02$ であった．以下の問いに答えよ．

(a) メールに『無料』という単語が含まれている確率 $P(B)$ を求めよ．

(b) 届いたメールに『無料』という単語が含まれていた場合，そのメールは迷惑メールと判断されるか？ ただし，この迷惑メール・フィルターは，『無料』が含まれているという条件の下で迷惑メールである確率 $P(A_1|B)$ が 0.7 を上回った場合に，迷惑メールと判断するように設計されている．

第2章 確率分布と期待値

2.1 確率変数と確率分布

2.1.1 確率変数

確率分布の性質について理解する上で知っておく必要のある予備知識として確率変数がある．

まず，サイコロ1個を投げる試行から考えよう．サイコロ1個を投げる試行における標本空間の根元事象は，サイコロの6面のうちいずれかが表面となることである．サイコロの各面には1から6の数字（目）が割り振られていて，サイコロを振れば1/6の確率でいずれかの目が表に来る．このとき，サイコロの目1から6は確率変数であるという．すなわち，ある標本空間の各根元事象（標本点）に対応してその値が決まるような変数を**確率変数** (random variable) といい，そのとりうる各値に対してそれぞれある一定の確率が付与される．確率変数を X で表し，その取り得る値を $x_1, x_2 \cdots, x_n$ とする．サイコロの例のように，確率変数が高々可算個であるとき**離散** (discrete) 確率変数という．一方，ある範囲で連続的にどのような値でもとりうるとき，**連続** (continuous) 確率変数という．ここでは，離散的な確率変数について考えよう．$X = x_i$ となる確率 $P(X = x_i)$ を p_i と表し，確率変数と確率の関係を例に示す．

例 2.1： サイコロ1個を投げて出た目

確率変数 X は $x_1 = 1, x_2 = 2, \cdots, x_6 = 6$ の各値を取りうる．確率変数と対応する確率は，$p_1 = p_2 = \cdots = p_6 = 1/6$ である．

図 **2.1** サイコロの目と対応する確率

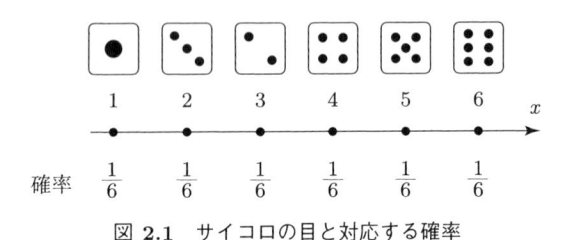

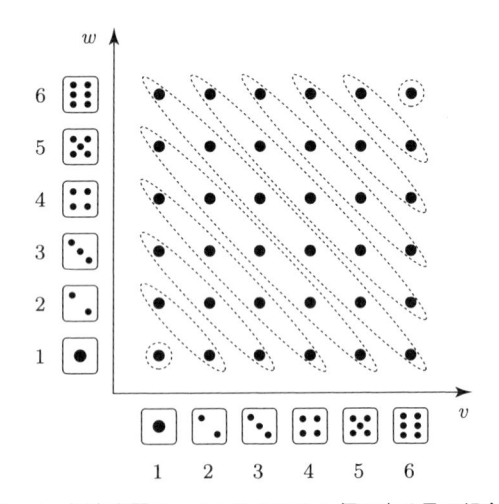

図 **2.2** 標本空間 (v, w)：サイコロ2個の出る目の組合せ

例 2.2：サイコロを2回投げて出る目の和

サイコロを2回投げたとき，1回目に出た目を V，2回目に出た目を W で表す．V と W の組合せ (V, W) は全部で $6 \times 6 = 36$ 通りであり，各組合せが起こる確率は $1/36$ である．サイコロを2回投げて出る目の和 $X = V + W$ は2か

2.1. 確率変数と確率分布

ら 12 の値を取り得る．その際，$X = 2$ となるのは，$(V, W) = (1, 1)$ の 1 通りであるから，その確率は $p_2 = P(X = 2) = 1/36$ である．$X = 7$ となる場合の数は，$(V, W) = (1, 6), (2, 5), (3, 4), (4, 3), (5, 2), (6, 1)$ の 6 通りであり，したがって，その確率は $p_7 = P(X = 7) = 1/36 \times 6 = 1/6$ となる．同様に考えれば，X に付される確率は，以下の図のようになる．

確率 $\frac{1}{36}$ $\frac{1}{18}$ $\frac{1}{12}$ $\frac{1}{9}$ $\frac{5}{36}$ $\frac{1}{6}$ $\frac{5}{36}$ $\frac{1}{9}$ $\frac{1}{12}$ $\frac{1}{18}$ $\frac{1}{36}$

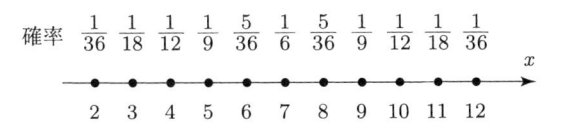

x: 2, 3, 4, 5, 6, 7, 8, 9, 10, 11, 12

図 2.3 サイコロ 2 個の出る目の和（確率変数）と対応する確率

なお，1 つの同じ標本空間上でいくらでも確率変数を定義できる．例えば，例 2.2 において，2 個のサイコロの目の積や商，目の大きい（小さい）方なども確率変数とすることができる．

2.1.2 確率分布

これまでに述べたように，確率変数には確率が対応している．その対応関係を関数や図を用いて表現できれば便利である．確率分布は，確率変数と確率の対応関係を表現する概念である．以下では，まず確率変数が飛び飛びの値をとる離散確率分布について説明し，その後，連続確率分布について述べる．

離散確率分布

確率変数が離散的な場合において，確率変数と確率の対応関係は，次の関数によって表現できる．

$$p(x) = \begin{cases} p_i & (x = x_i \text{ のとき}) \\ 0 & (x \neq x_i \text{ のとき}) \end{cases} \tag{2.1}$$

このような関数を**確率関数** (probability function) という．例 2.1,例 2.2 における確率関数を以下に図示する．

(a) サイコロの目

(b) 2つのサイコロの目の和

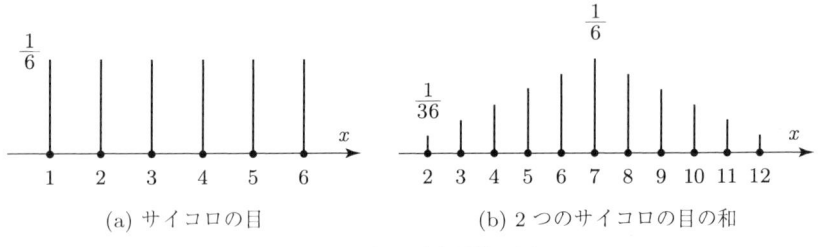

図 **2.4** 離散確率関数の例

確率変数 X が x $(-\infty < x < \infty)$ 以下の値をとる確率は，

$$F(x) = P(X \leq x)$$
$$= \sum_{x_k \leq x} p(x_k) \tag{2.2}$$

と表される．なお，記号 $\sum_{x_k \leq x}$ は確率変数 x_k が x 以下である場合について $P(x_k)$ の和をとることを表している．このとき，$F(x)$ は x の関数であり，**分布関数** (probability distribution function) と呼ばれる．

ここで，分布関数 $F(x)$ の値を実際に求めてみよう．例 2.1 において，X が 3 以下の値をとる確率 $F(3)$ は，

$$F(3) = P(X \leq 3)$$
$$= \sum_{x_k \leq 3} p(x_k) = p(1) + p(2) + p(3) = \frac{1}{6} \times 3 = \frac{1}{2} \tag{2.3}$$

である．同様に，例 2.2 における $F(5)$ は，

$$F(5) = P(X \leq 5)$$
$$= \frac{1}{36} + \frac{1}{18} + \frac{1}{12} + \frac{1}{9} = \frac{5}{18} \tag{2.4}$$

2.1. 確率変数と確率分布

となる．例 2.1, 例 2.2 における分布関数 $F(x)$ を以下に図示する．離散分布関数は，階段状の増加関数であることがわかる．

(a) サイコロの目

(b) 2つのサイコロの目の和

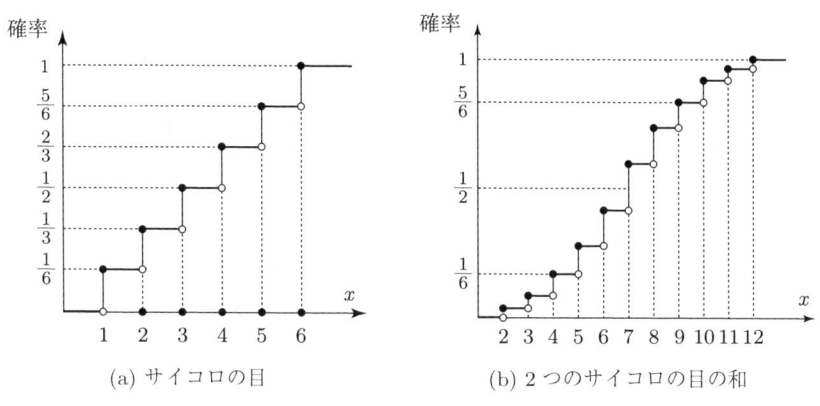

図 **2.5** 離散分布関数の例

また，分布関数には以下に示す性質がある．

$$F(-\infty) = 0, \quad F(\infty) = 1 \tag{2.5}$$

$$F(\beta) - F(\alpha) = P(\alpha < X \leq \beta) = \sum_{\alpha < x_i \leq \beta} p(x_i) \tag{2.6}$$

これらの性質は，図 2.5 からも確認できる．

練習問題 2.1

サイコロを 2 回投げて偶数の目が出た回数を確率変数 X とする．確率関数および分布関数を求めて，そのグラフを描け．

解答
サイコロを 1 回投げて偶数の目が出る事象を E, 奇数の目が出る事象を O と表す．サイコロを 2 回投げる試行における標本空間 Ω の根元事象 $\omega_1 = \{OO\}$, $\omega_2 = \{OE\}$,

$\omega_3 = \{EO\}$, $\omega_4 = \{EE\}$ であり,各根元事象の確率は $P(\omega_i) = 1/4$ $(i = 1, \cdots, 4)$ である.したがって,偶数の目が出た回数 $X = i$ $(i = 0, 1, 2)$ に付される確率 p_i は,それぞれ以下の通りである.

$$p_0 = P(\omega_1) = \frac{1}{4} \tag{2.7}$$

$$p_1 = P(\omega_2) + P(\omega_3) = \frac{1}{2} \tag{2.8}$$

$$p_2 = P(\omega_4) = \frac{1}{4} \tag{2.9}$$

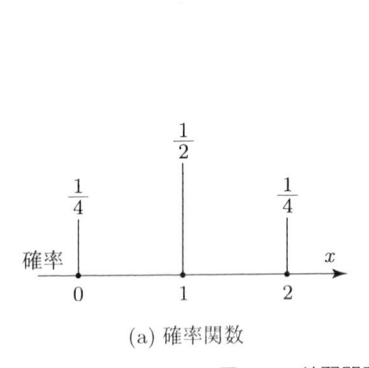

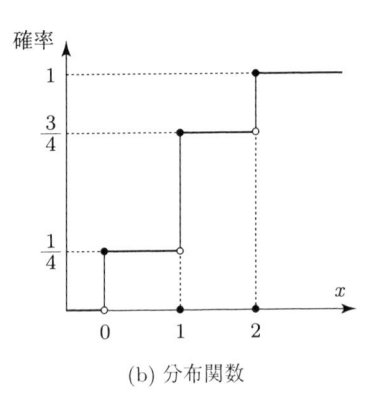

図 2.6 練習問題 2.1 の確率関数,分布関数

連続確率分布

連続的な確率変数 X が a と b $(> a)$ との間の値をとる確率 $P(a \leq X \leq b)$ が,関数 $f(x)$ を区間 $[a, b]$ の間で積分したもの,すなわち

$$P(a \leq X \leq b) = \int_a^b f(x)dx \tag{2.10}$$

と表されるとき,関数 $f(x)$ を**確率密度関数** (probability density function) という.図 2.7(a) が示すように連続確率分布では,確率は確率密度関数の下の一定の範囲の面積に対応している.

2.1. 確率変数と確率分布

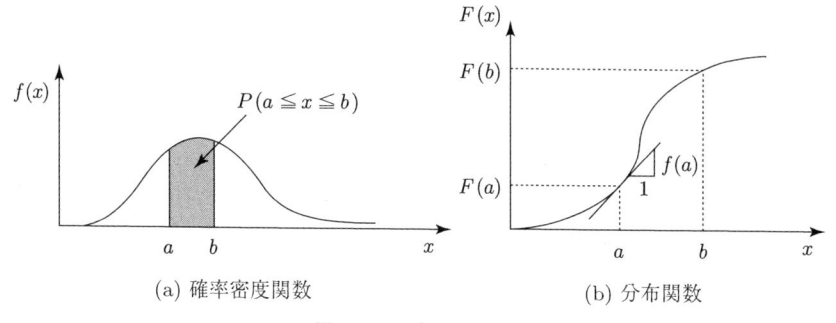

(a) 確率密度関数

(b) 分布関数

図 **2.7** 連続確率分布

離散的な場合と同様に，分布関数 $F(x)$ を確率変数 X が x $(-\infty < x < \infty)$ 以下の値をとる確率として定義できる．

$$F(x) = P(X \leq x) = \int_{-\infty}^{x} f(y) dy \tag{2.11}$$

また，確率密度関数に関して

$$F(-\infty) = 0, \quad F(\infty) = 1 \tag{2.12}$$

$$P(\alpha < X \leq \beta) = F(\beta) - F(\alpha) = \int_{\alpha}^{\beta} f(x) dx \tag{2.13}$$

が成立する．式 (2.10) において，$a = x, b = x + \Delta x$ であり，その上で Δx が十分に小さいとき，確率 $P(x < X \leq x + dx)$ は近似的に

$$P(x < X \leq x + dx) = f(x) dx \tag{2.14}$$

と表すことができる．また，離散確率分布では，確率関数 $p(x)$ はそれ自体が確率であるのに対して，連続確率分布では，確率はあくまでも面積に対応しており，$f(x)$ の値は確率ではなく確率密度を表す．また，X がある x と等しくなる確率 $P(X = x)$ は，面積を持たないため常に 0 となる．

さらに，$F(x)$ が x において微分可能であれば，

$$f(x) = \frac{dF(x)}{dx} \tag{2.15}$$

が成立する．すなわち，確率密度 $f(x)$ は x における分布関数の接線の傾きである．図 2.7(b) において，$F(a)$ は X が a 以下である確率であり，a における分布関数の接線の傾きが確率密度 $f(a)$ となる．

練習問題 2.2

連続的な確率変数 X が 0 から 10 の間に一様に分布している．
(1) 確率密度関数 $f(x)$ を求め，図示せよ．
(2) 分布関数 $F(x)$ を求め，図示せよ．

解答
(1) $f(x)$ は $0 \leq x \leq 10$ の間の一様分布なので，定数 a を用いて次のように表すことができる．

$$f(x) = \begin{cases} a & (0 \leq x \leq 10) \\ 0 & (それ以外) \end{cases} \tag{2.16}$$

確率分布であるためには，以下を満たす必要がある．

$$F(\infty) = \int_{-\infty}^{\infty} f(x)dx = \int_{0}^{10} a dx = 10 \cdot a = 1$$

したがって，$a = 1/10$ である．

(2) 以下のように場合分けを行い，$F(x) = \int_{-\infty}^{\infty} f(x)dx$ を求める．

(i) $x < 0$ のとき，$f(x) = 0$ より，

$$F(x) = \int_{-\infty}^{x} 0 dx = 0.$$

(ii) $0 \leq x \leq 10$ のとき，

$$F(x) = \int_{-\infty}^{x} f(x)dx = \int_{-\infty}^{0} 0 dx + \int_{0}^{x} a dx$$

$$= 0 + ax = \frac{x}{10}.$$

(iii) $10 < x$ のとき，

$$F(x) = \int_{-\infty}^{0} 0 dx + \int_{0}^{10} a dx + \int_{10}^{x} 0 dx$$
$$= 0 + \frac{1}{10} \times 10 + 0 = 1$$

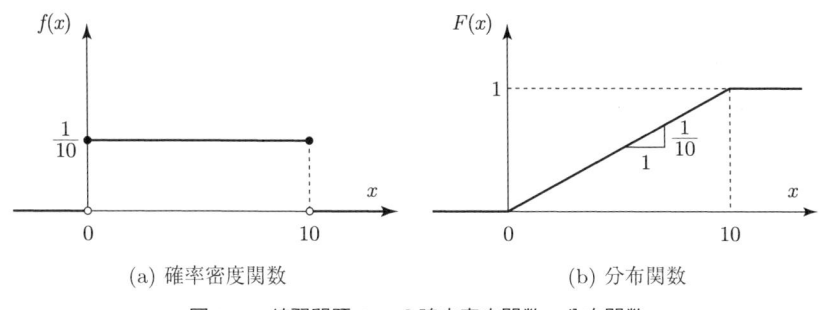

(a) 確率密度関数 (b) 分布関数

図 2.8 練習問題 2.2 の確率密度関数，分布関数

2.2 期待値

　確率分布がわかれば，確率変数がいくらの確率でどのような値，もしくは範囲をとるかについて完全に知ることができる．すなわち，確率分布は，確率変数に関する全ての情報を含んでいる．しかし，私たちが確率的事象に直面するとき，そのような詳述な情報よりむしろ，確率変数がおおよそどのような値をとるか，どの程度の範囲に存在するかといった，集約された情報を知ることの方が有益であることが多い．期待値とは，確率分布の情報をあるルールに従って集約した量のことである．

離散確率変数の場合

離散確率変数 X の実現値が $x_1, x_2, \cdots, x_n$, 確率関数が $p(x_i) = P\{X = x_i\}$ ($i = 1, 2, \cdots$) であるとする.適当な関数 $\varphi(x_i)$ に対して,

$$E[\varphi(X)] \equiv \sum_{i=1}^{n} \varphi(x_i) p(x_i) \tag{2.17}$$

を $\varphi(X)$ の**期待値** (expectation) という.

連続確率変数の場合

連続確率変数 X の確率密度関数が $f(x)$ であるとき,適当な関数 $\varphi(x)$ に対して,

$$E[\varphi(X)] \equiv \int_{-\infty}^{\infty} \varphi(x) f(x) dx \tag{2.18}$$

を $\varphi(X)$ の期待値という.

2.2.1 平均と分散

平均と分散は,期待値の最も基本的なものである.まず,X の**平均** (mean) は $\varphi(x) = x$ とした場合の期待値として,

$$\mu \equiv E[X] = \begin{cases} \displaystyle\sum_{i=1}^{n} x_i p(x_i) & (X: \text{離散の場合}) \\ \displaystyle\int_{-\infty}^{\infty} x f(x) dx & (X: \text{連続の場合}) \end{cases} \tag{2.19}$$

と定義される.なお,μ はミューと読む.

2.2. 期待値

次に，X の**分散** (variance) は $\varphi(x) = (x-\mu)^2$ として，

$$V[X] \equiv E[(X-\mu)^2]$$
$$= \begin{cases} \sum_{i=1}^{n}(x_i - \mu)^2 p(x_i) & (X: \text{離散の場合}) \\ \int_{-\infty}^{\infty}(x-\mu)^2 f(x)dx & (X: \text{連続の場合}) \end{cases} \quad (2.20)$$

と定義される．分散の平方根を**標準偏差** (standard deviation) といい，σ（シグマ）で表す．分散を $V[X]$ の代わりに σ^2 と表すこともある．分散は平均からの距離の 2 乗の期待値であるから，その平方根である標準偏差 σ は分布が平均からどのくらいの幅にあるかを示す目安となっている（図 2.9 参照）．

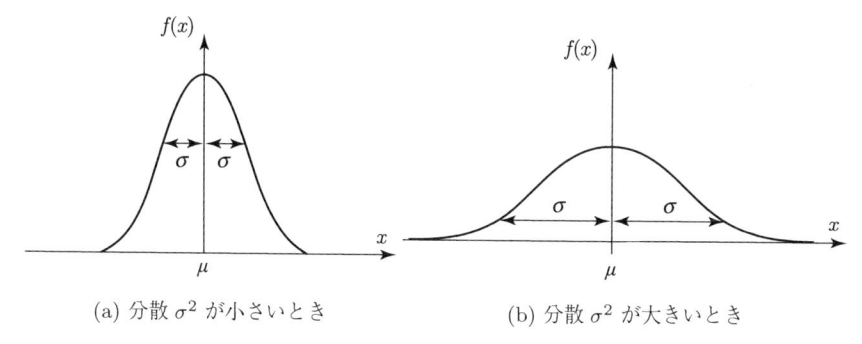

(a) 分散 σ^2 が小さいとき   (b) 分散 σ^2 が大きいとき

図 **2.9** 分散と分布のばらつき

練習問題 2.3

サイコロを 1 回投げるとき，出る目の平均，分散および標準偏差を求めよ．

解答

1~6 の目がそれぞれ 1/6 の確率で起こるから出る目 X の平均は，

$$\mu = E[X] = (1+2+3+4+5+6) \times \frac{1}{6} = \frac{7}{2} = 3.5$$

である．分散は，

$$V[X] = \left\{ \left(1-\frac{7}{2}\right)^2 + \left(2-\frac{7}{2}\right)^2 + \left(3-\frac{7}{2}\right)^2 + \left(4-\frac{7}{2}\right)^2 \right.$$
$$\left. + \left(5-\frac{7}{2}\right)^2 + \left(6-\frac{7}{2}\right)^2 \right\} \times \frac{1}{6} = \frac{35}{12} \fallingdotseq 2.92$$

である．したがって，標準偏差は $\sigma = \sqrt{35/12} \fallingdotseq 1.71$ である．

■**定理 2.1** 確率変数 X と任意の実数 $a(\neq 0), b$ に対して，以下が成り立つ．ただし，μ は X の平均である．
(1) $V[X] = E[X^2] - \mu^2$
(2) $E[aX+b] = a\mu + b$
　　$V[aX+b] = a^2 V[X]$

[証明] X が連続的な場合の証明を示す．離散的な場合については各自で確かめてほしい．
(1) 分散の定義式を展開し積分とは無関係な μ を積分の外に出して整理すれば，以下を得る．

2.2. 期待値

$$V[X] = \int_{-\infty}^{\infty} (x-\mu)^2 f(x)dx$$

$$= \int_{-\infty}^{\infty} (x^2 - 2\mu x + \mu^2)f(x)dx$$

$$= \int_{-\infty}^{\infty} x^2 f(x)dx - 2\mu \int_{-\infty}^{\infty} xf(x)dx + \mu^2 \int_{-\infty}^{\infty} f(x)dx$$

$$= E[X^2] - 2\mu E[X] + \mu^2$$

$$= E[X^2] - \mu^2$$

(2) (1) と同様に整理すれば，以下の通りである．

$$E[aX+b] = \int_{-\infty}^{\infty} (ax+b)f(x)dx$$

$$= a\int_{-\infty}^{\infty} xf(x)dx + b\int_{-\infty}^{\infty} f(x)dx$$

$$= a\mu + b$$

この結果を利用して次を得る．

$$V[aX+b] = \int_{-\infty}^{\infty} \left\{ax+b - E[ax+b]\right\}^2 f(x)dx$$

$$= a^2 \int_{-\infty}^{\infty} \left\{(x-\mu)\right\}^2 f(x)dx$$

$$= a^2 V[X]$$

∎

チェビシェフの不等式 (Chebysev's inequality)

標準偏差は，分布が平均値からどのくらいの幅にあるかを示す目安であると先に述べた．では，実際に確率分布と標準偏差の間にはどのような関係があるだろうか？

確率変数 X の平均を μ, 分散を σ^2 とすれば，次のチェビシェフの不等式が成り立つ[1].

$$P\{|X - \mu| \geq k\sigma\} \leq \frac{1}{k^2} \tag{2.21}$$

ただし，k は任意の正数である．

チェビシェフの不等式は，確率変数 X が平均 μ から標準偏差 σ の k 倍以上離れた値となる確率には上限があり，その上限は $1/k^2$ となることを示している（図 2.10）．このことは，X の平均 μ と分散 σ^2 が有限値として存在しさえすれば，分布そのものには関係なく成り立つ．

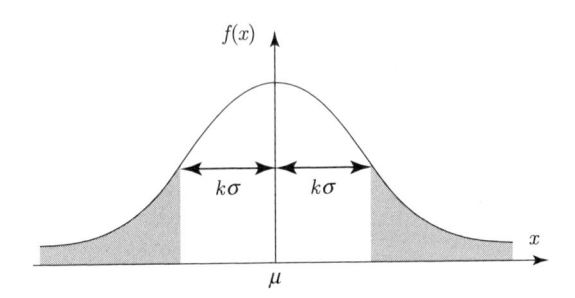

グレーの部分の面積が $1/k^2$ 以下である

図 2.10 チェビシェフの不等式

---

[1] [証明]：X の確率密度関数を $f(x)$ とすれば，以下の関係が成り立つ．

$$\sigma^2 = \int_{-\infty}^{\infty} (x-\mu)^2 f(x)dx = \int_{|x-\mu|\geq \delta} + \int_{|x-\mu|<\delta} (x-\mu)^2 f(x)dx$$
$$\geq \int_{|x-\mu|\geq \delta} (x-\mu)^2 f(x)dx \geq \delta^2 \int_{|x-\mu|\geq \delta} f(x)dx = \delta^2 \Pr\{|X-\mu|\geq \delta\}$$

上式で $\delta = k\sigma$ とすれば，不等式 (2.21) が成立する．■

2.2.2 モーメント †

期待値において、関数 $\varphi(X) = X^k$ $(k = 1, 2, \cdots)$ としたとき、

$$E[X^k] = \begin{cases} \sum_{i=1}^{n}(x_i)^k p(x_i) & (X: \text{離散の場合}) \\ \int_{-\infty}^{\infty} x^k f(x) dx & (X: \text{連続の場合}) \end{cases} \tag{2.22}$$

を k 次のモーメント (moment) という.したがって,平均 μ は1次のモーメントと等しく,分散 σ^2 は平均まわりの2次のモーメントと等しい.標準化された変数 $Z = (X - \mu)/\sigma$ の3次のモーメント $\gamma_1 = E[Z^3]$ を歪度 (skewness) といい,分布の非対称性に関係した量である.対称な分布ならば,$\gamma_1 = 0$ となり,γ_1 が0からずれているほど,分布の歪みが大きいといえる.また,Z の4次のモーメント $E[Z^4]$ から3を引いた $\gamma_2 = E[Z^4] - 3$ は尖度 (kuytosis) といい,分布の尖り具合を表す指標である.正規分布の尖度を0とし,$\gamma_2 > 0$ ならば,正規分布より尖った分布,$\gamma_2 < 0$ ならば正規分布より丸みがかった分布であることを表す.

(a) 歪度 (A: $\gamma_1 > 0$, B: $\gamma_1 = 0$, C: $\gamma_1 < 0$)

(b) 尖度 (A: $\gamma_2 > 0$, B: $\gamma_2 = 0$〈正規分布〉, C: $\gamma_2 < 0$)

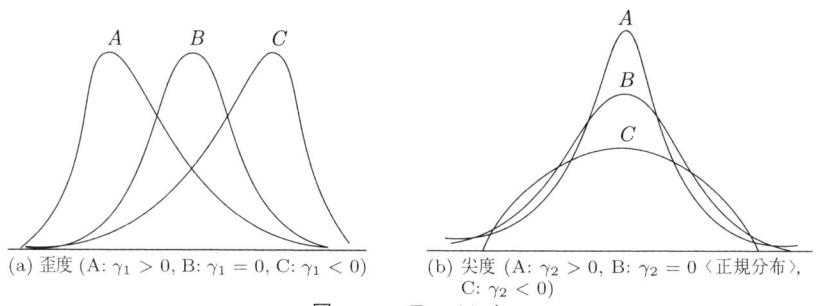

図 2.11 モーメント

2.3 確率変数が複数ある場合

これまでは確率変数がひとつの場合について述べてきたが，着目する現象において複数の変数が確率的に分布している場合もあり得る．以下では，確率変数が複数ある場合について説明する．なお，n 個の確率変数を並べたベクトルを n 次元確率変数と呼ぶ．

2.3.1 同時確率分布

離散確率変数の場合

いま，簡単に 2 次元確率変数 (X,Y) を考える．X, Y の取り得る値をそれぞれ x_i $(i=1,\cdots,m)$, y_j $(j=1,\cdots,n)$ とし，$X=x_i$ かつ $Y=y_j$ となる確率を

$$p_{ij} = P(X=x_i, Y=y_j) \tag{2.23}$$

と表す．(X,Y) に関する同時確率関数は 1 次元のときと同様に，

$$p(x,y) = \begin{cases} p_{ij} & (x=x_i \text{ かつ } y=y_j \text{ のとき}) \\ 0 & (\text{その他}) \end{cases} \tag{2.24}$$

と定義できる．さらに，同時確率分布関数は，

$$F(x,y) = P(X \leq x, Y \leq y) = \sum_{x_i \leq x}\sum_{y_i \leq y} p(x_i, y_j) \tag{2.25}$$

と定義される．離散的な場合の同時確率分布は，

$$F(-\infty, -\infty) = 0, \quad F(\infty, \infty) = 1 \tag{2.26}$$

を満たす．また，任意の x, y に対しては，$F(x, -\infty) = F(-\infty, y) = 0$ が成立する．

2.3. 確率変数が複数ある場合

例 2.3: 例 2.2 と同様に，サイコロを 2 回投げたとき，1 回目に出た目を V, 2 回目に出た目を W で表す．出た目の和 $X = V + W$ と差 $Y = |V - W|$ の同時確率分布は，図 7.5 のようになる．また，x および y の周辺確率分布（後述）をそれぞれ X 軸，Y 軸付近に描いた．

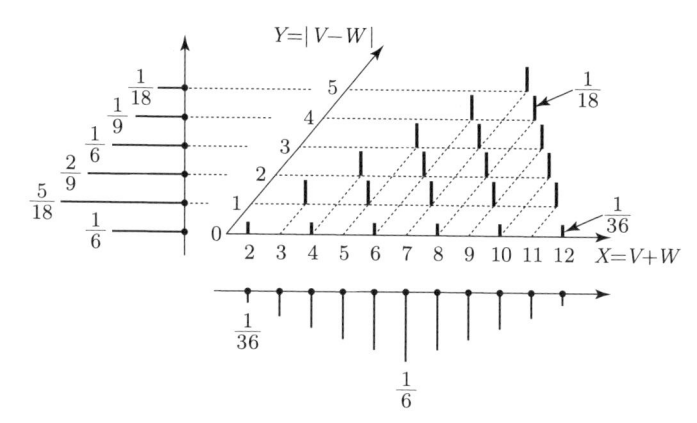

図 **2.12** サイコロの目の和 X と差 Y の同時確率分布と周辺確率分布

連続確率変数の場合

連続な場合も 1 次元のときと同様に，確率密度 $f(x,y)$ を

$$P(x < X \leq x + dx, y < Y \leq y + dy)$$
$$= \int_x^{x+dx} \int_y^{y+dy} f(x', y') dx' dy' \tag{2.27}$$

と定義できる．さらに，同時確率分布関数は，

$$F(x, y) = \int_{-\infty}^x \int_{-\infty}^y f(x', y') dx' dy' \tag{2.28}$$

と定義され，

$$F(\infty, \infty) = \int_{-\infty}^\infty \int_{-\infty}^\infty f(x', y') dx' dy' = 1 \tag{2.29}$$

を満足する．

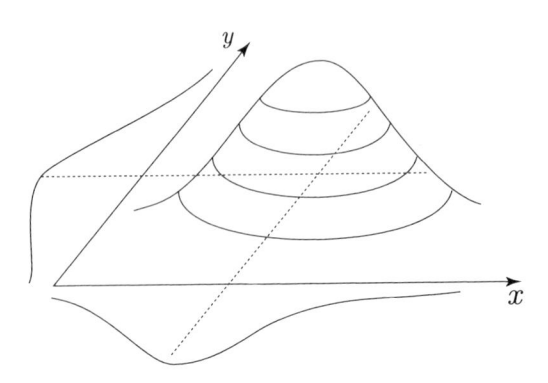

図 2.13 連続的な場合の同時確率分布

周辺確率分布

多次元確率分布では，他の確率変数にかかわらず，あるひとつの確率変数がどのように分布しているかを知りたい場合がある．例えば，離散的な場合の 2 次元確率分布において X のみの分布を知りたいとき，それぞれの X において Y の値について足し合わせれば，

$$p_1(x) = \begin{cases} \sum_j p_{ij} & (x = x_i \text{ のとき}) \\ 0 & (\text{その他}) \end{cases} \tag{2.30}$$

を得る．$p_1(x)$ を x の**周辺確率関数**という．さらに，**周辺分布関数**は

$$F_1(x) = P(X \leq x) = \sum_{x_i \leq x} p_1(x_i) \tag{2.31}$$

となる．ここで，下付き添字 1 は x の周辺確率を，2 は y の周辺確率を表すものとする．

連続的な場合も同様に考えれば，周辺確率密度関数を

$$f_1(x) = \int_{-\infty}^{\infty} f(x,y) dy \tag{2.32}$$

2.3. 確率変数が複数ある場合

と書ける．また，周辺分布関数は，

$$F_1(x) = \int_{-\infty}^{x} f_1(x')dx' \tag{2.33}$$

となる．

練習問題 2.4

箱の中にアメ玉が 2 個，ガムが 3 個，キャラメルが 3 個の計 8 個が入っている．この中から無作為に 3 個を取り出したとき，そのうちアメ玉の個数を x，ガムを y（キャラメルは $2-x-y$）とする．同時確率分布 $p(x,y)$ および周辺確率 $p_1(x), p_2(y)$ を求めよ．ただし，確率 $p(x,y)$ は次のように与えられる．

$$p(x,y) = \frac{{}_3C_x \times {}_3C_y \times {}_2C_{3-x-y}}{{}_8C_3} \tag{2.34}$$

解答

同時確率分布 $p(x,y)$ および周辺確率 $p_1(x), p_2(y)$ は以下の通りである．

表 2.1　2 変数の確率分布 $P(x,y)$

x \ y	0	1	2	3	$p_1(x)$
0	1/56	9/56	9/56	1/56	20/56
1	6/56	18/56	9/56	0	33/56
2	3/56	0	0	0	3/56
$p_2(y)$	10/56	27/56	18/56	1/56	1

2.3.2　2次元確率変数の期待値

2次元の確率変数 X, Y と適当な2変数関数 $\varphi(X, Y)$ について,

$$E[\varphi(X,Y)] = \begin{cases} \displaystyle\sum_{i=1}^{m}\sum_{j=1}^{n}\varphi(x_i, y_j)P(x_i, y_j) & \text{(離散的な場合)} \\ \displaystyle\int_{-\infty}^{\infty}\int_{-\infty}^{\infty}\varphi(x, y)f(x, y)dxdy & \text{(連続的な場合)} \end{cases} \tag{2.35}$$

を $\varphi(X, Y)$ の期待値という. $\varphi(X, Y) = X$ の場合は, X の平均値である.

$$E[X] = \begin{cases} \displaystyle\sum_{i=1}^{m}\sum_{j=1}^{n}x_i P(x_i, y_j) & \text{(離散的な場合)} \\ \displaystyle\int_{-\infty}^{\infty}\int_{-\infty}^{\infty}xf(x, y)dxdy & \text{(連続的な場合)} \end{cases} \tag{2.36}$$

X の平均値を μ_x と表すことにする. Y の平均 $\mu_y = E[Y]$ も同様に定義できる. また, X, Y の分散 σ_x^2, σ_y^2 は, それぞれ $\varphi(X, Y) = (X-\mu_x)^2$, $\varphi(X, Y) = (Y-\mu_y)^2$ の場合の期待値である.

2.4　相関関係

2つ以上の確率変数の同時分布を扱う場合には, 2個の変数間の相互依存性の情報が本質的に重要である. 期待値の中でこの種の情報をもたらすものとして共分散と相関係数がある.

2.4. 相関関係

2.4.1 共分散・相関係数

式 (2.35) において，$\varphi(X,Y) = (X - \mu_x)(Y - \mu_y)$ とした場合，

$$\mathrm{Cov}[X,Y] \equiv E[(X - \mu_x)(Y - \mu_y)]$$

$$= \begin{cases} \displaystyle\sum_{i=1}^{m}\sum_{j=1}^{n}(X - \mu_x)(Y - \mu_y)P(x_i,y_j) & \text{(離散的な場合)} \\ \displaystyle\int_{-\infty}^{\infty}\int_{-\infty}^{\infty}(X - \mu_x)(Y - \mu_y)f(x,y)dxdy & \text{(連続的な場合)} \end{cases} \quad (2.37)$$

を X,Y の共分散 (covariance) といい，しばしば記号 σ_{xy} で表される．

■定理 2.2　確率変数 X,Y と任意の実数 $a,b(\neq 0)$ に対して，次の関係が成り立つ．

$$E[aX + bY] = aE[X] + bE[Y] \quad (2.38)$$
$$V[aX + bY] = a^2 V[X] + 2ab\mathrm{Cov}[X,Y] + b^2 V[Y] \quad (2.39)$$

[証明] 式 (2.38) の証明：X,Y の周辺確率密度関数を $f_1(x) = \int_{-\infty}^{\infty} f(x,y)dy$, $f_2(y) = \int_{-\infty}^{\infty} f(x,y)dx$ と表せば，

$$\begin{aligned} E[aX + bY] &= \iint_{-\infty}^{\infty}(ax + by)f(x,y)dxdy \\ &= \int_{-\infty}^{\infty} axf_1(x)dx + \int_{-\infty}^{\infty} byf_2(y)dy \\ &= aE[X] + bE[Y] \end{aligned}$$

となる．なお，X,Y の平均値は $\mu_X = E[X] = \int_{\infty}^{\infty} xf_1(x)dx$, $\mu_Y = E[Y] = \int_{\infty}^{\infty} yf_2(y)dy$ である．

☆式 (2.39) の証明：定理 2.1 および共分散の定義より，以下が示される．

$$V[aX+bY] = \iint_{-\infty}^{\infty} (ax+by-a\mu_X-b\mu_Y)^2 f(x,y)dxdy$$

$$= a^2 E[(x-\mu_X)^2] + 2abE[(x-\mu_X)(y-\mu_Y)]$$
$$+ b^2 E[(y-\mu_Y)^2]$$
$$= a^2 V[X] + 2ab\mathrm{Cov}[X,Y] + b^2 V[Y] \qquad \blacksquare$$

■定理 2.3　確率変数 X, Y の共分散について，次の関係が成り立つ．

$$\mathrm{Cov}[X,Y] = E[XY] - E[X]E[Y] \tag{2.40}$$

X, Y が独立ならば，

$$\mathrm{Cov}[X,Y] = 0 \tag{2.41}$$

である．また，任意の実数 a, b, c, d $(a, c \neq 0)$ に対して，

$$\mathrm{Cov}[aX+b, cY+d] = ac\mathrm{Cov}[X,Y] \tag{2.42}$$

☆ [証明] 式 (2.40) の証明：

$$\mathrm{Cov}[X,Y] = \iint_{-\infty}^{\infty} (xy - \mu_Y x - \mu_X y + \mu_X \mu_Y) f(x,y) dxdy$$

$$= \iint_{-\infty}^{\infty} xy f(x,y) dxdy - \mu_Y \int_{-\infty}^{\infty} x f_1(x) dx$$

$$\quad - \mu_X \int_{-\infty}^{\infty} y f_2(y) dy + \mu_X \mu_Y \iint_{-\infty}^{\infty} f(x,y) dxdy$$

$$= E[XY] - E[X]E[Y]$$

式 (2.41) の証明：独立の仮定より，$f(x,y) = f_1(x) \cdot f_2(y)$. よって，

2.4. 相関関係

$$E[XY] = \iint_{-\infty}^{\infty} xyf(x,y)dxdy$$

$$= \int_{-\infty}^{\infty} xf_1(x)dx \int_{-\infty}^{\infty} yf_2(y)dy$$

$$= E[X]E[Y]$$

これを式 (2.40) へ代入すれば，$\mathrm{Cov}[X,Y] = 0$ を得る．

式 (2.42) の証明：

$$\mathrm{Cov}[aX+b, cY+d] = E[(aX - a\mu_X)(cY - c\mu_Y)]$$

$$= E[ac(X - \mu_X)(Y - \mu_Y)]$$

$$= ac\mathrm{Cov}[X,Y] \qquad \blacksquare$$

確率変数 X, Y の標準偏差をそれぞれ σ_X, σ_Y，共分散を $\mathrm{Cov}[X,Y]$ とするとき

$$R[X,Y] = \frac{\mathrm{Cov}[X,Y]}{\sigma_X \sigma_Y} \tag{2.43}$$

を X, Y の**相関係数** (correlation coeffficient) といい，しばしば記号 ρ_{XY} で表される．

■**定理 2.4** 相関係数は次の性質を持つ．

$$-1 \leq R[X,Y] \leq 1 \tag{2.44}$$

任意の実数 a, b, c, d $(a, c \neq 0)$ に対して，

$$R[aX+b, cY+d] = R[X,Y] \tag{2.45}$$

任意の実数 a, b $(a \neq 0)$ に対して，

$$X = aY + b, a > 0 \Leftrightarrow R[X,Y] = 1 \tag{2.46}$$

$$X = aY + b, a < 0 \Leftrightarrow R[X,Y] = -1 \tag{2.47}$$

[証明] 式 (2.44) の証明：$Z_1 = (X - \mu_X)/\sigma_X$, $Z_2 = (Y - \mu_Y)/\sigma_Y$ とおくと，$E[Z_1] = E[Z_2] = 0$, かつ $E[Z_1^2] = E[Z_2^2] = 1$. よって，$E[Z_1 Z_2] = R[X, Y]$. ゆえに，

$$0 \leq E[(Z_1 \pm Z_2)^2]$$
$$= E[Z_1^2] \pm 2E[Z_1 Z_2] + E[Z_2^2]$$
$$= 2(1 \pm R[X, Y])$$

上式を解けば，式 (2.44) を得る.

式 (2.45) の証明：式 (2.42) から

$$R[aX + b, cY + b] = \frac{ac\operatorname{Cov}[X, Y]}{a\sigma_X c\sigma_Y}$$
$$= R[X, Y]$$

☆式 (2.46) の証明：$a > 0$ の場合のみ示す.

$X = aY + b \Rightarrow R[X, Y] = 1$ の証明.

$$\operatorname{Cov}[X, Y] = E[(aY + b - E[aY + b])(Y - E[Y])]$$
$$= E[a(Y - E[Y])^2] = aV[Y]$$
$$\therefore R[X, Y] = \frac{aV[Y]}{\sqrt{a^2 V[Y]}\sqrt{V[Y]}} = 1$$

$R[X, Y] = 1 \Rightarrow X = aY + b$ の証明.

式 (2.44) の証明を利用すれば，$R[X, Y] = 1$ のとき，$E[(Z_1 - Z_2)^2] = 0$ である．したがって，$\frac{X - \mu_X}{\sigma_X} = \frac{Y - \mu_Y}{\sigma_Y}$ より，

$$X = \frac{\sigma_X}{\sigma_Y} Y + \left(\mu_X - \frac{\sigma_X}{\sigma_Y}\mu_Y\right) = aY + b$$

となる．ただし，$a = \sigma_X/\sigma_Y$, $b = \mu_X - \frac{\sigma_X}{\sigma_Y}\mu_Y$ である． ∎

例 2.4：例 2.3 において X と Y の共分散・相関係数を求めよう．まず，X, Y のそれぞれについて平均・分散を求めると，$\mu_X = 7.00$, $\mu_Y = 1.94$, $\sigma_X^2 = 5.83$,

2.4. 相関関係

$\sigma_Y{}^2 = 2.05$ となる（各自で確認してほしい）．次に，共分散の算出には，定理 2.3 を用いると便利である．

$$\sigma_{XY} = E[XY] - \mu_X \mu_Y$$
$$= \frac{1}{18}\{(3+5+7+9+11) \times 1 + (4+6+8+10) \times 2$$
$$+ (5+7+9) \times 3 + (6+8) \times 4 + 7 \times 5\} - 7.0 \times 1.94 = 0$$

したがって，$\rho_{XY} = 0$ となる．なお，相関係数が 0 であるから，この 2 つの確率変数 X, Y は独立であるといえるだろうか？ 答えは否である．事象 A と B が独立かどうかは，あくまで $P(A \cap B) = P(A)P(B)$ が成立するかで判断しなければならない．ここでは，例えば $X = 12$, $Y = 0$ が起こる確率はそれぞれ $P(X = 12) = 1/36$, $P(Y = 0) = 1/6$ であるが，$X = 12$ かつ $Y = 0$ の確率は $P(X = 12, y = 0) = 1/36$ である．すなわち，$P(X = 12, y = 0) \neq P(X = 12)P(Y = 0)$ より，確率変数 X, Y は独立ではない．

練習問題 2.5

練習問題 2.4 において，確率変数 X, Y の共分散 $\mathrm{Cov}[X, Y]$ および相関係数 $R[X, Y]$ を求めよ．

解答

確率変数 X, Y の平均・分散，および XY の平均は以下の通りである．

$$E[X] = 0 \times \frac{20}{56} + 1 \times \frac{33}{56} + 2 \times \frac{3}{56} = \frac{39}{56}$$
$$V[X] = \left(0 - \frac{39}{56}\right)^2 \times \frac{20}{56} + \left(1 - \frac{39}{56}\right)^2 \times \frac{33}{56} + \left(2 - \frac{39}{56}\right)^2 \times \frac{3}{56}$$
$$= 0.319$$
$$E[Y] = 0 \times \frac{10}{56} + 1 \times \frac{27}{56} + 2 \times \frac{18}{56} + 3 \times \frac{1}{56} = \frac{33}{28}$$

$$V[Y] = \left(0 - \frac{66}{56}\right)^2 \times \frac{10}{56} + \left(1 - \frac{66}{56}\right)^2 \times \frac{27}{56} + \left(2 - \frac{66}{56}\right)^2 \times \frac{18}{56}$$
$$+ \left(3 - \frac{66}{56}\right)^2 \times \frac{1}{56} = 0.534$$
$$E[XY] = 1 \times \frac{18}{56} + 2 \times \frac{9}{56} = \frac{9}{14}$$

以上より,共分散および相関係数は以下のようになる.

$$\mathrm{Cov}[X,Y] = E[XY] - E[X]E[Y] = \frac{9}{14} - \frac{39}{56} \times \frac{33}{28} = -0.178$$
$$R(X,Y) = \frac{\mathrm{Cov}[X,Y]}{\sqrt{V[X]}\sqrt{V[Y]}} = \frac{-0.178}{\sqrt{0.319} \times \sqrt{0.534}} \fallingdotseq -0.43$$

2.4.2 データ間の相関関係

ここまでは,確率変数の従う確率分布が明示的に与えられた下で相関関係の説明を行ってきた.では,相関という概念がどのような場面で役立つのだろうか? 本節では,データとして与えられる変量の組の相関関係について考えていこう.

例 2.5:小学生の身長と体育の成績

下表は,ある 10 人の小学生の身長と体育の成績である.

表 2.2 小学生の身長と体育・音楽の成績

生徒	1	2	3	4	5	6	7	8	9	10
身長 (cm)	145	151	160	158	155	167	163	150	153	148
体育の成績	68	75	80	85	64	90	85	83	78	72
音楽の成績	78	75	74	69	82	75	77	69	73	78

まず,身長と体育の成績の関係に着目しよう.横軸に生徒の身長,縦軸に体

2.4. 相関関係

育の成績をとり，表 2.2 の各データをプロットすると，次のような散布図と呼ばれるグラフが得られる．散布図を見れば，プロットされた点がおおよそ右上がりに分布しているのがわかる．すなわち，傾向として，身長が高いほど，体育の成績が良いような関係にある．このことを，「身長と体育の成績には相関がある」という．図 2.14(a) のように，一方の変数の増加（減少）がもう一方の変数の増加（減少）を伴う場合，その関係を正の相関（順相関）という．

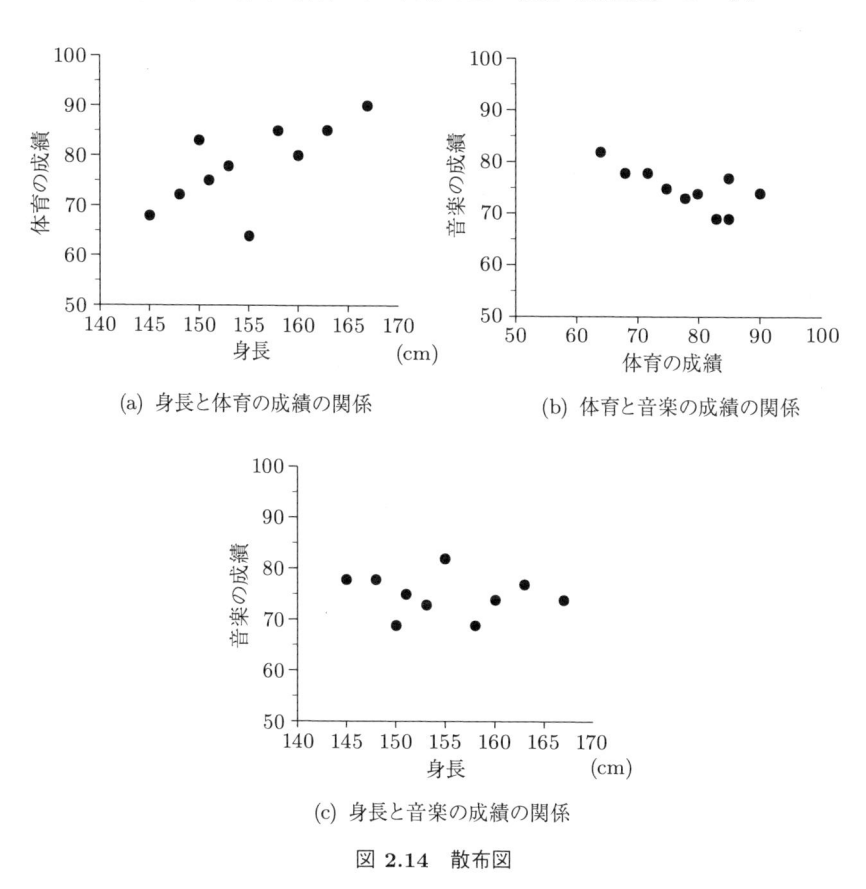

(a) 身長と体育の成績の関係

(b) 体育と音楽の成績の関係

(c) 身長と音楽の成績の関係

図 2.14　散布図

次に，体育と音楽の成績の関係について調べてみる．散布図を描けば，図

2.14(b) のようになる．先ほどとは異なり，プロットされた点は右下がりに分布している．すなわち，体育の成績が良い生徒ほど，音楽の成績が悪いという傾向が見受けられる．このように，変数の増加（減少）がもう一方の変数の減少（増加）を伴う場合，その関係を負の相関（逆相関）という．

最後に，身長と音楽の成績の関係はどうだろうか？ 散布図 2.14(c) を見れば，両者の間に正の相関も負の相関も存在しない，すなわち，無相関である．

練習問題 2.6

次の関係について，相関関係があるかを考えよ．また，相関関係がある場合には正の相関か負の相関のいずれかを答えよ．

1. 気温と風邪の患者数
2. 町の人口とその町における商店数
3. 体重と成人病の罹患率
4. 国の平均所得とその国の出生率
5. 為替レートとスギ花粉の飛散量

解答

1. 負の相関
2. 正の相関
3. 正の相関
4. 負の相関
5. 無相関

ここまでの話では，2 つの変量がどのような関係にあるかに関して大雑把（おおざっぱ）に把握することしかできない．2 つの変数がどちらの向きにどの程度の強さで相関しているかを表す客観的な指標が共分散，相関係数である．先ほどは，確率分布に従う確率変数 X, Y の共分散・相関係数を定義したので，ここではデータとして与えられる変量の共分散・相関係数について定義し直そう．いま，2 つ

2.4. 相関関係

の変量 x, y の組がデータとして n 個与えられたとする.変量 x, y の平均は

$$\overline{x} = \frac{1}{n}\sum_{i=1}^{n} x_i, \quad \overline{y} = \frac{1}{n}\sum_{i=1}^{n} y_i \tag{2.48}$$

であり,分散は,

$$s_x^2 = \frac{1}{n}\sum_{i=1}^{n}(x_i - \overline{x})^2, \quad s_y^2 = \frac{1}{n}\sum_{i=1}^{n}(y_i - \overline{y})^2 \tag{2.49}$$

である.このとき,共分散 s_{xy} と相関係数 r は次のように定義される.

$$s_{xy} = \frac{1}{n}\sum_{i=1}^{n}(x_i - \overline{x})(y_i - \overline{y}) \tag{2.50}$$

$$r = \frac{s_{xy}}{s_x s_y} \tag{2.51}$$

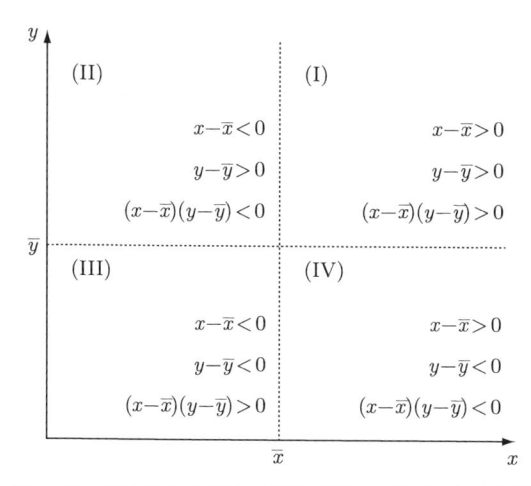

図 2.15 散布図と共分散(相関係数)の符号の対応関係

共分散(相関係数)が正であるのは,変量の組 x と y が図 2.15 の (I)・(III) に多く分布していることを意味し,負であるのは (II)・(IV) に多く分布していることを意味する.相関係数 r は -1 から $+1$ の値をとり,$r > 0$ は正の相関を $r < 0$ は負の相関を表す.また,$r = 0$ は相関がないこと,すなわち無相関であ

ることを表す．r の絶対値が大きいほど相関が強く，特に $r = 1$ のときを正の完全相関，$r = -1$ のときは負の完全相関と呼ぶ．相関係数の値に応じて，相関の強さを以下のように表現することもある．

$r = \pm 0.7 \sim \pm 1$ ：強い相関がある

$r = \pm 0.4 \sim \pm 0.7$：中程度の相関がある

$r = \pm 0.2 \sim \pm 0.4$：弱い相関がある

$r = \pm 0 \ \ \sim \pm 0.2$：ほとんど相関がない

相関係数は x と y の両方向から点の配置を眺めたときに 2 変数間の**線形関係の強さを表す指標**であり，必ずしも 2 変数の間に原因と結果の関係が存在する

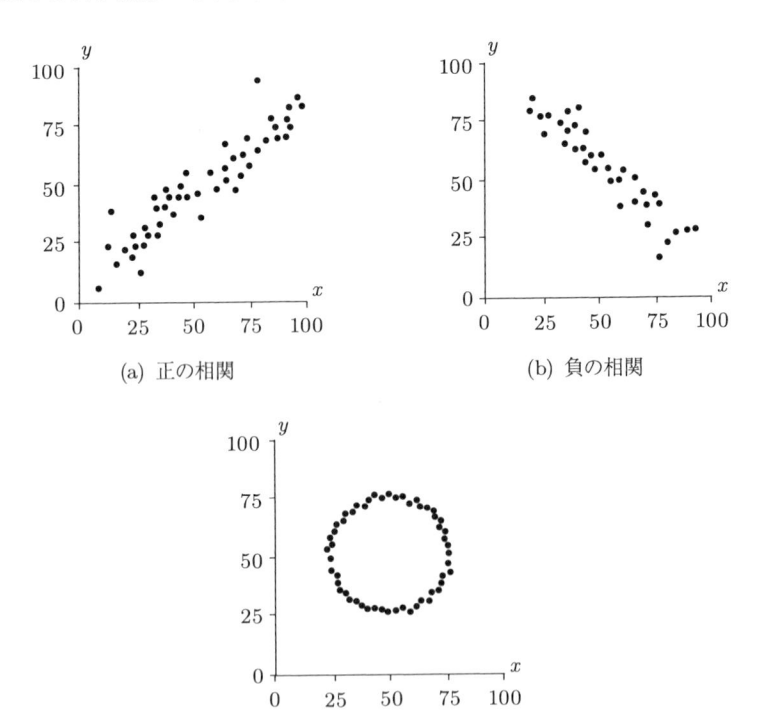

(a) 正の相関

(b) 負の相関

(c) 無相関（非線形関係）

図 **2.16** 散布図と相関関係

2.4. 相関関係

必要はない．また，非線形関係の存在の有無については何ら参考にならない．図 2.16 (c) のように 2 変数間には円になるという規則的な関係が存在するが，相関係数 r はほぼゼロとなる．

例 2.5 のつづき：身長 x と体育の成績 y の間の共分散および相関係数を求めてみよう．その際，下表のような計算表を作成すれば便利である．

表 2.3 計算表（例 2.5）

	x	y	$x-\overline{x}$	$y-\overline{y}$	$(x-\overline{x})^2$	$(y-\overline{y})^2$	$(x-\overline{x})(y-\overline{y})$
1	145	68	-10	-10	100	100	100
2	151	75	-4	-3	16	9	12
3	160	80	5	2	25	4	10
4	158	85	3	7	9	49	21
5	155	64	0	-14	0	196	0
6	167	90	12	12	144	144	144
7	163	85	8	7	64	49	56
8	150	83	-5	5	25	25	-25
9	153	78	-2	0	4	0	0
10	148	72	-7	-6	49	36	42
計	1550	780	0	0	436	612	360
平均	155	78					
分散					43.6	61.2	
共分散							36

計算表の結果より，共分散，相関係数を以下のように求めることができる．

共分散：$s_{xy} = 36$

相関係数：$r = \dfrac{s_{xy}}{s_x s_y} = \dfrac{36}{\sqrt{43.6} \times \sqrt{61.2}} = \dfrac{36}{6.60 \times 7.82} = 0.697$ \hfill (2.52)

身長と体育の成績の間の相関係数は 0.697 であり，やや強い正の相関があることがわかる．

練習問題 2.7

例 2.6 において，身長 x と音楽の成績 z の間の相関関係を明らかにしたい．計算表を作成し，共分散および相関係数を求めてみよう．

解答

ここでは，共分散，相関係数のみを示す．計算表については各自で確認してほしい．

共分散：$s_{xz} = -2.4$

相関係数：$r = \dfrac{s_{xz}}{s_x s_z} = \dfrac{-2.4}{\sqrt{43.6} \times \sqrt{14.8}} = \dfrac{-2.4}{6.60 \times 3.85} = -0.094$

身長と音楽の成績の間の相関係数は $r = -0.094$ と低く，ほとんど相関はないといえる．

2.4. 相関関係

【Coffee break】データから法則を見つける

昨今，データマイニング (Data mining) という言葉が注目を集めている．データマイニングとは，「明示されておらず今まで知られていなかったが，役立つ可能性があり，かつ，自明でない情報をデータから抽出すること」，あるいは，「データの巨大集合やデータベースから有用な情報を抽出する技術体系」である．ちなみに，"mining" とは，鉱物を採掘することの意である．企業等では，データマイニングに基づき様々な意思決定が行われている．例えば，レンタカー会社や保険会社は，クレジットカードの返済実績の低い人々へのサービスの提供を拒否している．それは，返済実績の低い人は事故も起こしやすいということがデータマイニングによって明らかになったからである．インターネットショッピングサイトでの「この商品を買った人はこんな商品も買っています」という商品紹介は，各人の属性と購買行動の関連に関する分析に基づいている．また，スーパーマーケットでは，「ビール」と「紙おむつ」を隣接して配置する (!?) そうである．これもビールと紙おむつの併買行動がデータマイニングによって発見されたからである．

まさに「風が吹けば桶屋が儲かる」といった感じであるが，こうした意思決定を実際に行うためには，様々な要因の間に存在する法則性を見つけ，それがどのくらい信頼できるかを判断するための科学的な枠組みが必要である．これらが相関分析や回帰分析（8章で詳述）である．

章末問題 2

(1) 確率密度関数

$$f(x) = \begin{cases} |x| & (-1 \leq x \leq 1) \\ 0 & その他 \end{cases}$$

で与えられる連続分布を図示せよ．また，確率変数 X の平均・分散を求めよ．

(2) ある電池の寿命を X 時間とするとき，X の確率密度関数が

$$f(x) = \begin{cases} 15/x^2 & (x \geq 15) \\ 0 & (x < 15) \end{cases}$$

であるとする．
 (a) この電池 1 個が 18 時間以上もつ確率を求めよ．
 (b) この電池 2 個を直列に繋いで動かすおもちゃがある．おもちゃが 18 時間以上動く確率を求めよ．ただし，各電池は独立に電池切れになるとする．

(3) コインを 2 回投げる試行を考える．確率変数 X_i を i 回目に表が出たときに 1，裏が出たときに 0 をとるものとする．このとき，確率変数 $Y = X_1$ および $Z = X_1 + X_2$ はそれぞれ「1 回目に表の出た回数」および「2 回目までに表が出た回数」となる．Y と Z の共分散 $\mathrm{Cov}[Y, Z]$ および相関係数 $R[Y, Z]$ を求めよ．

(4) 確率変数 X, Y の同時確率関数 $p(x, y)$ が表 2.4 のように与えられている．確率変数 X, Y の平均 $E[X], E[Y]$ および共分散 $\mathrm{Cov}[X, Y]$ を求めよ．

章末問題 2

表 2.4　同時確率関数 $p(x,y)$ と周辺確率 $p_1(x)$, $p_2(y)$

x \ y	0	1	2	$p_1(x)$
0	1/15	2/15	3/15	6/15
1	4/15	4/15	0	8/15
2	1/15	0	0	1/15
$p_2(y)$	6/15	6/15	3/15	1

(5) 表 2.5 は，ある海の家での 10 日間におけるビールの売上数とその日の最高気温を示したものである．計算表を用いて気温 (x) とビールの売上数 (y) の共分散と相関係数を求め，相関の向き（正・負）と強さを判断せよ．ただし，$\sqrt{10} = 3.16$ とおく．

表 2.5　気温とビールの売上数

日	1	2	3	4	5	6	7	8	9	10
気温（℃）	31	34	28	31	35	27	25	28	29	32
売上数	170	210	160	170	210	170	150	190	180	190

第3章 主な確率分布

確率分布には多種多様なものがあり，前章で述べた性質を満足するという意味では無数に存在する．しかし，実際に世の中で起こる確率現象の多くは，いくつかの代表的な確率分布で表現できることが知られている．

3.1 離散確率分布

分布の話をする前に，次のような実験を思い浮かべてみよう．

例 3.1：
(1) 1枚の硬貨を何回も投げ，各回の表，裏を調べる．
(2) 赤玉と白玉が入った壺から玉を繰り返し復元抽出（取り出した玉を元に戻し，また取り出す抽出方法）し，各回の玉の色を調べる．
(3) 1個のサイコロを何回も投げ，各回の目が偶数か奇数かを調べる．

これらはいずれもベルヌーイ試行 (Bernoulli trial) と呼ばれるタイプの実験であり，本章で扱う基本的な確率分布はいずれもこの実験の結果を基に定義される．

3.1.1 ベルヌーイ試行

ある実験(または現象)が反復されるとき,第 k 回目の実験の結果を表す確率変数を Z_k とする.この確率変数の列 $Z_1, Z_2, \cdots, Z_k, \cdots$ が次の性質 (1), (2) を持つとき,このような実験を**ベルヌーイ試行**という.
(1) Z_k $(k = 1, 2, \cdots)$ のすべてが互いに独立.
(2) どの確率変数 X_k も 2 種類の値 1,または 0 のいずれかをとり,1 をとる確率は p である.すなわち,各 Z_k について確率関数:

$$P(Z_k) = \begin{cases} p & (Z_k = 1) \\ 1-p & (Z_k = 0) \end{cases} \tag{3.1}$$

が成り立つ.

3.1.2 二項分布

n 回のベルヌーイ試行のうちで,1 が出現する回数を表す確率変数を X とする.$X = x$ となる確率 $P\{X = x\}$ は,次のようにして計算される.すなわち,n 回中の 1 の生ずる x 回の配置の仕方が全部で ${}_n C_x = \begin{pmatrix} n \\ x \end{pmatrix}$ 通りであり,そのいずれも確率が $p^x q^{n-x}$ で起こる.ただし,$q = 1 - p$ とする.したがって,

$$P(X = x) = \begin{pmatrix} n \\ x \end{pmatrix} p^x q^{n-x} \tag{3.2}$$

となる.この確率分布を**二項分布** (Binominal distribution) と呼び,$\mathrm{Bin}(n, p)$ で表す.この名前は式 (3.2) が $(p + q)^n$ を二項展開したときの第 x 番目の項に等しいことに由来する.

例 3.2：5択の試験問題が5問（各1点）ある．これらを当てずっぽうに答えたときの点数は，$n=5, p=1/5$ の二項分布に従い，確率は次のようになる．

$$P(0) = {}_5C_0 \left(\frac{1}{5}\right)^0 \left(\frac{4}{5}\right)^5 = \left(\frac{4}{5}\right)^5 \fallingdotseq 0.3277$$

$$P(1) = {}_5C_1 \left(\frac{1}{5}\right)^1 \left(\frac{4}{5}\right)^4 = 5\left(\frac{1}{5}\right)\left(\frac{4}{5}\right)^4 \fallingdotseq 0.4096$$

$$P(2) = {}_5C_2 \left(\frac{1}{5}\right)^2 \left(\frac{4}{5}\right)^3 = 10\left(\frac{1}{5}\right)^2\left(\frac{4}{5}\right)^3 \fallingdotseq 0.2048$$

$$P(3) = {}_5C_3 \left(\frac{1}{5}\right)^3 \left(\frac{4}{5}\right)^2 = 10\left(\frac{1}{5}\right)^3\left(\frac{4}{5}\right)^2 \fallingdotseq 0.0512$$

$$P(4) = {}_5C_4 \left(\frac{1}{5}\right)^4 \left(\frac{4}{5}\right)^1 = 5\left(\frac{1}{5}\right)^4\left(\frac{4}{5}\right)^1 \fallingdotseq 0.0064$$

$$P(5) = {}_5C_5 \left(\frac{1}{5}\right)^5 \left(\frac{4}{5}\right)^0 = \left(\frac{1}{5}\right)^5 \fallingdotseq 0.00032$$

また，得点が3点以下である確率 $F(3)$ は，

$$F(3) = P(X \leq 3) = \sum_{x_k \leq 3} P(x_k)$$

$$= P(0) + P(1) + P(2) + P(3) = 0.993$$

と求めることができる．この結果より，4点以上とる確率は1%に満たないことがわかる．

二項分布は以下の性質を満たす．

■定理 3.1　二項分布 $\mathrm{Bin}(n,p)$ について，以下が成り立つ．

$$\text{平均：} \quad E\{X\} = np \tag{3.3}$$

$$\text{分散：} \quad V\{X\} = npq \tag{3.4}$$

練習問題 3.1

例 3.2 において, 定理 3.1 が成立していることを確認してみよう.

解答

平均と分散をそれぞれ計算すれば,

$$E[X] = \sum_{X=0}^{5} X P(X)$$

$$= 0 \times 0.3277 + 1 \times 0.4096 + 2 \times 0.2048 + 3 \times 0.0512$$

$$= 4 \times 0.0064 + 5 \times 0.00032 = 1 \tag{3.5}$$

$$V[X] = \sum_{X=0}^{5} (X - \mu)^2 P(X)$$

$$= 1^2 \times 0.3277 + 0^2 \times 0.4096 + 1^2 \times 0.2048 + 2^2 \times 0.0512$$

$$= 3^2 \times 0.0064 + 4^2 \times 0.00032 = 0.8 \tag{3.6}$$

となる. この結果は, 定理 3.1 に則って求めた平均 $E[X] = np = 5 \times 1/5 = 1$, および分散 $V[X] = npq = 5 \times 1/5 \times 4/5 = 4/5$ とそれぞれ一致する.

図 3.1 は二項分布 $\mathrm{Bin}(n, p)$ の分布形を表す. なお, 各曲線は離散的にプロットされた点を直線でつないで描いている. 同図より, n を大きくしたとき, X の分布がだんだん対称形に近づくことがわかる.

例 3.2 において, 正答率 $S = X/n$ を考えよう. 正答率 S の平均 $E[S]$ と分散 $V[S]$ を求めると,

$$E[S] = E\left[\frac{X}{n}\right] = \frac{1}{n} E[X] = \frac{np}{n} = p \tag{3.7}$$

$$V[S] = V\left[\frac{X}{n}\right] = \frac{1}{n^2} V[X] = \frac{npq}{n^2} = \frac{pq}{n} \tag{3.8}$$

3.1. 離散確率分布

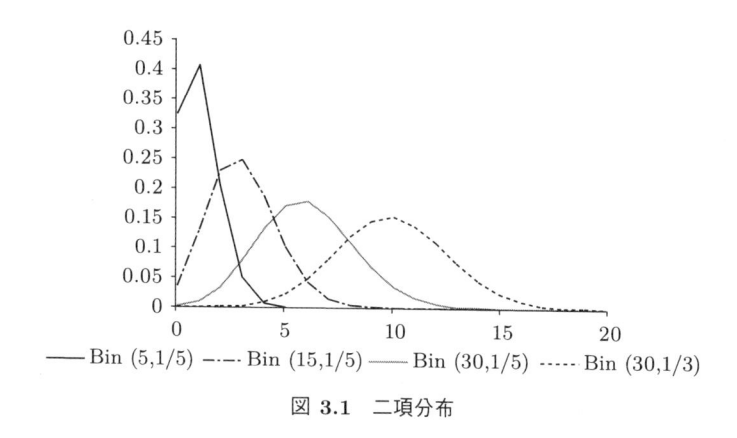

図 3.1　二項分布

となる．ここで，設問数 n を十分に大きくする $(n \to \infty)$ と $V[S] \to 0$ となる．すなわち，設問数 n の増加によって，正答率 S が $p = 1/5$ に近い値をとる確率がほとんど 1 になることを意味している．このことはつぎの法則として知られている．

大数の法則

　1 回 1 回の試行で，ある事象 A が起こるかどうかは確率的にしかわからないが，**試行回数を増やせば増やすほど，その事象の起こる確率は一定の値 p に近づく**．この性質は二項分布だけでなく，どのような分布に対しても成立する．

　なお，大数の法則はチェビシェフの不等式を用いて証明することができる[1]．この法則は，私たちの生活の身近なところに応用されている．それは保険である．自動車保険を例に説明しよう．個々のドライバーにとって，自らが事故に遭うかどうかは確率的にしかわからず，またひとたび事故に遭えば大きな損害が発生する．しかし，大数の法則によると，ドライバーの数が十分に多ければ，(どのドライバーが事故に遭うかはわからないが，) ドライバー全体のうち事故に遭うドライバーの割合（事故率）は一定の値に近づく．保険会社にとっては，事故率がほぼ確定的にわかれば，一定期間（例えば，1 年間）に支払う保険金

額もほぼ一定に見積もることができる．このように保険という仕組みは，個々のリスクは予測不可能であっても，同等のリスクを十分な数集めることによって全体としては確率的に予測可能となるという大数の法則に基づいて成り立っている．

3.1.3 ポアソン分布

ポアソン分布とは，めったに起こらない事象やポツポツと起こる事象の回数に関する確率分布である．例えば，1日に受け取る電子メールの件数や銀行に来る客の数，交差点での交通事故の件数，自然災害の発生回数などはポアソン分布によく従うとされる．いま，前項で説明した二項分布において，例えば $p = 1/100$，$n = 100$ とおけば，

$$P(0) = {}_{100}C_0 \left(\frac{1}{100}\right)^0 \left(\frac{99}{100}\right)^{100} \fallingdotseq 0.366$$

$$P(1) = {}_{100}C_1 \left(\frac{1}{100}\right)^1 \left(\frac{99}{100}\right)^{99} \fallingdotseq 0.367$$

同様に，

$$P(2) \fallingdotseq 0.185, \quad P(3) \fallingdotseq 0.061, \quad P(4) \fallingdotseq 0.015, \quad P(5) \fallingdotseq 0.003, \cdots$$

---

[1] 証明には統計学における標本分布の概念を理解している必要があるため，2編第5章を学習した後に確認して欲しい．

[証明] 母集団の平均 μ，分散 σ^2 が有限であれば，無作為標本 $\{x_1, x_2, \cdots, x_n\}$ の標本平均 $\bar{x} = \sum_i x_i/n$ の平均，分散は，それぞれ $E(\bar{x}) = \mu$，$V(\bar{x}) = \frac{\sigma^2}{n}$ となる．チェビシェフの不等式を用いれば，任意の正数 δ に対して $n \to \infty$ のとき，

$$\begin{aligned} P\{|\bar{x} - E[\bar{x}]| > \delta\} &= P\{|\bar{x} - \mu| > \delta\} \\ &\leq P\{|\bar{x} - \mu)| \geq \delta\} \\ &\leq \frac{\sigma^2}{n} \times \frac{1}{\delta^2} \to 0 \end{aligned}$$

となる．すなわち，$\bar{x}$ は μ に確率収束する．

3.1. 離散確率分布

といった具合に 100 分の 1 という小さな確率でしか起こらない事象が 100 回の試行のうち何回起こるかに関する確率分布を知ることができる．事象が起こる回数 x が 0, 1, 2 のとき確率 $P(x)$ は比較的大きな値をとるが，x が 3, 4, 5 と大きくなるにつれて $P(x)$ はどんどん小さくなることがわかる．さらに，二項分布において平均 $= np = \lambda$（一定）[記号 λ はラムダと呼ぶ] を保ちながら，$n \to \infty, p \to 0$ の場合，つまり，試行回数が多いが，事象の生じる確率 p が 0 に近い場合に事象が起こる回数の従う分布が以下に示すポアソン分布である[2]．

ポアソン分布 (Poisson distribution) とは，$0, 1, 2, \cdots$ のいずれかの値をとる離散確率変数 X について，

$$P(X = x) = e^{-\lambda} \frac{\lambda^x}{x!} \qquad (x = 0, 1, 2, \cdots ; \lambda > 0) \tag{3.9}$$

と表される確率分布であり，Po(λ) と表す．ポアソン分布は以下の性質を満たす．

---

[2] 二項分布の確率密度関数を変形して，

$$\mathrm{Bin}(n, p) = \binom{n}{x} p^x q^{n-x} = \frac{n(n-1)\cdots(n-x+1)}{x!} p^x (1-p)^{n-x}$$

$$= \frac{n^x}{x!} \cdot 1 \left(1 - \frac{1}{n}\right)\left(1 - \frac{2}{n}\right)\cdots\left(1 - \frac{x-1}{n}\right) p^x (1-p)^{n-x}$$

$np = \lambda$ より，$p = \lambda/n$ を代入すると，

$$\text{左辺} = \frac{n^x}{x!} \cdot 1 \left(1 - \frac{1}{n}\right)\left(1 - \frac{2}{n}\right)\cdots\left(1 - \frac{x-1}{n}\right) \left(\frac{\lambda}{n}\right)^x \left(1 - \frac{\lambda}{n}\right)^{n-x}$$

$$= \frac{1}{x!} \cdot 1 \left(1 - \frac{1}{n}\right)\left(1 - \frac{2}{n}\right)\cdots\left(1 - \frac{x-1}{n}\right) \lambda^x \left(1 - \frac{\lambda}{n}\right)^n \left(1 - \frac{\lambda}{n}\right)^{-x}$$

ここで，$n \to \infty$ とし，$\lim_{x \to \infty}(1 + 1/x)^x = e$ を用いれば，以下を得る．

$$\lim_{x \to \infty} \mathrm{Bin}(n, p) = \frac{1}{x!} \cdot 1 \cdot 1 \cdots \lambda^x \cdot e^{-\lambda} \cdot 1^{-x} = e^{-\lambda} \frac{\lambda^x}{x!} = \mathrm{Po}(\lambda)$$

■定理 3.2　ポアソン分布 Po(λ) について，以下が成り立つ．

$$平均：\quad E[X] = \lambda \tag{3.10}$$

$$分散：\quad V[X] = \lambda \tag{3.11}$$

すなわち，ポアソン分布の分散 $V[X]$ は平均 $E[X]$ と等しい．

［証明］二項分布の平均，分散において $np = \lambda$（一定）とし，そのうえで極限 $p \to 0$ を取ればよい．

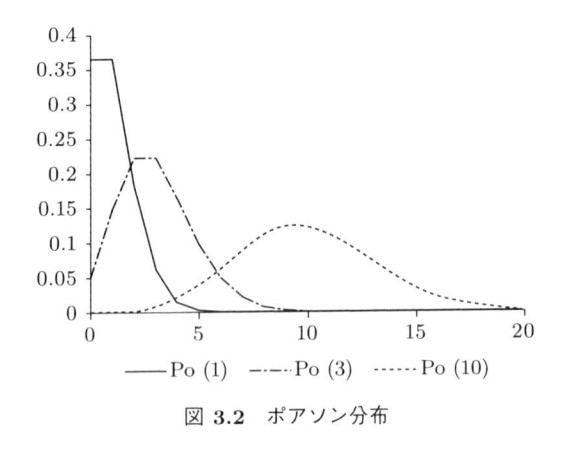

図 3.2　ポアソン分布

例 3.3：表 3.1 は，2010 年に開催されたサッカー・ワールドカップ南アフリカ大会の全 64 試合において 1 つのチームが挙げた得点数とその試合回数および確率（相対頻度）を示す（データ数 128=64 試合 ×2 チーム）．表 3.1 のデータより，1 つのチームが 1 試合で挙げる得点の平均は 1.13 点であった．そこで，$\lambda = 1.13$ としてポアソン分布を描いたのが図 3.3 である．同図には，実データの相対頻度も示しており，両者はほぼ同じ分布形をしている．したがって，サッカーの試合で 1 チームが挙げる得点数はポアソン分布に従っているといえる．

3.1. 離散確率分布

表 3.1 サッカーの試合で 1 チームが挙げる得点数のデータ

得点	0	1	2	3	4	5	6	7	合計
試合回数	43	47	24	9	4	0	0	1	128
相対頻度	0.336	0.367	0.188	0.07	0.03	0	0	0.008	1

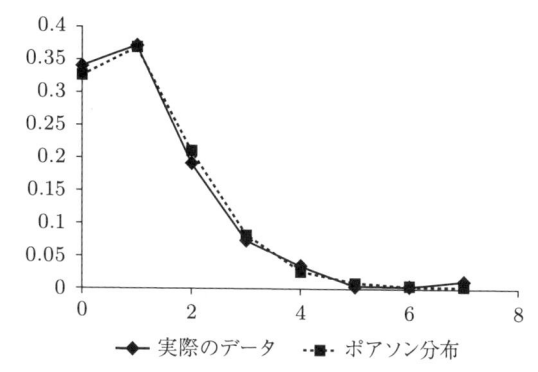

図 3.3 サッカーの 1 試合で 1 チームが挙げる得点数の分布

練習問題 3.2

ある店には 1 時間に平均 2 人の割合で客がやってくる．1 時間に客が 1 人も来ない確率と平均の 2 倍以上来る確率ではどちらが大きいか？

解答

1 時間にお店を訪れる客数は $\lambda = 2.0$ のポアソン分布に従うと考えることができる．客の数がゼロである確率は，

$$P(0) = e^{-2}\frac{2^0}{0!} = e^{-2} \fallingdotseq 0.135$$

である．一方，平均の 2 倍（4 人）以上である確率は $P(X \geq 4) = 1 - \sum_{x=0}^{3} P(x)$ より，

$$P(X \geq 4) = 1 - e^{-2}\left(1 + 2 + \frac{2^2}{2} + \frac{2^3}{6}\right) \fallingdotseq 0.143$$

である．したがって，平均の 2 倍以上来る確率の方がわずかに大きい．

3.1.4 その他の離散的分布 †

幾何分布

ベルヌーイ試行において，初めて 1 が出るまでに必要な試行回数（初めて 1 が出たときの試行も含める）を表す確率変数 X は，

$$P(X=x) = q^{x-1}p \tag{3.12}$$

の確率関数に従う．この分布は，関数が幾何級数の形を持つことから**幾何分布** (Geometric distribution) と呼び，$\mathrm{Ge}(x;p)$ で表す．

幾何分布 について，以下が成り立つ．

$$\text{平均：} \quad E[X] = \frac{1}{p} \tag{3.13}$$

$$\text{分散：} \quad V[X] = \frac{q}{p^2} \tag{3.14}$$

パスカル分布

ベルヌーイ試行において，1 が n 回現れるまでに必要な試行回数（n 回目に 1 が出たときの試行も含める）を表す確率変数 X は，

$$P(X=x) = \binom{x-1}{n-1} p^n q^{x-n} \tag{3.15}$$

の確率関数に従う．これをパラメータ n, p の**パスカル分布** (Pascal distribution)，または**負の二項分布** (Negative binomial distribution) と呼び，$\mathrm{Pas}(x;n,p)$ で表す．

パスカル分布 $\mathrm{Pas}(x;n,p)$ について，以下が成り立つ．

3.2. 連続確率分布

$$\text{平均：} \quad E[X] = \frac{n}{p} \tag{3.16}$$

$$\text{分散：} \quad V[X] = \frac{nq}{p^2} \tag{3.17}$$

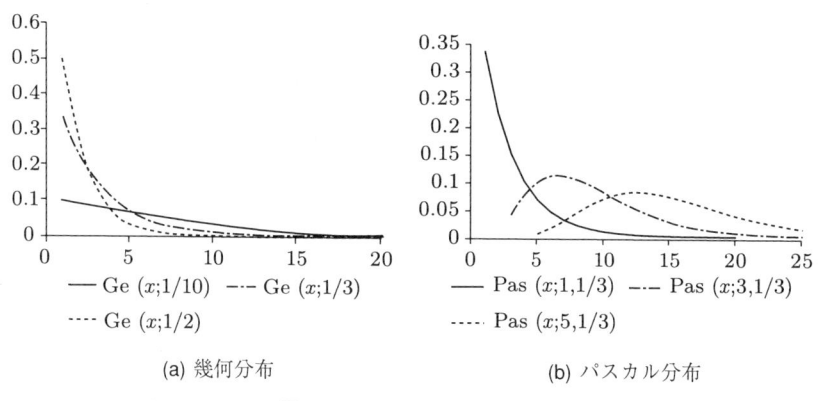

(a) 幾何分布

(b) パスカル分布

図 3.4　その他の離散的分布

3.2 連続確率分布

3.2.1 正規分布

連続確率分布でもっとも重要なものは，正規分布である．正規分布はガウス分布とも呼ばれ，自然科学，工学，社会科学のいずれの分野においても広く利用されている．測定値や観測誤差などが近似的に正規分布に従うと考えられ，本書の 2 編で扱う検定や推定といった統計理論の基礎にもなっている．

連続確率変数 x が確率密度関数：

$$f(x) = \frac{1}{\sqrt{2\pi}\sigma} e^{-\frac{(x-\mu)^2}{2\sigma^2}} \tag{3.18}$$

に従う分布を**正規分布** (Normal distribution) といい，$N(\mu, \sigma^2)$ で表す．正規分布は以下の性質を満たす．

■**定理 3.3** 正規分布 $N(\mu, \sigma^2)$ の確率密度関数 (3.5) について，以下が成り立つ．

$$平均： E[X] = \mu \tag{3.19}$$
$$分散： V[X] = \sigma^2 \tag{3.20}$$

[証明] 証明は，積率母関数という概念を用いれば簡単に示すことができるが，本書では扱わない．巻末で示す参考書などを参照してほしい．

図 3.5 は，平均が $\mu = 0$，分散がそれぞれ $\sigma^2 = 0.5^2$，$\sigma^2 = 1.0^2$，$\sigma^2 = 2.0^2$ の場合の正規分布 $N(\mu, \sigma^2)$ を示している．いずれの分布も平均 μ を中心に左右対称であり，分散 σ^2 が大きいほど幅の広いなだらかな分布形であることが見てとれる．特に，平均 0，分散 1 の正規分布 $N(0,1)$ を**標準正規分布**といい，次の定理 3.4 に示すように一般の正規分布は変数変換によりすべて標準正規分

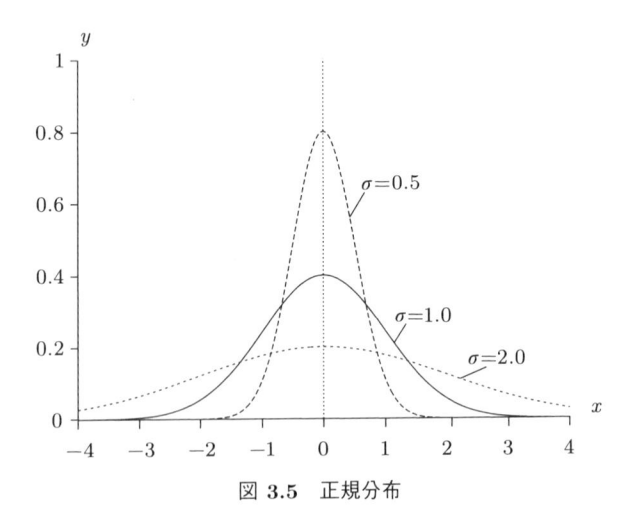

図 **3.5** 正規分布

3.2. 連続確率分布

布に変換できる．このような変数変換を標準化という．

■定理 **3.4**　確率変数 X が $N(\mu, \sigma^2)$ に従うとき，確率変数 $Z = \frac{X-\mu}{\sigma}$ は，$N(0,1)$ に従う．

☆［証明］標準正規分布 $N(0,1)$ に従う Z が $a \leq Z \leq b$ を満たす確率は，

$$P(a \leq Z \leq b) = P(a \leq \frac{X-\mu}{\sigma} < b)$$

$$= P(\mu + a\sigma \leq X \leq \mu + b\sigma)$$

$$= \frac{1}{\sqrt{2\pi}\sigma} \int_{\mu+a\sigma}^{\mu+b\sigma} e^{-\frac{(x-\mu)^2}{2\sigma^2}} dx \quad (3.21)$$

と表される．ここで，変数変換を行うと，$x = \mu + \sigma z$ ($\sigma > 0$) より，$dx = \sigma dz$. また，積分区間は，$x : \mu + a\sigma \to \mu + b\sigma$ に対して，$z : a \to b$ となるから，

$$P(a \leq Z \leq b) = \frac{1}{\sqrt{2\pi}\sigma} \int_a^b e^{-\frac{(\sigma z)^2}{2\sigma^2}} \sigma dz$$

$$= \frac{1}{\sqrt{2\pi}} \int_a^b e^{-\frac{z^2}{2}} dz \quad (3.22)$$

したがって，Z は標準正規分布 $N(0,1)$ に従う．　■

式 (3.22) の確率 $P(a \leq Z \leq b)$ の値を実際に求めるためには，式中で積分を行う必要がある．しかし，この積分の値は初等的な方法では求められない．そこで，通常は，Z の含まれる範囲 $[a,b]$ に対応してその確率 $P(a \leq Z \leq b)$ が求まるような数表が用意されている．本書は，巻末に $N(0,1)$ の分布関数の値を与える数表（付表 1）を示している．ただし，$N(0,1)$ の分布関数は，

$$F(z) = \int_{-\infty}^z \frac{1}{\sqrt{2\pi}} e^{-\frac{z^2}{2}} dz \quad (3.23)$$

であり，z が図 3.6 の斜線部分に含まれる確率 $P(Z \leq z)$ に対応する．付表 1 は，0.00 から 3.09 までの座標値をとる z について，確率 $P(Z \leq z)$ の値を与える．表の第 1 列には z の小数点 1 桁までの値が，第 1 行には小数点 2 桁の値が示されており，対応する行と列とが交差するところに書かれた値が求めたい確率である．例えば，$P(Z \leq 1.96)$ であれば，1.9 の行と 0.06 の列が交差するところの値 0.975 がこの確率である．

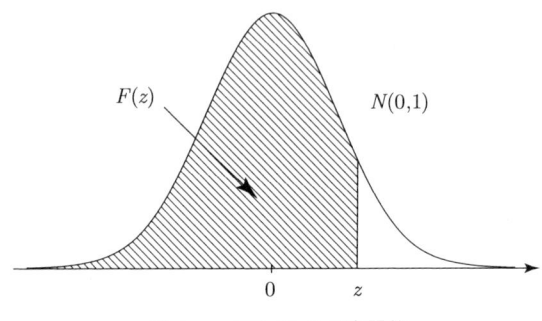

図 3.6　$N(0,1)$ の分布関数

例 3.4：確率変数 X が $N(50, 10^2)$ に従うとき，$P(50 \leq X \leq 70)$ を求めてみよう．定理 3.4 より，$Z = \frac{X-50}{10}$ は $N(0,1)$ に従う．これより，

$$P(50 \leq X \leq 70) = P\Big(\frac{50-50}{10} \leq \frac{X-50}{10} \leq \frac{70-50}{10}\Big)$$

$$= P(0 \leq Z \leq 2) \tag{3.24}$$

となる．$P(0 \leq Z \leq 2) = P(Z \leq 2) - P(Z < 0)$ より，付表 1 を用いて $P(0 \leq Z \leq 2) = 0.9773 - 0.5 = 0.4773$ である．

3.2. 連続確率分布

> **練習問題 3.3**
>
> 1kg 入りと書いてあるジャムのびん詰め 500 個について内容量を量ったところ，平均が 980g, 標準偏差が 25g だった．内容量が正規分布に従うとして，1kg 以上入っているびん詰めは約何個であると考えられるか．

解答

内容量を Xg として，標準化した確率変数 $Z = \frac{X-980}{25}$ は $N(0,1)$ に従う．$X \geq 1000$, すなわち $Z \geq 0.8$ となる確率は，$P(Z \geq 0.8) = 1 - P(Z < 0.8) = 1 - 0.7881 = 0.2119$ である．したがって，1kg 以上入っているびん詰めは，$500 \times 0.2119 \fallingdotseq 106$ 個である．

以下では，正規分布の持ついくつかの性質を紹介する．まず，二項分布との関係についてである．二項分布 $\mathrm{Bin}(n,p)$ において，p を小さくせずに n を十分に大きくすると，その分布は正規分布 $N(np, np(1-p))$ に近づいていくことが知られている．すなわち，正規分布は二項分布の極限として得られるのである．この様子を図 3.7 に示す．図中の点は $\mathrm{Bin}(30, 1/3)$ をプロットしたものであり，曲線は $N(10, 20/3)$ を表している．$n = 30$ 程度でも両者はかなり近い分布形であることがわかる．

次に，標準偏差 σ と確率の関係についてである．平均 μ のまわりに片側 σ の幅をとると，確率変数がその範囲の値をとる確率は 68.3% である．また，2σ の幅をとると，その確率は 95.6%，さらに 3σ の幅をとると，99.7% となる．ここで示した数字をある程度覚えておくと，なにかと便利である．ちなみに，受験などで皆さんにも馴染みの深い偏差値とは，平均を 50 ポイント，1σ の幅を 10 ポイントとなるように変数変換した値である．すなわち，X を得点とすると，偏差値は $Z = 50 + \frac{(X-\mu)}{\sigma} \times 10$ として計算される．「偏差値が 70 以上である」とは，得点が 2σ の幅の外側であり，成績が上位約 2.3% に含まれていることを意味している（図 3.8）．

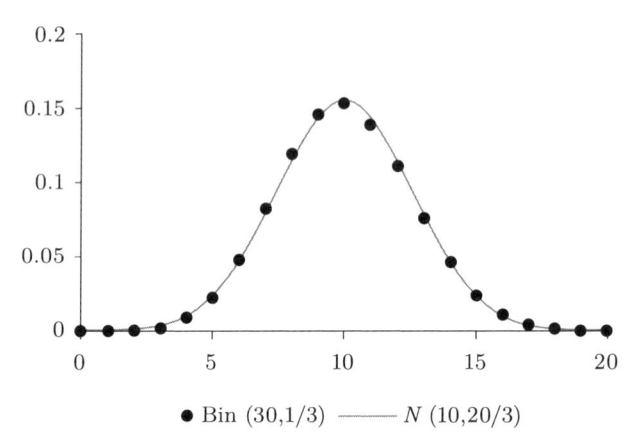

図 3.7　二項分布 $\mathrm{Bin}(30, 1/3)$ と正規分布 $N(30, 20/3)$

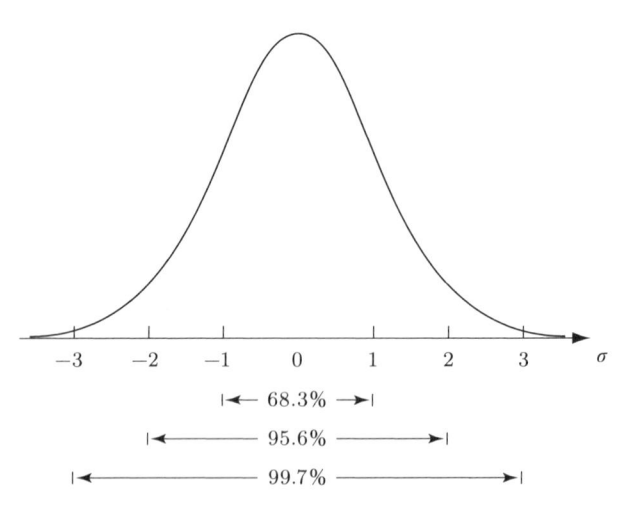

図 3.8　$N(0,1)$ における標準偏差 σ と確率の関係

3.2. 連続確率分布

3.2.2 指数分布

定義

連続確率変数 の分布が確率密度関数：

$$f(x) = \begin{cases} \lambda e^{-\lambda x} & (x \geq 0) \\ 0 & (x < 0) \end{cases} \tag{3.25}$$

に従うとき，**指数分布** (Exponential distribution) という．ただし，λ は正の定数である．ポアソン分布と密接な関連を持ち，単位時間ごとに生起する事象の数がパラメータ λ のポアソン分布に従うとき，そのような事象の生起間隔は同じパラメータ λ の指数分布に従う．そのため，サービスの待ち時間や製品の寿命などの時間分布として利用される．確率密度関数 $f(x)$ のグラフの曲線は，λ が小さければゆっくりと x 軸に近づき，λ が大きければ急激に x 軸に近づく性質を持つ．

指数分布は以下の性質を満たす．

■定理 3.5 確率変数 X が指数分布に従っているとき，次の平均と分散を持つ．

$$平均： E[X] = \frac{1}{\lambda} \tag{3.26}$$

$$分散： V[X] = \frac{1}{\lambda^2} \tag{3.27}$$

図 3.9　指数分布

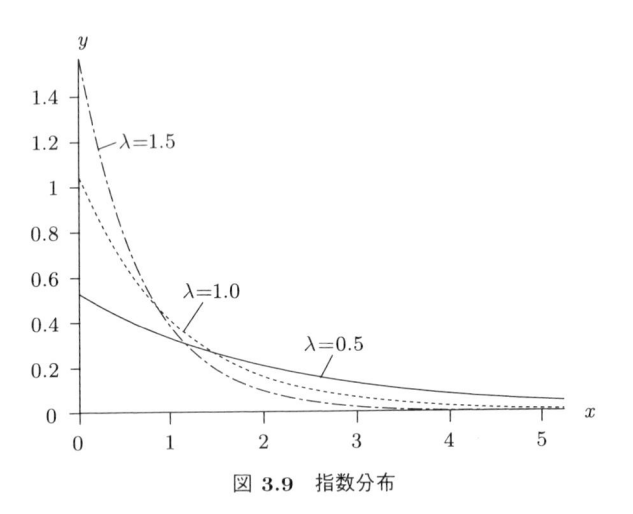

☆ [証明] 部分積分法を用いれば,

$$E[X] = \int_0^\infty xf(x)dx = \int_0^\infty x\lambda e^{-\lambda x}dx$$
$$= \Big[-xe^{-\lambda x}\Big]_0^\infty - \int_0^\infty -e^{-\lambda x}dx$$

となる. $\lim_{x\to\infty}\dfrac{x}{e^x} = \lim_{x\to\infty}\dfrac{1}{e^x} = 0$（ロピタルの定理を利用）より, 右辺第 1 項はゼロとなる. 残った第 2 項を積分を行えば,

$$E[x] = \Big[-\dfrac{e^{-\lambda x}}{\lambda}\Big]_0^\infty = 0 - \Big(-\dfrac{1}{\lambda}\Big) = \dfrac{1}{\lambda}$$

分散は $V[x] = E[x^2] - E[x]$ とし, $E[x^2]$ について同様に部分積分を行えば,

$$V[x] = \dfrac{2}{\lambda^2} - \Big(-\dfrac{1}{\lambda}\Big)^2 = \dfrac{1}{\lambda^2}$$

を得る. 計算過程は各自で確認してほしい.

章末問題 3

(1) サイコロを使って，大数の法則が成立することを確認してみよう．

   (a) サイコロを 10 回振ると，出た目の結果は以下のようになった．この結果を考慮して，1 の目が出る確率を求めよ．

   3, 3, 1, 5, 6, 1, 5, 3, 6, 2

   (b) さらにサイコロを 10 回振ると，出た目の結果は以下のようになった．20 回分の結果を考慮して，1 の目が出る確率を求めよ．

   6, 5, 6, 3, 5, 4, 2, 3, 2, 1

   (c) さらにサイコロを 10 回振ると，出た目の結果は以下のようになった．30 回分の結果を考慮して，1 の目が出る確率を求めよ．

   6, 5, 5, 4, 1, 1, 2, 4, 3, 6

   (d) 1 個のサイコロを投げるとき，どの目が出ることも同様に確からしいと仮定すると，サイコロで 1 の目が出る確率は $\frac{1}{6} = 0.167$ であるので，大数の法則より試行回数を増やすほど 1 の目が出る確率は 0.167 に近づくはずである．(a), (b), (c) で求めた確率と 0.167 との差の絶対値をそれぞれ求めることにより，それを確認せよ．

(2) ある大学の「確率統計学」の講義を担当している A 先生は時間に正確で，遅刻する確率は $\frac{1}{100}$ である．「確率統計学」の講義は毎年開講され 1 年で 15 回ある．

   (a) A 先生が 1 年間で一度も遅刻しない確率を求めよ．また，1 年間で 1 回遅刻する確率を求めよ．また 1 年間で遅刻する回数の平均と分散を求めよ．

   (b) A 先生が 10 年間で一度も遅刻しない確率を求めよ．また，10 年間で 1 回遅刻する確率を求めよ．また 10 年間で遅刻する回数の平均と分散を求めよ．

   (c) ポアソン分布は，二項分布において平均を一定に保ちながら $n \to \infty$，$p \to 0$ の場合に示す分布である．A 先生が遅刻する回数はポアソン分布に従うと仮定して，10 年間で一度も遅刻しない確率と 10 年間で 1 回遅

刻する確率を求めることにより，それぞれの値が (b) の答えとほぼ一致することを確認せよ．ただし，10 年間で遅刻する回数の平均は (b) で求めたものを利用せよ．

(3) ある大学の確率統計学の講義では，講義最終日に 100 点満点の期末試験を行い，その点数によって成績を付けている．成績は 80 点以上 100 点以下が「優」，70 点以上 80 点未満が「良」，60 点以上 70 点未満が「可」，0 点以上 60 点未満は「不可」となる．期末試験を行った結果，平均点は 72 点，標準偏差は 8 点であった．受講者の期末試験の点数は正規分布に従うと仮定して，以下の問いに答えよ．
  (a) 成績が「優」，「良」，「可」，「不可」となった人数の割合をそれぞれ求めよ．
  (b) 受講者 B さんは，期末試験の結果が 68 点であった．B さんの偏差値を求めよ．

(4) あるスーパーにはレジが 1 つある．レジへの客の到着人数は平均 λ [人／分] のポアソン分布に従い，レジでの所要時間は平均 t [分／人] の指数分布に従うと仮定する．以下の問いに答えよ．
  (a) 1 時間にレジへやってくる客は平均 20 人であった．客が 1 分間に 2 人以上到着する確率を求めよ．
  (b) 常にレジに人が並んでいるときの退去人数は 1 時間に平均 30 人であった．レジでの所要時間が一人当たり 3 分以上になってしまう確率を求めよ．

第4章 時と共に変化する確率変数（確率過程）

4.1 確率過程

　これまで扱ってきた確率の問題では時間変化を考えていなかった．実際には，気象や経済事象，機械の劣化・故障など状態が時々刻々と変化する確率現象が多く存在する．

例 4.1： 野球の打撃成績

　ある打者は3打席に1本のペースでヒットを打つ，すなわち1回の打席でヒットを打つ確率が$1/3$としよう．n回目の打席までに打ったヒットの数がkであるとき，打率$X(n) = k/n$は時間とともに変化する確率変数である．このことは，つぎのようにして確認することができる．まず，1打席目において，$X(1)$がとりうる値$x(1)$およびその確率pは，

$$x(1) = \begin{cases} 1 & : p = 1/3 \text{（1打数1安打）} \\ 0 & : p = 2/3 \text{（1打数0安打）} \end{cases}$$

となる．2打席目においては，

$$x(2) = \begin{cases} 1 & : p = 1/3 \times 1/3 = 1/9 \text{ (2打数2安打)} \\ 0.5 & : p = 2 \times (1/3 \times 2/3) = 4/9 \text{ (2打数1安打)} \\ 0 & : p = 2/3 \times 2/3 = 4/9 \text{ (2打数0安打)} \end{cases}$$

となる．同様に3打席目では，

$$x(3) = \begin{cases} 1 & : p = (1/3)^3 = 1/27 \text{ (3打数3安打)} \\ 0.67 & : p = 3 \times (1/3)^2 \times 2/3 = 2/9 \text{ (3打数2安打)} \\ 0.33 & : p = 3 \times 1/3 \times (2/3)^2 = 4/9 \text{ (3打数1安打)} \\ 0 & : p = (2/3)^3 = 8/27 \text{ (3打数0安打)} \end{cases}$$

となる．既に気が付いたかもしれないが，この例で第 n 打席での打率 $X(n)$ は二項分布 $\text{Bin}(n, 1/3)$：

$$f\bigl(x(n) = k/n\bigr) = {}_nC_k \left(\frac{1}{3}\right)^k \left(\frac{2}{3}\right)^{n-k} \tag{4.1}$$

に従っている．このことから，打率がいくらであるかは確率分布として与えられ，その分布は打席数（時間）とともに変化することがわかる．

この例のように，状態（確率変数）が時間とともに確率的に変化するとき，各時刻 t における確率変数 $X(t)$ の系列 $X(1), X(2), X(3), \cdots$ を**確率過程** (stochastic process) と呼び，$\{X(t)\}$ と表す．また，確率変数 $X(t)$ がとりうる値 $x(t)$ の系列をサンプル・パスと呼び，実際に観測される時系列データはサンプル・パスの1つが実現したものである．図 4.1 は，あるシーズンにおける日本人大リーガー I 選手の打率のサンプル・パスである．

例 4.1 では，簡単のため，打者はどの打席も独立に 1/3 の確率でヒットを打つことができると仮定した．実際には，たとえ同じ打率であっても，ここ数試合でヒットが続き打者の調子が上向いている場合と逆にヒットが出ずにスランプに陥っている場合では，次の打席にヒットが生まれる確率も当然異なるだろ

4.2. マルコフ過程

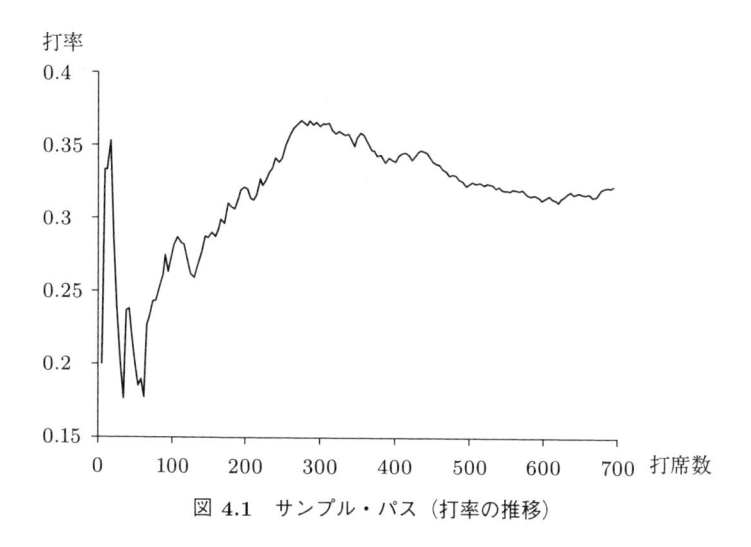

図 4.1 サンプル・パス（打率の推移）

う．このように現在の状態が過去の状態変化に依存して決まるという点に確率過程の難しさがある．

4.2 マルコフ過程

現在の状態と過去の状態変化の間にある依存関係を単純化して，「そこまで通ってきた道筋（履歴）とは関係なく，現在の状態は直前の状態のみに依存する」と仮定する．これを**マルコフ性**と呼ぶ．マルコフ性を仮定することによって，確率過程モデルを簡単に表現し，その特性を把握することが可能となる．マルコフ過程の例としては，不規則に運動する粒子の位置変化（ブラウン運動），株の値動き，システムの劣化過程などがある．以下では，時間と状態空間が離散的な場合であるマルコフ連鎖について述べる．

4.2.1 マルコフ連鎖 (Markov Chain)

$\{X_n\}_{n=0}^{+\infty}$ を有限または可算の集合 S を状態空間に持つ離散時間型の確率過程とする．

定義

$\{X_n\}_{n=0}^{+\infty}$ が任意の時刻 n と任意の状態 $j_0, j_1, \cdots, j_{n-1}, i, j \in S$ に対して，

$$P(X_{n+1} = j | X_0 = j_0, X_1 = j_1, \cdots, X_{n-1} = j_{n-1}, X_n = i)$$
$$= P(X_{n+1} = j | X_n = i) \tag{4.2}$$

を満たすとき，$\{X_n\}$ を**離散時間型マルコフ連鎖**，または簡単に**マルコフ連鎖**と呼ぶ．さらに右辺が n に依存しないならば，定常な推移を持つという．

これは，次の時刻の状態が現在の状態のみに依存して決まり，過去にはよらないことを表している（マルコフ性）．マルコフ連鎖が定常な推移を持つならば，

$$p_{ij} = P(X_{n+1} = j | X_n = i) \tag{4.3}$$

とおくことができる．p_{ij} は 1 回の状態推移の確率を表しているので，**推移確率** (transition probability) と呼ぶ．また，状態数が有限の場合，状態推移を推移確率 p_{ij} を要素とする行列によって表すことができる．

$$\mathbf{P} = \{p_{ij}\} = \begin{pmatrix} p_{11} & p_{12} & \cdots & p_{1K} \\ p_{21} & p_{22} & \cdots & p_{2K} \\ \vdots & \vdots & \ddots & \vdots \\ p_{K1} & p_{K2} & \cdots & p_{KK} \end{pmatrix} \quad (i, j = 1, \ldots, K) \tag{4.4}$$

これを**推移確率行列** (transition matrix) と呼ぶ．

現在の状態の分布から未来の状態の確率分布を計算することは，確率過程の主要な課題の1つである．マルコフ連鎖では，この確率を簡単な計算により求めることができる．

4.2. マルコフ過程

初期時点において $X_0 = j_0$ である確率を $P(X_0 = j_0)$ と表す．このとき，$j_1, j_2, \cdots, j_n \in S$ に対して，式 (4.2) および推移確率行列 p_{ij} の定義より，

$$
\begin{aligned}
&P(X_0 = j_0, X_1 = j_1, \cdots, X_n = j_n) \\
&= P(X_n = j_n | X_0 = j_0, X_1 = j_1, \cdots, X_{n-1} = j_{n-1}) \\
&\quad \times P(X_0 = j_0, X_1 = j_1, \cdots, X_{n-1} = j_{n-1}) \\
&= P(X_n = j_n | X_{n-1} = j_{n-1}) \\
&\quad \times P(X_0 = j_0, X_1 = j_1, \cdots, X_{n-1} = j_{n-1}) \\
&= P(X_0 = j_0, X_1 = j_1, \cdots, X_{n-1} = j_{n-1}) p_{j_{n-1} j_n} \\
&\quad \vdots \\
&= P(X_0 = j_0) p_{j_0 j_1} p_{j_1 j_2} \cdots p_{j_{n-1} j_n}
\end{aligned}
\tag{4.5}
$$

である．式 (4.5) より，マルコフ連鎖は初期時点での状態の確率 $P(X_0 = j_0)$ と任意の状態間の推移確率 p_{ij} により定まることがわかる．

定義

$p_{ij}^{(n)} = P(X_n = j | X_0 = i)$ を n 次の推移確率 $p_{ij}^{(n)}$ といい，これらを要素とする行列 $P^{(n)} = \{p_{ij}^{(n)}\}_{i,j \in S}$ を **n 次の推移確率行列**という．

n 次の推移確率は式 (4.5) より計算できる．ここで，次の補題を示す．

■ **補題 4.1** チャップマン・コルモゴロフの方程式 (Chapman-Kolmogorov equation)：任意の整数 $m, n \geq 0$ と $i, j \in S$ に対して，

$$
p_{ij}^{(n+m)} = \sum_{k \in S} p_{ik}^{(n)} p_{kj}^{(m)} \tag{4.6}
$$

が成り立つ．これを行列形式で書けば，

$$
\mathbf{P}^{(n)} = \mathbf{P}^{(n-1)} \mathbf{P} = \mathbf{P}^{(n-2)} \mathbf{P}^{(2)} = \cdots = \mathbf{P} \mathbf{P}^{(n-1)} \tag{4.7}
$$

となる.

[証明] $\bigcup_{k \in S}\{X_n = k\} = \Omega$ であるから

$$
\begin{aligned}
p_{ij}^{(n+m)} &= P(X_{n+m} = j | X_0 = i) \\
&= \sum_{k \in S} P(X_{n+m} = j, X_n = k | X_0 = i) \\
&= \sum_{k \in S} P(X_{n+m} = j | X_n = k, X_0 = j) P(X_n = k | X_0 = i) \\
&= \sum_{k \in S} P(X_{n+m} = j | X_n = k) P(X_n = k | X_0 = i) \\
&= \sum_{k \in S} p_{kj}^{(m)} p_{ik}^{(n)}
\end{aligned}
$$

例 4.2: システムの劣化過程

あるシステムの状態を健全度 1〜4 で表す.図 4.2 は,システムの劣化過程を表すマルコフ連鎖の推移図である.

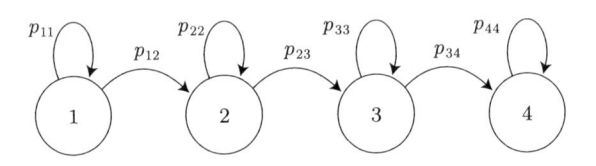

図 4.2 システム劣化過程の推移図

推移確率行列は具体的な値を用いて,以下のように表される.

$$
\mathbf{P} = \begin{pmatrix} 0.80 & 0.20 & 0 & 0 \\ 0 & 0.80 & 0.20 & 0 \\ 0 & 0 & 0.75 & 0.25 \\ 0 & 0 & 0 & 1 \end{pmatrix}
$$

4.2. マルコフ過程

初期時点において状態 1 であった $\langle P(X_0 = 1) = 1\rangle$ システムの 3 次までの劣化（状態推移）の様子を図 4.3 に示す.

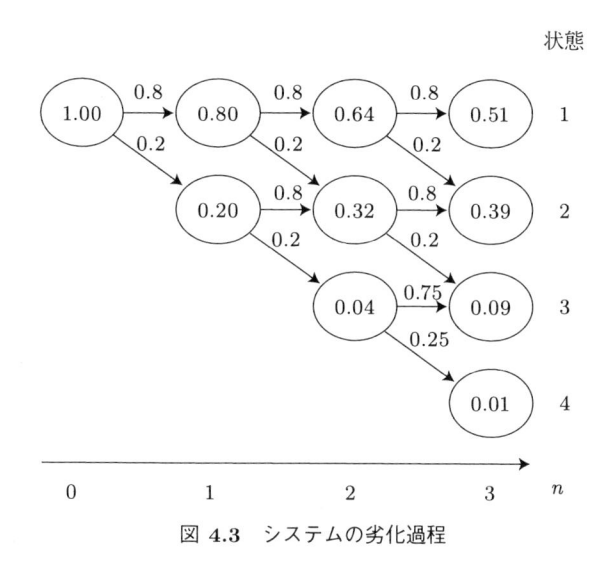

図 4.3 システムの劣化過程

円内の数字はそれぞれ時点 n に状態 j にある確率 $P(X_n = j) = a_j^n$ を表す. 各時点におけるこの確率の和は,

$$a_1^n + a_2^n + a_3^n + a_4^n = 1$$

を満たし, 集合 $\{a_1^n, a_2^n, a_3^n, a_4^n\}$ は時点 n における状態の確率分布を表す.

例 4.3: ランダムウォーク

数直線上で単位時間ごとに右または左へ移動する粒子の運動を考えよう. 粒子の進める位置は $x = 0, \pm 1, \pm 2, \cdots$ の整数値であるとし, どの位置にいても次に右へ進む確率 p と左へ進む確率 $q = 1 - p$ は一定であるとする. このとき, 時刻 t に粒子のいる位置を確率変数 $X(t)$ とすれば, $\{X(t)\}$ は（一次元）ランダ

ムウォークと呼ばれるマルコフ連鎖である．ランダムウォークの推移確率は，

$$p_{ij} = \begin{cases} p & (j = i+1 \text{ のとき}) \\ q & (j = i-1 \text{ のとき}) \\ 0 & (\text{その他}) \end{cases} \quad (4.8)$$

で与えられる．図 4.4 はランダムウォークの推移図を表している．酔っぱらいが左右に（確率的に）ふらつきながら歩く様子に似ていることから，ランダムウォークは酔歩とも呼ばれる．

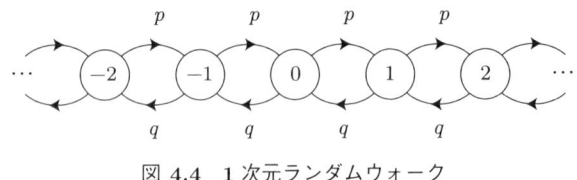

図 4.4　1 次元ランダムウォーク

推移確率行列は，以下のような両側に無限に伸びた行列となる．

$$\mathbf{P} = \begin{bmatrix} \ddots & \ddots & \ddots & \ddots & & & \\ \ddots & q & 0 & p & 0 & & \\ & 0 & q & 0 & p & 0 & \\ & & 0 & q & 0 & p & 0 \\ & & & 0 & q & 0 & p & \ddots \\ & & & & & \ddots & \ddots & \ddots \end{bmatrix}$$

粒子が時刻 $t = 0$ に原点 $x = 0$ から出発したとする．$t = n$ のとき，$x(n)$ は $n, n-2, n-4, \cdots, -(n-2), -n$ の値をとる．ここで，n 回の推移のうち右 $(+1)$ へ推移した回数を確率変数 K で表そう．$K = k \ (= 0, 1, 2, \cdots, n)$ のとき，$x(n)$ は $2k - n$ の値をとり，これは時刻 n に粒子が $2k - n$ の位置にいることを意味す

4.2. マルコフ過程

る．また，その確率は $P(K=k) = {}_nC_k p^k q^{n-k}$ の二項分布 $\text{Bin}(n,p)$ で与えられる．第3章で述べたとおり，n が十分に大きいとき，確率変数 K に関する二項分布 $\text{Bin}(n,p)$ は正規分布 $N(np, npq)$ に近づく．$X(n) = 2K - n$ より，十分に時間が経過した時刻 $t=n$ における粒子の位置 $X(n)$ は正規分布 $N(2np-n, 4npq)$ に従うことがわかる．特に，$p=q=1/2$ の場合，$X(n) \sim N(0,n)$ となり，原点を中心に分散 n の正規分布となる．すなわち，ランダムウォークは，粒子の位置の分布が時間の経過に伴って（分散が時間に比例して）広がるような拡散現象を表現している．

4.2.2 マルコフ連鎖に関する性質

ここでは，マルコフ連鎖に関する3つの性質について述べる．

(1) **到達可能性 (Accessibility)**

定義

1. $i, j \in S$ に対して，ある $n > 0$ があって $p_{ij}^{(n)} > 0$ であるとき，i から j へ**到達可能** (accessible) であるといい，$i \to j$ と表す．
2. $i \to j$ かつ $j \to i$ であるとき，$i \leftrightarrow j$ と表し，**互いに到達可能**であるという．
3. すべての $i, j \in C \subset S$ に対して $i \leftrightarrow j$ ならば，C は**既約** (irreducible) であるという．
4. 状態 $i \in S$ から他のどんな状態へも到達できないとき，i を**吸収状態** (absorbing state) と呼ぶ．

例 4.4：吸収状態

例 4.2 において，初期分布 $a_1 = 1$ から長時間推移させた様子を図 4.5 に示す．この場合，状態 4 は吸収状態である．

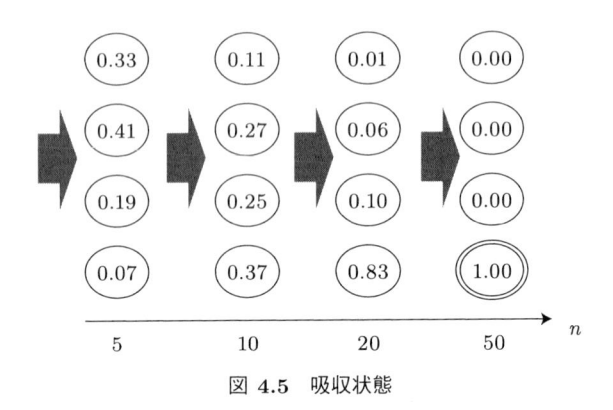

```
 ( 0.33 )    ( 0.11 )    ( 0.01 )    ( 0.00 )
 ( 0.41 )    ( 0.27 )    ( 0.06 )    ( 0.00 )
 ( 0.19 )    ( 0.25 )    ( 0.10 )    ( 0.00 )
 ( 0.07 )    ( 0.37 )    ( 0.83 )    (( 1.00 ))
     5          10          20          50        n
```

図 4.5　吸収状態

(2) 周期性 (Periodicity)

定義

$j \in S$ に対して,

$$d = \{n;\ p_{jj}^{(n)} > 0\} \text{ の最大公約数} \tag{4.9}$$

とするとき, d を j の**周期**という. 特に, $d = 1$ のとき, j は**非周期的** (aperiodic) であるという.

これは, 状態 j より出発したマルコフ連鎖が j へ戻ってくるとき, 戻ってくるまでの時間に関して周期性があるか否かの問題である. 非周期的であることが, 後に述べる定常分布などの望ましい性質を導くための条件となる.

(3) 再帰性 (Recurrent)

状態 i から出発して, n ステップ目ではじめて状態 j に到達する確率 (初度到達確率) を $f_{ij}^{(n)}$ と表せば, i から j へ到達する確率は,

$$f_{ij} = \sum_{n=1}^{\infty} f_{ij}^{(n)} \tag{4.10}$$

と表される. また, そのときの平均到達時間は,

$$\mu_{ij} = \sum_{n=1}^{\infty} n f_{ij}^{(n)} \tag{4.11}$$

4.2. マルコフ過程

となる．

定義

$j \in S$ に対して，$f_{jj} = 1$ であるとき**再帰的** (recurrent)，そうでないとき**一時的** (transient) であるという．j が再帰的で，$\mu_{jj} < \infty$ ならば**正再帰的**，$\mu_{jj} = \infty$ ならば**零再帰的**という．

4.2.3 定常分布

状態の確率分布が時間が変化しても変わらないとき，定常分布と呼ぶ．

定義

状態空間 S と推移確率行列 $\mathbf{P} = \{p_{ij}\}$ を持つマルコフ連鎖に対して，S 上の確率分布 $\{\pi_j\}$ が

$$\pi_j = \sum_{i \in S} \pi_i p_{ij} \quad (\forall j \in S) \tag{4.12}$$

を満たすとき，$\{\pi_j\}$ を**定常分布**と呼ぶ．これを行列形式で書けば，

$$\boldsymbol{\pi} = \boldsymbol{\pi} \mathbf{P} \tag{4.13}$$

となる．$\boldsymbol{\pi}$ は確率分布 $\{\pi_j\}$ をベクトル表示したものである．

■**定理 4.1** 既約かつ非周期的なマルコフ連鎖において，正再帰的であれば，定常分布が唯一存在する．

また，このとき，定常分布は初期状態には依存しない．この性質を**エルゴード性** (ergodic property) という．

例 4.5：定常分布

例 4.2 において，システムが劣化し状態 4 となった場合には，修理を行い状態 1 まで回復するとする．劣化修復過程の推移図を図 4.6 に示す．

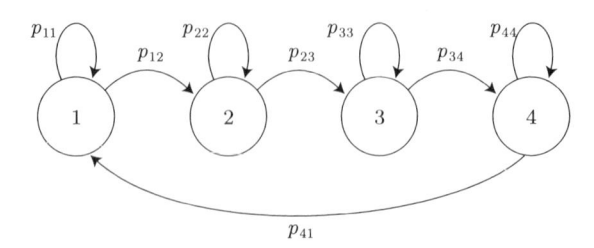

図 4.6 システムの劣化修復過程の推移図

このとき，劣化修復過程の推移行列は，

$$\mathbf{P} = \begin{pmatrix} 0.80 & 0.20 & 0 & 0 \\ 0 & 0.80 & 0.20 & 0 \\ 0 & 0 & 0.75 & 0.25 \\ 1 & 0 & 0 & 0 \end{pmatrix}$$

と表される．この推移確率の下で長時間推移させた様子を図 4.7 に示す．ここで，20 期以降，状態に対する確率分布が定常分布となることがわかる．

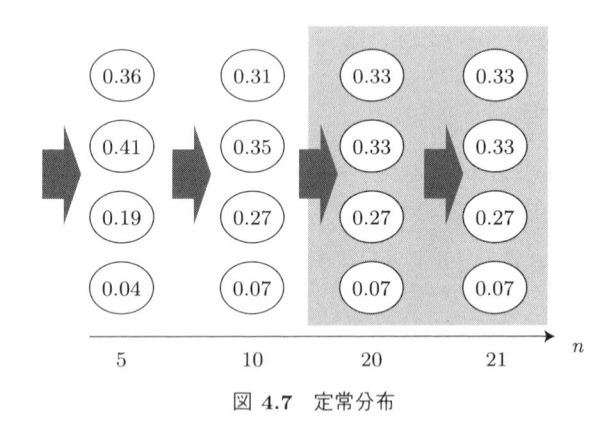

図 4.7 定常分布

定常分布は，次のような方法で求めることができる．定常分布 $\boldsymbol{\pi} = (\pi_1, \pi_2, \pi_3, \pi_4)$

は，式 (4.13) を満たす．

$$(\pi_1, \pi_2, \pi_3, \pi_4) = (\pi_1, \pi_2, \pi_3, \pi_4) \begin{pmatrix} 0.80 & 0.20 & 0 & 0 \\ 0 & 0.80 & 0.20 & 0 \\ 0 & 0 & 0.75 & 0.25 \\ 1 & 0 & 0 & 0 \end{pmatrix}$$

これを書き下すと，以下の連立方程式を得る．

$$\pi_1 = 0.8\pi_1 + \pi_4$$
$$\pi_2 = 0.2\pi_1 + 0.8\pi_2$$
$$\pi_3 = 0.2\pi_2 + 0.75\pi_3$$
$$\pi_4 = 0.25\pi_3$$

$\boldsymbol{\pi}$ は確率分布なので，$\pi_1 + \pi_2 + \pi_3 + \pi_4 = 1$ を加えて連立方程式を解けば，定常分布 $\boldsymbol{\pi}$ を以下のように得る．

$$\boldsymbol{\pi} = (\pi_1, \pi_2, \pi_3, \pi_4)$$
$$= (1/3, 1/3, 4/15, 1/15)$$
$$\fallingdotseq (0.33, 0.33, 0.27, 0.07)$$

練習問題　4.1

推移図 4.8 のようなマルコフ連鎖がある．以下の問いに答えなさい．

(1) 推移確率行列 $\mathbf{P}$ を求めよ．
(2) 8 次の推移確率行列 $\mathbf{P}^8$ を求めよ．
(3) マルコフ連鎖の定常分布を求めよ．

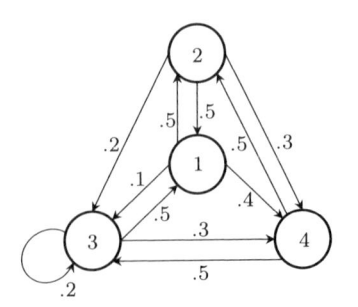

図 4.8 マルコフ連鎖の推移図

解答

(1) 推移確率行列 $\mathbf{P}$ は以下の通りである．

$$\mathbf{P} = \begin{pmatrix} 0 & 0.5 & 0.1 & 0.4 \\ 0.5 & 0 & 0.2 & 0.3 \\ 0.5 & 0 & 0.2 & 0.3 \\ 0 & 0.5 & 0.5 & 0 \end{pmatrix}$$

(2) $\mathbf{P}^2$, $\mathbf{P}^4$, $\mathbf{P}^8$ と順に計算すれば，以下のようになる．

$$\mathbf{P}^2 = \begin{pmatrix} 0.3 & 0.2 & 0.32 & 0.18 \\ 0.1 & 0.4 & 0.24 & 0.26 \\ 0.1 & 0.4 & 0.24 & 0.26 \\ 0.5 & 0 & 0.2 & 0.3 \end{pmatrix}, \mathbf{P}^4 = \begin{pmatrix} 0.23 & 0.27 & 0.26 & 0.24 \\ 0.22 & 0.28 & 0.24 & 0.26 \\ 0.22 & 0.28 & 0.24 & 0.26 \\ 0.32 & 0.18 & 0.27 & 0.23 \end{pmatrix},$$

$$\mathbf{P}^8 \simeq \begin{pmatrix} 0.25 & 0.25 & 0.25 & 0.25 \\ 0.25 & 0.25 & 0.25 & 0.25 \\ 0.25 & 0.25 & 0.25 & 0.25 \\ 0.25 & 0.25 & 0.25 & 0.25 \end{pmatrix}$$

(3) (2) の結果から任意の初期状態から出発しておよそ8回の推移で定常状態 $(0.25, 0.25, 0.25, 0.25)$ に至ることがわかる．また，このことは，

4.3. ポアソン過程

$$= (0.25, 0.25, 0.25, 0.25) \begin{pmatrix} 0 & 0.5 & 0.1 & 0.4 \\ 0.5 & 0 & 0.2 & 0.3 \\ 0.5 & 0 & 0.2 & 0.3 \\ 0 & 0.5 & 0.5 & 0 \end{pmatrix}$$

$(0.25, 0.25, 0.25, 0.25)$

によっても確認できる．

4.3 ポアソン過程†

前節では，離散時間の確率過程であるマルコフ過程を紹介した．ここでは，最も基本的な連続時間の確率過程としてポアソン過程について説明する．

4.3.1 計数過程

例 4.6：客の到着

店の窓口に客がランダムにやってくる様子を考えてみよう．客がやってきた時刻を $t_1, t_2, \cdots, t_n, \cdots$ として，到着の様子を図 4.9 に示す．横軸は時刻 t，縦軸は到着した客の人数 X_t を表している．到着した客の人数 X_t は初期時点 $t_0 = 0$ において $X_{t_0} = 0$ であり，時刻 t の経過にともなって単調に増加する．また，客の到着間隔を $T_n = t_n - t_{n-1}$ として図中に示している．

このようにランダムな事象の起こった回数を表す連続時間型の確率過程を計数過程という．ここでのランダムな事象には，電子メールの受信，交通事故や自然災害の発生なども当てはまる．X_t を時間間隔 $[0, t]$ に起こったランダムな事象の回数とする（ただし，有限時間内には有限回の事象しか起こらないとす

図 4.9 計数過程のサンプル・パス

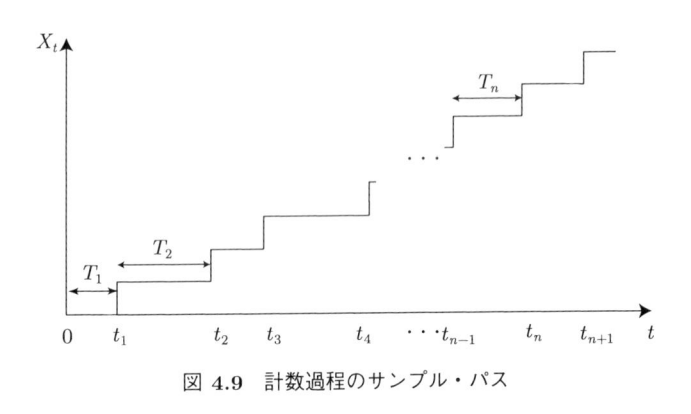

る).計数過程 $\{X_t\}$ に従う現象を記述するのに重要な変数としては,1) 事象の起こる回数 X と 2) 事象が起こる時間間隔(待ち時間)T がある.

4.3.2 ポアソン過程

計数過程の中で,事象の起こり方が最もランダムな場合がポアソン過程である.ポアソン過程の定義は以下の通りである.

定義

計数過程 $\{X_t\}$ が 3 つの条件:
1. (独立増分) 事象の生起は互いに独立である.
2. (定常性) 出来事が起きる確率はどの時間帯でも同じである.
3. (希少性) 微小時間内にその出来事が 2 回以上起きることはない.

を満たすとき,$\{X_t\}$ を**ポアソン過程**(Poisson process)と呼ぶ.また,このような特徴を持つ出来事の到着の仕方をポアソン到着という.

ひとまず離散時間の枠組みから説明を始めよう.時間区間 $[0,t]$ を幅 Δt の微小区間に n 等分する.したがって,$\Delta = t/n$ である.ここで,i 番目の微小区間

4.3. ポアソン過程

で事象の起こる回数を Z_i で表せば，条件 1, 2 より $Z_1, Z_2, \cdots, Z_n$ は同一の分布に従う独立した確率変数列である．さらに，条件 3 を次のように記述しよう．

$$P(Z_i = 0) = 1 - \lambda \Delta t + o(\Delta t)$$
$$P(Z_i = 1) = \lambda \Delta t + o(\Delta t)$$
$$P(Z_i = 2) = o(\Delta t)$$

λ は微小区間における事象の起こりやすさを表すパラメータであり，強度 (intensity) と呼ばれる．また，$o(\Delta t)$ は Δt が十分に小さいとき，Δt のオーダーに比べて無視できるほど小さい量であることを表し，$P(Z_i = 2) = o(\Delta t)$ は微小区間に事象が 2 回以上起こらないことを意味する．このとき，時間区間 $[0, t]$ において事象が起こる回数は $\sum_{i=1}^{n} Z_i$ と表される．$\Delta t \to 0$（または，$n \to \infty$）の極限をとれば，時刻 t までに起こる事象の回数を表す連続時間の確率過程 $\{X(t)\}$ を

$$X_t = \lim_{\Delta t \to 0} \sum_{i=1}^{n} Z_i \tag{4.14}$$

と得る．いま，離散時間の枠組みにおいて時間区間 $[0, t]$ に事象が k 回起こる確率は，条件 1 より二項分布を用いて

$$P\Big(\sum_{i=1}^{n} Z_i = k \Big) = \binom{n}{k} (\lambda \Delta t)^k (1 - \lambda \Delta t)^{n-k} + o(\Delta t) \tag{4.15}$$

と表される．$\Delta t = t/n$ に留意して極限 $n \to \infty$ をとれば，X_t の分布：

$$P(X_t = k) = \lim_{\Delta t \to 0} \binom{n}{k} (\lambda \Delta t)^k (1 - \lambda \Delta t)^{n-k}$$
$$= \lim_{\Delta t \to 0} \frac{n!}{(n-k)! k!} (\lambda \Delta t)^k (1 - \lambda \Delta t)^{n-k} \tag{4.16}$$

$$P(X_t = k) = \lim_{n \to \infty} \frac{(\lambda t)^k}{k!} \frac{n(n-1)\cdots(n-k+1)}{n^k} \left(1 - \frac{\lambda t}{n}\right)^{n-k}$$

$$= \frac{(\lambda t)^k}{k!} e^{-\lambda t} \tag{4.17}$$

を得る[1]. すなわち, 時刻 t までに起こる事象の回数 X_t は, ポアソン分布 $Po(\lambda t)$ に従う. 定理 3.2 より, $Po(\lambda t)$ の平均が λt であることから, ポアソン過程の強度 λ は単位時間当たりの平均生起回数を表している.

続いて, 事象が起こる時間間隔(待ち時間)T が従う分布について考察しよう. 初期時点から時刻 t までに一度も事象が起こらない, すなわち $T_1 > t$ である確率は,

$$\begin{aligned} P(T_1 > t) &= P(X_t = 0) \\ &= \lim_{\Delta t \to 0}(1 - \lambda \Delta t)^n = \lim_{n \to \infty}\left(1 - \frac{\lambda t}{n}\right)^n \\ &= e^{-\lambda t} \end{aligned} \tag{4.18}$$

となる[1]. これより, 時間間隔 T_1 の分布関数は

$$\begin{aligned} F(t) &= P(T_1 \leq t) = 1 - P(T_1 > t) \\ &= 1 - e^{-\lambda t} \end{aligned} \tag{4.19}$$

となり, 確率密度関数は $f(t) = \lambda e^{-\lambda t}$ となる. このことから, T_1 はパラメータ λ の指数分布に従うことがわかる. 3つの条件 (p.110 参照) の下では, 任意の T_n について前回事象が起こった時刻 T_{n-1} を初期時点と置き直せば, 同様の議論が成立する. したがって, 次の定理を得る.

■定理 4.2 強度 λ のポアソン過程 $\{X_t\}$ において, 事象の起こる時間間隔 $\{T_n\}(n=1,2,\cdots)$ はパラメータ λ の互いに独立で同一の指数分布に従う.

---

[1] 公式 $\displaystyle\lim_{x \to \pm\infty}\left(1 + \frac{1}{x}\right)^x = e$ を利用.

4.3. ポアソン過程

練習問題 4.2

ある交差点では，年間に平均で2件の交通事故が発生している．事故の発生回数がポアソン過程に従うものとして，以下の問いに答えよ．

(1) 半年間に事故が1件も起きない確率を求めよ．
(2) 半年間に事故が起きず，次の半年間に2件起こる確率を求めよ．
(3) 事故が起きてから1年以内に次の事故が起こる確率を求めよ．

解答

初期時点から時刻 t までに起こった事故の回数を X_t とする．$\{X_t\}$ は強度 $\lambda = 2$ のポアソン過程に従っている．

(1) 半年間に事故が1件も起きない確率は $P(X_{0.5} = 0)$ である．$X_{0.5}$ はパラメータ $0.5\lambda = 1$ のポアソン分布に従うことから，

$$P(X_{0.5} = 0) = \frac{1^0}{0!}e^{-1} \simeq 0.37 \tag{4.20}$$

である．

(2) $P(X_{0.5} = 0, X_1 - X_{0.5} = 2)$ を求めればよい．独立増分，及び定常性の条件から以下のようになる．

$$P(X_{0.5} = 0, X_1 - X_{0.5} = 2) = P(X_{0.5} = 0)P(X_1 - X_{0.5} = 2)$$

$$= P(X_{0.5} = 0)P(X_{0.5} = 2) = \frac{1^0}{0!}e^{-1} \times \frac{1^2}{2!}e^{-1} \simeq 0.068$$

(3) 定理 4.2 より，事故の起こる時間間隔 T_1 はパラメータ $\lambda = 2$ の指数分布に従うから，

$$P(T_1 \leq 1) = 1 - e^{-2} \simeq 0.63 \tag{4.21}$$

となる．

4.3.3 M/M/1 型待ち行列モデル

スーパーマーケットのレジや銀行の ATM の前に並ぶ客の列，交通渋滞の車の列など身の回りには様々な待ち行列が存在している．普段は意識していないかもしれないが，電話やインターネットなどの通信システムにおいても待ち行列が出現する．しかし，いずれの待ち行列も，客（あるいは，車やデータ）が窓口（隘路，サーバー）に逐次到着し，行列を作って順番を待ち，サービスを受けて立ち去るというシステムである点において共通している．このようなシステムを抽象化した数理モデルが待ち行列モデルである．

待ち行列モデルには様々なバリエーションが存在し，ケンドール記号 A/B/C/D/E/F によって区別される．A は到着過程（M はポアソン到着），B はサービス時間分布（M は指数分布，G は一般分布），C は窓口数，D はシステム容量（システム内の許容客数），E は客の数，F はサービスの順序を表す．ただし，システム容量と客の数が無限大 (∞) で先着順（FCFS：First Come First Served の略）にサービスが提供される場合，後半の 3 つの要素 ∞/∞/FCFS は省略される．例えば，M/G/s は，到着過程がポアソン到着で，サービス時間が一般分布に従い，窓口数が s である待ち行列システムを表す．以下では，最も基本的な待ち行列モデルである M/M/1 を扱う．

M/M/1 は，ポアソン到着/指数サービス時間分布/単一窓口の待ち行列システムである．いま，ポアソン到着において単位時間当たりの客の平均到着数が λ であり，指数サービス時間分布において平均サービス時間が $1/\mu$（単位時間当たりの平均サービス提供人数 μ 人）であるとする．待ち行列システム M/M/1 のサービス提供能力は，単位時間当たり μ 人である．したがって，単位時間当たり客の到着人数 λ が

$$\lambda < \mu \tag{4.22}$$

であれば，待ち行列システムでさばく客の方が到着する客の数より多くなる．占有率 $\rho \equiv \lambda/\mu$ を用いて書き直せば，

$$\rho < 1 \tag{4.23}$$

4.3. ポアソン過程

となる．このとき，M/M/1 には定常状態が存在することが知られている．

時刻 t においてシステム内の客数（行列に並んでいる客数＋サービスを受けている客数）が n である状態に対する確率を $P_n(t)$ とおくと，定常状態では $P_n(t) \to P_n$ となる．状態間の推移の様子を図 4.10 に示す．

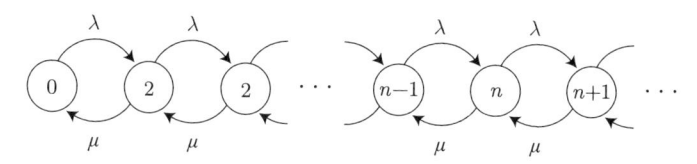

図 4.10 M/M/1 のフロー図

定常状態では，状態 n から外へ出るフローと状態 n へ入ってくるフローがつり合っている必要がある．したがって，以下の平衡方程式が成り立っている．

$$P_n\lambda + P_n\mu = P_{n-1}\lambda + P_{n+1}\mu \tag{4.24}$$

$$-\lambda P_0 + \mu P_0 = 0 \tag{4.25}$$

式 (4.24) の左辺は状態 n からのアウト・フローを，右辺は状態 n へのイン・フローであり，両者が均衡していることを表す．式 (4.24) を解いて P_n を求めよう．式 (4.25) から帰納的に

$$-\lambda P_{n-1} + \mu P_n = 0 \tag{4.26}$$

が成り立つことがわかる．したがって，

$$P_n = P_0 \rho^n \tag{4.27}$$

となる．そのうえで，条件 $\sum P_n = 1$ を用いれば，

$$\sum_{n=0}^{\infty} P_n = \sum_{n=0}^{\infty} P_0 \rho^n = \frac{P_0}{1-\rho} = 1 \tag{4.28}$$

より，$P_0 = 1 - \rho$ となる．すなわち，

$$P_n = (1-\rho)\rho^n \tag{4.29}$$

を得る．これを用いれば，以下のような待ち行列に関する情報を算出することができる（導出過程は省略する）．

平均システム内人数 L：
$$L = \sum_{n=0}^{\infty} n P_n = \frac{\rho}{1-\rho} \tag{4.30}$$

平均待ち人数 L_q：
$$L_q = \sum_{n=1}^{\infty} (n-1) P_n = L - \rho = \frac{\rho^2}{1-\rho} \tag{4.31}$$

平均待ち時間 W_q：
$$W_q = \frac{L}{\mu} = \frac{\rho}{1-\rho}\frac{1}{\mu} \tag{4.32}$$

平均システム内滞在時間 W：
$$W = W_q + \frac{1}{\mu} = \frac{1}{1-\rho}\frac{1}{\mu} \tag{4.33}$$

練習問題 4.3

窓口が 1 つの店があり，客が平均 6 分間隔でポアソン到着する．また窓口の平均サービス時間は 5 分の指数分布とする．客は窓口がふさがっているときは，空くまで待ち行列に入るとする．以下の設問に答えよ．

(1) 占有率 ρ を求め，システムに定常状態が存在するかを調べよ．
(2) 店内にいる客の数（サービスを受けている客を含む）の平均 $L = \rho/(1-\rho)$ は何人か．また，客が店に入ってからサービスを受けるまでの待ち時間の平均 $W_q = L/\mu$ は何分か．

解答

(1) M/M/1 型待ち行列である．客の到着率 λ は，$\lambda = 60/6 = 10$（人/時間）であり，窓口

のサービス率（1時間当たりにサービスを提供し得る平均人数）μ は, $\mu = 60/5 = 12$（人/時間）である．窓口の占有率 ρ は,

$$\rho = \lambda/\mu = 10/12 = 5/6 = 0.83$$

である．$\rho < 1$ より，システムには定常状態が存在する．

(2) 店内にいる客の数の平均 $L = \rho/(1-\rho)$（人）は,

$$L = \frac{\rho}{1-\rho} = \frac{5/6}{1-5/6} = 5$$

である．また，客が店に入ってからサービスを受けるまでの待ち時間の平均 $W_q = L/\mu$（分）は,

$$W_q = \frac{L}{\mu} = \frac{5}{12} \times 60 = 25$$

である．

章末問題 4

(1) ある大学の確率統計学の講義には 100 人の学生が受講している．学生には「出席」，「遅刻」，「欠席」の 3 つの行動がある．ある日の講義に出席した学生のうち，85 ％は次回も出席し 10 ％は遅刻，5 ％は欠席する．また遅刻した学生のうち，60 ％は次回も出席し 40 ％は欠席する．さらに欠席した学生のうち，40 ％は次回も欠席し 5 ％は出席，55 ％は遅刻する．出席を「行動 1」，遅刻を「行動 2」，欠席を「行動 3」として以下の問いに答えよ．

(a) 学生の確率統計学の講義に対する行動過程を推移図で示せ．

(b) ある日の学生の行動を「行動 i」（$i = 1, 2, 3$），次回の学生の行動を「行動 j」（$j = 1, 2, 3$），「行動 i」から「行動 j」に推移する確率を p_{ij} とする．推移確率行列 $\{p_{ij}\}$ を求めよ．

(c) ある日の講義の出席者は 70 人，遅刻者は 20 人であった．次回の講義の出席者数と遅刻者数を予測せよ．

(2) ある町にはスーパー A とスーパー B の 2 つのスーパーがあり，町の住人は 1 週間に 1 回必ずどちらかのスーパーに買い物に行く．各スーパーにおけるアンケート調査によると，スーパー A では来週も来たいと答えた人は 60 %，スーパー B では来週も来たいと答えた人は 70 %いた．ただし，町の住人は 1 週間に 2 回以上買い物に行くことはないものとする．
  (a) ある週のスーパー A に来る人の割合は 90 %であった．4 週間後におけるスーパー A に行く人の割合を求めよ．
  (b) (a) の条件のもとで長期間推移したときのスーパー A に行く人の割合を求めよ．
  (c) スーパー A は集客のためクーポン券の配布を行い，来週もスーパー A に来たいと答えた人は 80 %になった．この新たな条件のもとで長期間推移したときのスーパー A に行く人の割合を求めよ．

(3) A さんは毎年平均 1 回風邪にかかる．A さんが風邪にかかる回数がポアソン過程に従うものとして，以下の問いに答えよ．ただし，風邪にかかる確率は年中同一であると仮定する．
  (a) 1 年間で 1 回も風邪にかからない確率を求めよ．
  (b) 半年間風邪にかからず，次の半年間で 1 回風邪にかかる確率を求めよ．
  (c) 1 回風邪にかかってから，3 ヶ月以内に次の風邪にかかる確率を求めよ．

(4) ある診療所では 1 名の医師が診療を行っている．患者が平均 12 分間隔でポアソン到着し，平均診察時間は 10 分の指数分布とする．患者は診察を受けるまで待ち行列に入るとする．以下の設問に答えよ．
  (a) 占有率 ρ を求め，システムに定常状態が存在するかを調べよ．
  (b) 診療所にいる患者の数（診察中の患者を含む）の平均 $L = \rho/(1-\rho)$ は何人か．また，患者が診療所に入ってから診察を受けるまでの待ち時間の平均 $W_q = L/\mu$ は何分か．
  (c) カルテの電子化によって平均診察時間が 1 分短縮された場合，待ち時間の平均 W_q は何分短縮されるか．

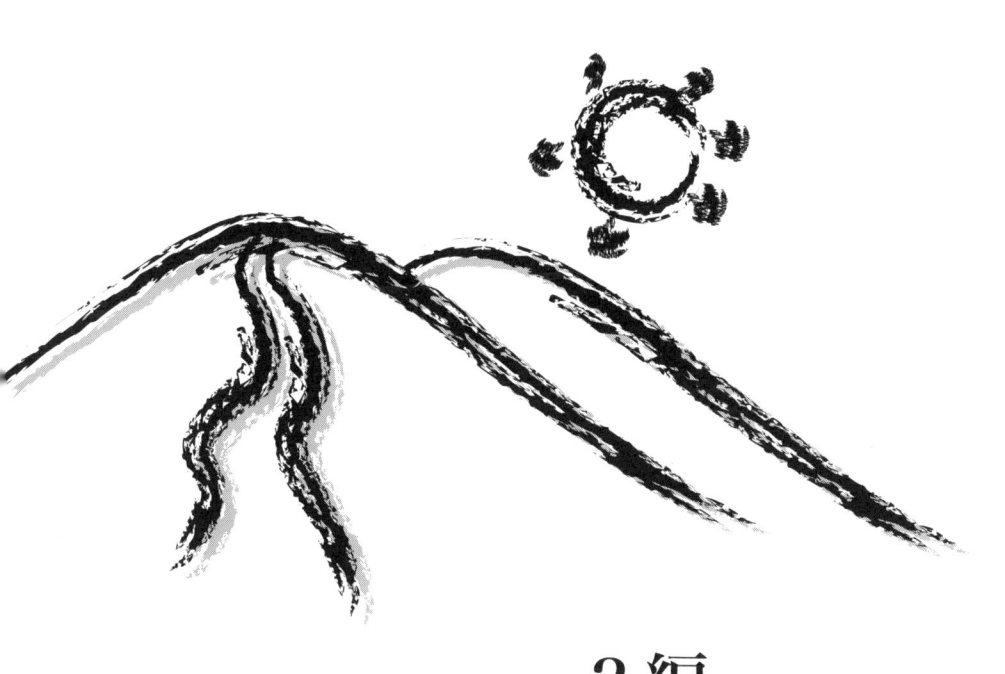

2編
統 計

第5章 統計学の基本的な考え方と準備

5.1 統計的現象と確率分布

　統計学では，例えば，気象現象（天候や降水量など）や人や生物の身長・体重といった自然現象，ある国の内閣の支持率や学生の就職内定率などといった社会現象，さらに，個人の所得や製品の需要などの経済現象など様々な現象を分析の対象としている．これらを統計的現象と呼ぶ．

　統計的現象に共通していえるのは，確率的に分布している（もしくは，そう考えることが自然である）ことである．また，多くの場合，起こる事象のすべての結果を観測することは現実的に不可能であり，調査などによりその一部のみを観測データとして入手できる点である．このとき，観測したデータに基づいて現象の全体について推測を行うことを統計的推論 (statistical inference) という．本章では，統計分析を行う上で最も基本となる標本分布の考え方について学習する．

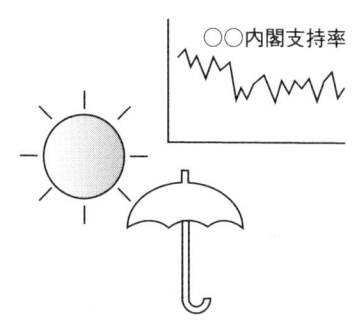

5.2 母集団と標本

推測の対象となる全体の集合を**母集団** (population) といい，母集団に含まれる個々の要素を個体という．母集団のある 1 つの性質を表す特性値を**母数** (parameter) と呼ぶ．例えば，平均，比率，分散などである．一方，母集団の中から選ばれる一部分の集まりを**標本** (sample) という．ひとつ（1 セット）の標本に属する個体の総数を**標本の大きさ** (sample size) と呼ぶ．また，何セットの標本を母集団から抽出したかを**標本の数**と表現する．図 5.1 の×印は個体を表している．同図では，標本の大きさは 5，標本の数は 3 である．両者は混同しやすいが，全く別物であるので注意しよう．

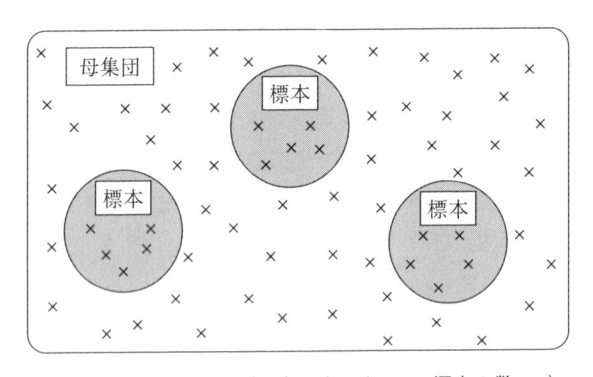

図 5.1 母集団と標本（標本の大きさ：5，標本の数：3）

標本調査においては，偏った標本ではなく，母集団の性質を適切に反映した**代表的標本** (representative sample) が選ばれている必要がある．母集団を構成するどの個体についてもそれが標本に選ばれる確率が等しくなるような抽出方法を**無作為抽出** (random sampling) と呼ぶ．

例えば，全国の男子大学生の平均体重を調べることにしよう．しかし，母集団である日本中の大学生の体重を調べるのは，かなり厄介な作業である．そこで，母集団を代表する標本として n 人をランダムに選び，体重を計測する．このとき，標本として選ばれた大学生の体重を $X_1, \cdots, X_n$ と表す．X_i は体重計

5.2. 母集団と標本

の目盛りのようなものである．n 個の体重計 $i(i=1,\cdots,n)$ を用意し，母集団の中からランダムに選ばれた n 人が順にそれぞれの体重計にのる．すると，体重計 i の目盛り X_i は，ある選ばれた学生の実際に計測された体重（観測値），例えば体重計に 60 kg と表示される．$X_i = 60$ (kg) といった具合である．仮に，別の誰かが選ばれて体重計 i にのったならば，当然目盛り X_i は別の値を示す．すなわち，X_i は，標本として誰が選ばれるかによってその値が決まり，その確率が母集団の分布（全国の男子大学生の体重の分布）に従う確率変数である．

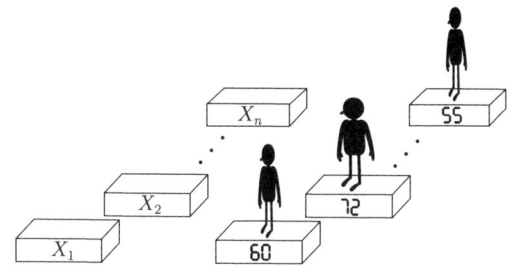

体重計の目盛り（確率変数）には上にのった人（標本に含まれる個体）の体重（標本観測値）が表示される．

図 5.2　確率変数と標本観測値

全国の男子大学生を対象にするのは大変なので，あるクラスの学生を母集団とする以下の例について考えていこう．

例 5.1：あるクラスに 36 人の男子大学生がいる．このうち 5 人をランダムに選び（無作為抽出し），体重を計測するとする．なお，ここでは，母集団と標本の関係を理解するために，特別に母集団である学生の体重が以下のようにわかっているとして話を進める．

```
50  60  72  69  67  58
78  64  82  54  65  80
63  87  55  68  62  73
65  70  68  92  83  58
67  73  54  69  73  69
73  80  83  69  75  73
```

例において,実際に標本を無作為抽出してみよう.次に示すサイコロを利用した簡単な抽出法を採用する.サイコロを2回振って,出た目の組合せによって表5.1から要素を1つ抽出する.これを標本の大きさに相当する回数だけ行うことによって,1つ(1セット)の標本を抽出することができる.

表 5.1 サイコロを用いた無作為抽出

		1 回目の出目					
		1	2	3	4	5	6
2回目の出目	1	50	60	72	69	67	58
	2	78	64	82	54	65	80
	3	63	87	55	68	62	73
	4	65	70	68	92	83	58
	5	67	73	54	69	73	69
	6	73	80	83	69	75	73

では,大きさ5の標本を3セット抽出してみよう.まず,1セット目の標本抽出である.サイコロを2回振る作業を5回行った結果,出目の組合せは,$(2,4)$,$(3,2)$,$(6,5)$,$(5,1)$,$(3,1)$ であった.表より標本として,$(X_1, X_2, X_3, X_4, X_5) = (70, 82, 69, 67, 72)$ が抽出された.2セット目については,サイコロの出目の組合せが $(6,2)$,$(3,3)$,$(5,4)$,$(1,5)$,$(4,3)$ であったので,標本としては $(X_1, X_2, X_3, X_4, X_5) = (80, 55, 83, 67, 68)$ が抽出される.同様に,3セット目については,サイコロの出目の組合せが $(4,2)$,$(1,3)$,$(4,6)$,$(4,3)$,$(1,5)$ であったので,標本

5.2. 母集団と標本

としては $(X_1, X_2, X_3, X_4, X_5) = (54, 63, 69, 68, 67)$ が抽出される．

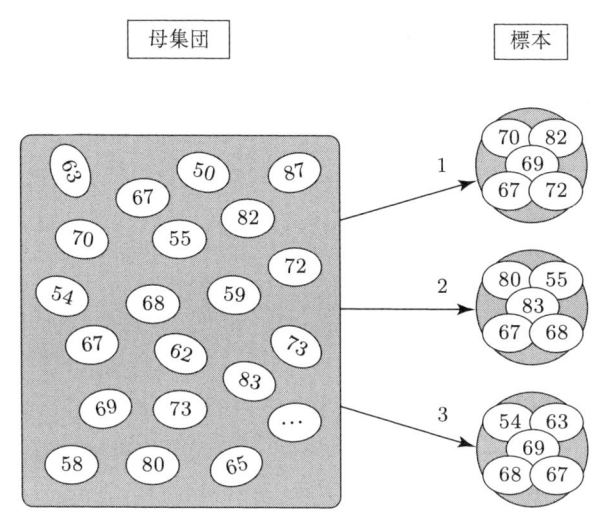

図 5.3 標本変動

3つの標本を比べてみると，標本に含まれる要素は抽出された標本毎に異なっていることがわかる．読者の皆さんも自分の手で標本抽出をしてみよう．その際，やはり異なる要素によって構成される標本が抽出されるだろう．このことを実感として理解してほしい．

練習問題 5.1

例 5.1 において標本抽出をしてみよう．

5.3 標本統計量

母集団の平均値や分散について推測する上では，当然，観測された標本が有力な手がかりになる．その際，母数について推測するために標本から求められる変量を**標本統計量** (statistic) という．以下には，代表的な標本統計量を示す.

標本平均： $\bar{x} = \dfrac{1}{n}\sum_{i=1}^{n} x_i$

標本分散： $\hat{\sigma}^2 = \dfrac{1}{n-1}\sum_{i=1}^{n}(x_i - \bar{x})^2$

なお，n は標本の大きさ，x_i は標本に含まれる要素の値である．標本平均は文字通り，標本に含まれる要素の平均であり，母平均に関する推測を行う上で役に立つことは直観的に理解できる．一方，標本分散は標本平均からの偏差の平方和を標本の大きさ n から 1 を引いた数 $n-1$ で除したものである．読者の皆さんは，「なぜ標本の大きさ n ではなく，$n-1$ で割るのか」，「そもそも $n-1$ はどんな意味をもつ数なのか」と疑問に思うだろう．ここでの $n-1$ は**自由度** (degree of freedom) と呼ばれる数である．標本平均の定義より，標本平均からの偏差の合計は必ずゼロ ($\sum_{i=1}^{n}(x_i - \bar{x}) = 0$) となる．そのため，$n$ 個の偏差 $x_1 - \bar{x}, x_2 - \bar{x}, \cdots, x_n - \bar{x}$ のすべてがどんな値でも自由に取り得るわけではない．n 個の偏差のうち自由に決定できるのは $(n-1)$ 個で残りの 1 個は自動的に決まる．このとき，n 個の偏差 $x_i - \bar{x}$ の自由度を $n-1$ という．したがって，標本分散は標本平均からの偏差の平方和を自由度で割ったものであるといえる．次に，なぜ自由度で割るかという点であるが，それは自由度で除した統計量が期待値が母数と等しくなるという推定量としての望ましい性質（不偏性）を持つからである．この点については，6 章で詳述する．

練習問題 5.2

例 5.1 で抽出した 3 つの標本の標本平均,標本分散を求めよう.

解答

標本 1 の標本平均・標本分散

$$\bar{x} = \frac{70+82+69+67+72}{5} = 72$$

$$\hat{\sigma}^2 = \frac{1}{5-1}\left\{(70-72)^2 + (82-72)^2 + (69-72)^2 \right.$$

$$\left. + (67-72)^2 + (72-72)^2\right\} = 34.5 \tag{5.1}$$

標本 2 の標本平均・標本分散

$$\bar{x} = \frac{80+55+83+67+68}{5} = 70.6$$

$$\hat{\sigma}^2 = \frac{1}{5-1}\left\{(80-70.6)^2 + (55-70.6)^2 + (83-70.6)^2 \right.$$

$$\left. + (67-70.6)^2 + (68-70.6)^2\right\} = 126.3 \tag{5.2}$$

標本 3 の標本平均・標本分散

$$\bar{x} = \frac{54+63+69+68+67}{5} = 64.2$$

$$\hat{\sigma}^2 = \frac{1}{5-1}\left\{(54-64.2)^2 + (63-64.2)^2 + (69-64.2)^2 \right.$$

$$\left. + (68-64.2)^2 + (67-64.2)^2\right\} = 37.7 \tag{5.3}$$

5.4 標本分布

例 5.1 からもわかるように，標本平均や標本分散といった標本統計量は，標本が異なれば当然異なる値となる．このように標本が異なることに基づく変化を**標本変動**という．また，母集団から標本を抽出するとき，実際にどのような標本が選ばれるかは確率的な事象である．したがって，標本統計量もやはり確率変数である．標本統計量の従う分布を**標本分布**と呼ぶ．この点は，統計学の考え方を理解する上で，まず最初の重要なポイントである．

5.4.1 標本平均の標本分布

例 5.1 のつづき：表 5.2 及び図 5.4 は，男子大学生 36 人の体重データの母集団である．いま，例 5.1 のように，この母集団から大きさ 5 の標本を抽出し，標本平均を算出する作業を 50 回行った．表 5.3 及び図 5.5 は，その結果として得られた標本平均の度数分布を表している．両者の分布を比較すると，平均はほぼ等しく，分散は標本平均が母集団のおよそ 1/5 倍になっていることが分かる．

以上のことを数学的に確認しよう．平均 μ，分散 σ^2 の母集団からとられた大きさ n の標本の平均，分散を以下に示す．

標本平均の平均

$$E[\overline{x}] = E\left[\frac{1}{n}\sum_{i=1}^{n} x_i\right] = \frac{1}{n}E[x_1 + x_2 + \cdots + x_n]$$
$$= \frac{1}{n}(E[x_1] + E[x_2] + \cdots + E[x_n]) = \frac{1}{n} \times n\mu = \mu \tag{5.4}$$

5.4. 標本分布

表 5.2 母集団の分布と母集団パラメータ

体重 x(kg)	階級値 x(kg)	度数
47.5–52.5	50	1
52.5–57.5	55	3
57.5–62.5	60	4
62.5–67.5	65	6
67.5–72.5	70	8
72.5–77.5	75	6
77.5–82.5	80	4
82.5–87.5	85	3
87.5–92.5	90	1
平均 μ	69.5	
分散 σ^2	92.7	

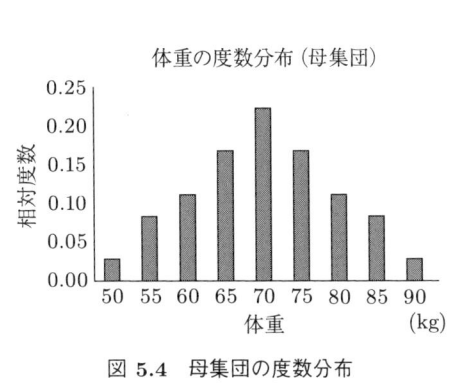

図 5.4 母集団の度数分布

表 5.3 標本平均の分布

体重 x(kg)	階級値 x(kg)	度数
47.5–52.5	50	0
52.5–57.5	55	0
57.5–62.5	60	3
62.5–67.5	65	15
67.5–72.5	70	18
72.5–77.5	75	13
77.5–82.5	80	1
82.5–87.5	85	0
87.5–92.5	90	0
平均 $E(\bar{x})$	69.3	
分散 $V(\bar{x})$	18.3	

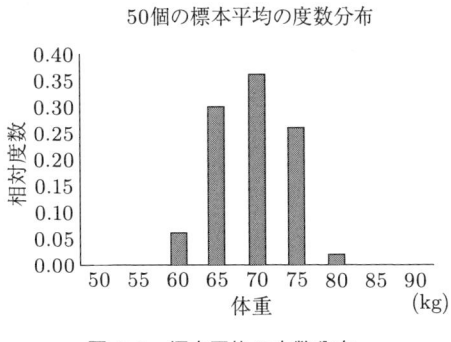

図 5.5 標本平均の度数分布

標本平均の分散

$$V[\overline{x}] = V\left[\frac{1}{n}\sum_{i=1}^{n} x_i\right] = \frac{1}{n^2}V[x_1 + x_2 + \cdots + x_n]$$

$$= \frac{1}{n^2}(V[x_1] + V[x_2] + \cdots + V[x_n]) = \frac{1}{n^2} \times n\sigma^2 = \frac{\sigma^2}{n} \quad (5.5)$$

式 (5.4) は，標本平均の平均 $E[\overline{x}]$ が母平均 μ と等しくなることを，また，式 (5.5) は標本平均の分散 $V[\overline{x}]$ が母分散 σ^2 を標本の大きさ n で割った値に等しいことを示している．50 個の標本を用いて作成した表 5.3 の結果が，理論的に導かれた値とほぼ整合していることが確認できた．

5.4.2 標本比率の標本分布

標本の取りうる値が $x_i = \{0, 1\}$ の 2 値であるときの標本平均を特に標本比率と呼ぶ．例えば，内閣支持率の調査において，「支持する」を 1，「支持しない」を 0 と数値化して処理する際に用いられる．

例えば，有権者（母集団）のうち内閣を支持する人の比率が p であるとする．標本の大きさ n のうち k 人が支持者であるとき，標本比率 $\hat{p} = k/n$ の従う標本分布は，二項分布 $\mathrm{Bin}(n, p)$ を用いて，

$$P\left(\hat{p} = \frac{k}{n}\right) = P\{K = k\} = \binom{n}{k} p^k q^{n-k} \quad (5.6)$$

と表される．二項分布 $\mathrm{Bin}(n, p)$ の平均 $E[K] = np$，分散 $V[K] = npq$ より，標本比率 $\hat{p}$ の平均および分散は，

$$\begin{aligned}
E[\hat{p}] &= E\left[\frac{K}{n}\right] = \frac{1}{n}E[K] = \frac{np}{n} = p \\
V[\hat{p}] &= V\left[\frac{K}{n}\right] = \frac{1}{n^2}V[K] = \frac{npq}{n^2} = \frac{pq}{n}
\end{aligned} \quad (5.7)$$

となる．

5.4. 標本分布

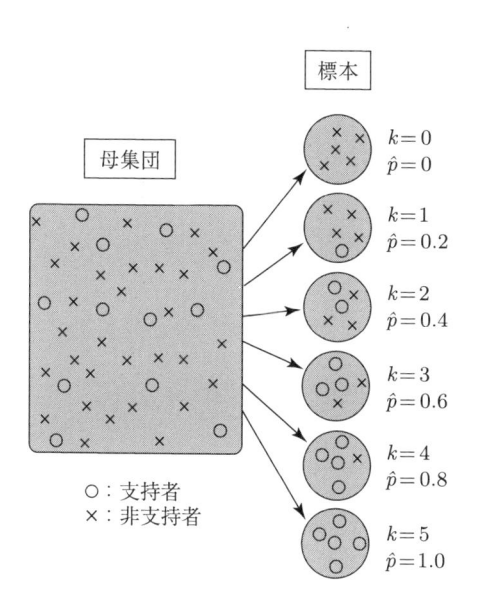

○は支持者（$x_i=1$）を，×は不支持者（$x_i=0$）を表す．p は母比率，$\hat{p}$ は標本比率である．標本の大きさ n=5 である．

図 5.6 標本比率の例

なお，標本の大きさ n が大きいとき，二項分布 $\mathrm{Bin}(n,p)$ は正規分布 $N(np, npq)$ に近似できる．この性質から，n が大きいとき，標本比率 $\hat{p}$ の標本分布も近似的に正規分布 $N(p, pq/n)$ に従うことがわかる．

練習問題 5.3

ある高校の文化祭の出し物には「売店」と「展示」の 2 つの選択肢がある．全生徒を対象にアンケート調査を行ったところ売店を希望する生徒の割合が 0.55 であった．以下の問いに答えよ．

(1) あるクラスの 40 人の生徒のうち「売店」を希望する生徒の割合 $\hat{p}$（標本比率）の平均 $E[\hat{p}]$ と分散 $V[\hat{p}]$ を求めよ．ただし，この 40 人は全生徒の中からランダムに選ばれていると考えてよいものとする．

(2) 一般に $n \geq 30$ ならば，標本比率の標本分布は近似的に正規分布 $N(E[\hat{p}], V[\hat{p}])$ に従うことが知られている．これを利用してこのクラスの文化祭の出し物が「展示」になる確率を求めよ．

解答

(1) 売店を希望する人数の比率を $p = 0.55$ とする．

$$E[\hat{p}] = p = 0.55$$

$$V[\hat{p}] = \frac{pq}{n} = \frac{0.55 \times (1 - 0.55)}{40} = 0.006188$$

(2) $\sqrt{V[\hat{p}]} = 0.079$ である．$N(0.55, 0.079^2)$ に従う $\hat{p}$ が $\hat{p} \leq 0.5$ となる確率を求めればよい．したがって

$$\begin{aligned}
P\left(x \leq \frac{0.5 - 0.55}{0.079}\right) &= P(x \leq -0.63) \\
&= 1 - P(x \leq 0.63) \\
&= 1 - 0.7357 \\
&\fallingdotseq 0.265
\end{aligned}$$

5.5 中心極限定理

前節では，n が大きいとき，標本比率の標本分布が正規分布に従うことを述べた．では，一般に，標本平均 $\bar{x}$ の分布の形はどうなるだろうか？ 当然，分布形は標本をとる母集団の分布形に依存する．まず，母集団の分布が正規分布の場合は，標本分布も正規分布に従うことが知られている．これは，正規分布に従う独立な確率変数の 1 次結合は，やはり正規分布に従うという定理から導かれ

5.5. 中心極限定理

る[1]．では，母集団の分布が正規分布でない場合はどうだろうか？　以下で，こうした場合に利用できる，標本平均の標本分布に関する強力な定理を紹介する．

> ■**中心極限定理** (Central limit theorem)
> 分布がどのようなものであっても，平均値 μ，分散 σ^2 をもつ母集団からとられた大きさ n の標本の平均値 $\bar{x}$ の分布は，n が大きいとき正規分布 $N(\mu, \sigma^2/n)$ に近づく．したがって，$z = \dfrac{\bar{x} - \mu}{\sigma/\sqrt{n}}$ の分布は，n が大きいとき標準正規分布 $N(0,1)$ に近づく．

証明は統計学の初歩の範囲を超えるため省略するが，この定理は，はじめの確率分布が何であっても，同一な分布に従っている限り n を十分に大きくとれば，$\bar{x}$ はほぼ $N(\mu, \sigma^2/n)$ に従うことを示している．この性質はよく用いられ，$n \geq 30$ 程度で成立する．簡単な母集団分布を用いて，この定理が成立することを確認しよう．

例 5.2：図 5.7(a) はさいころを n 回振ったときに出た目の平均 $\bar{x}$ の分布を表し，下側の分布ほど標本サイズ n が大きい場合に対応している（$n = 1$ のときの標本分布は，母集団分布そのものである）．中心極限定理が主張するとおり，n を十分に大きくすればこれらの分布が正規分布に近づいていくことがわかる．図 5.7(b) は 1 の目を 2 に，6 の目を 5 に書き換えた場合の標本平均の分布，(c) は 1 の目と 6 の目を 2 に書き換えた場合の標本平均の分布を表している．両図において，標本サイズ n が大きくなるにしたがって左右対称の分布へと近づいていく様子が見てとれる．さらに n を十分に大きくすればこれらの分布もやはり正規分布に近づく．

例 5.1 では説明の都合上，わずか 36 人の母集団を考えたが，もう一度全国の大学生を対象とする場合に話を戻そう．全国の大学生の体重が平均 μ，分散 σ^2

---

[1] X_i $(i = 1, 2, \cdots, n)$ が互いに独立で，それぞれ $N(\mu_i, \sigma_i^2)$ に従うとき，$X = a_1 x_1 + a_2 x_2 + \cdots + a_n x_n$ は $N(a_1\mu_1 + a_2\mu_2 + \cdots + a_n\mu_n, a_1^2\sigma_1^2 + a_2^2\sigma_2^2 + \cdots + a_n^2\sigma_n^2)$ に従う．

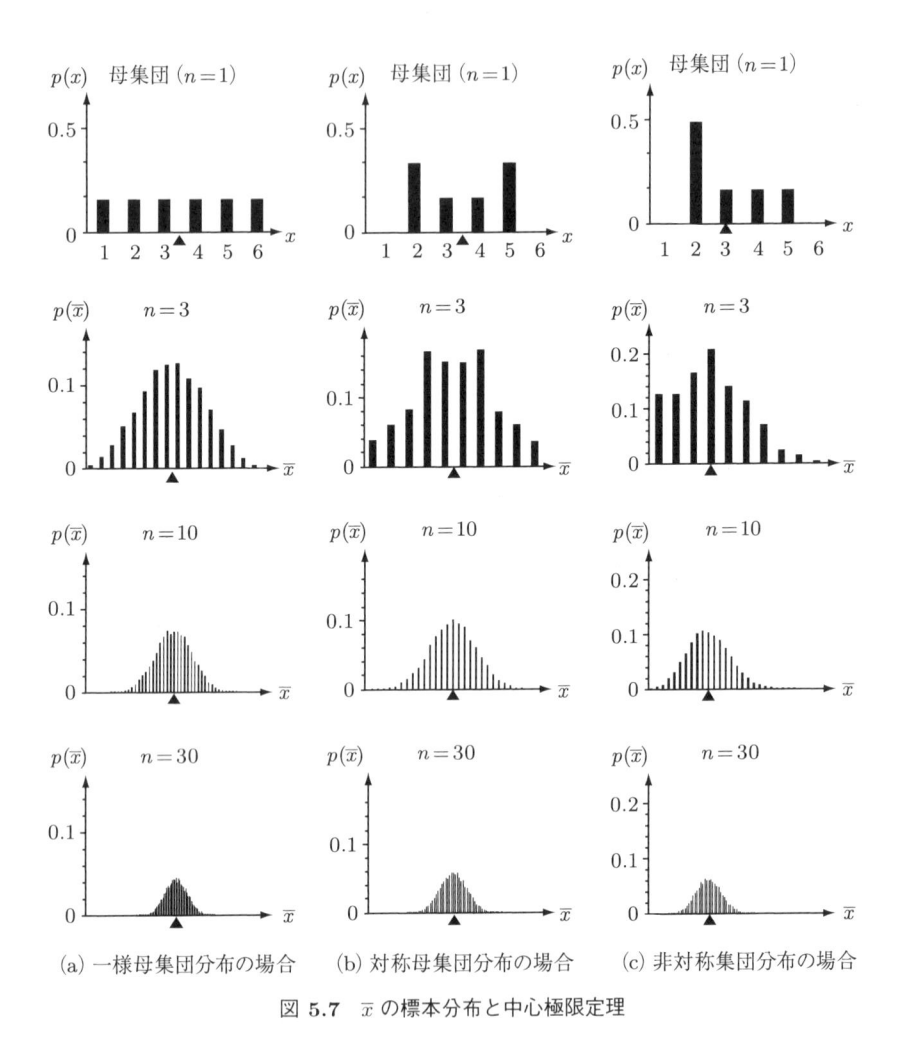

(a) 一様母集団分布の場合　(b) 対称母集団分布の場合　(c) 非対称集団分布の場合

図 5.7 $\bar{x}$ の標本分布と中心極限定理

の分布に従っているものとする．中心極限定理によれば，母集団の中から無作為に選んだ n 人の学生の体重の平均（標本平均）は，平均 μ, 分散 σ^2/n の正規分布 $N(\mu, \sigma^2/n)$ に従うということである．

いま，標本平均の標本分布を利用して母平均について調べるための 2 つの極端

な方法を考えてみよう．1つ目は，標本の大きさ n を非常に大きくした $(n \to \infty)$ 場合である．この場合，母集団を構成するどの個体もほぼ同じ回数だけ抽出されるので，この大きな標本の平均は母集団の平均と完全に一致することになる．このことは，中心極限定理において，$n \to \infty$ とした場合に標本平均の分布が $N(\mu, 0)$ となることに相当する．2つ目は，標本の数を非常に多くした場合である．適当な大きさ n の標本を非常にたくさん抽出し，各標本の標本平均を調べて頻度分布を描けばどうなるだろうか．中心極限定理によれば，その頻度分布は平均 μ，分散 σ^2/n の正規分布 $N(\mu, \sigma^2/n)$ に近づく．

こうした方法を用いれば，母数についてかなり正確に知ることができる．しかし，いずれの方法も極端であり，調査に要する費用，時間，労力を考えれば現実に採用することは不可能である．では，より効率的に母数について調べるにはどうしたらよいだろうか？　それは，次章以降のテーマである．

練習問題　5.4

あるパン屋では，製造したコッペパンから毎日 10 個を標本として無作為抽出してその重さの平均を測定していたところ，長い間に標本平均は，正規分布 $N(95.0, 0.9)$ に従っていることがわかった．このパン屋で製造されるコッペパン全体を母集団としたとき，その母平均，母分散はいくらか？

解答

母平均 μ，母分散 σ^2 と表す．中心極限定理より，標本平均の標本分布は正規分布 $N(\mu, \sigma^2/n)$ に従っている．いま，標本平均の標本分布が $N(95.0, 0.9)$ であることがわかっているから，母平均 $\mu = 95.0(\mathrm{g})$，母分散 $\sigma^2 = 9.0(\mathrm{g}^2)$ である．

5.6 代表的な標本分布†

本節では，実際の統計分析で役に立ついくつかの特別な標本分布について紹介する．これらの分布は次章以降で改めて登場することになる．

5.6.1 t 分布

これまでに，母集団が正規分布に従う場合，あるいは標本サイズ n が大きい場合には近似的に，標本平均 $\bar{x}$ に関する統計量 $z = \frac{\bar{x}-\mu}{\sigma/\sqrt{n}}$ が標準正規分布に従うことを説明した．いま母分散 σ^2 が既知であるとすれば，この性質を利用することによって，標本平均 $\bar{x}$ から母平均 μ についての推論を行うことができる．しかし，母平均 μ が未知であるのに，母分散 σ^2 が既知であるという状況は考えにくい．通常は，母分散 σ^2 も未知であり，推論には標本から得られる統計量を用いざるを得ない．そこで，σ の代わりに標本分散の平方根 $\hat{\sigma}$ を用いた t 統計量

$$t = \frac{\bar{x} - \mu}{\hat{\sigma}/\sqrt{n}} \tag{5.8}$$

を考える．標本サイズが n のとき，t 統計量は標準正規分布ではなく，**自由度 $n-1$ の t 分布**に従うことが知られている．自由度が 1 減じられるのは，標本分散 $\hat{\sigma}^2$ に含まれる n 個の偏差 $x_i - \bar{x}$ の自由度が $n-1$ であるからである．t 分布は自由度 n が与えられると分布形が一意に決まり，そのときの平均は 0，分散は $n/(n-2)$ ($n \geq 3$ の場合) である．また，自由度 n の大きさによって分布の形は異なり（図 5.8），標準正規分布と似ているものの，t 分布の方が裾野が長い点に特徴がある．さらに，$n \to \infty$ のときに t 分布は標準正規分布と一致する．

自由度 n の **t 分布**の確率密度関数は，以下のように定義される．

$$f(t) = \frac{\Gamma\left(\frac{n+1}{2}\right)}{\sqrt{n\pi}\,\Gamma\left(\frac{n}{2}\right)} \left(1 + \frac{t^2}{n}\right)^{-\frac{n+1}{2}} \quad (n \geq 1) \tag{5.9}$$

5.6. 代表的な標本分布

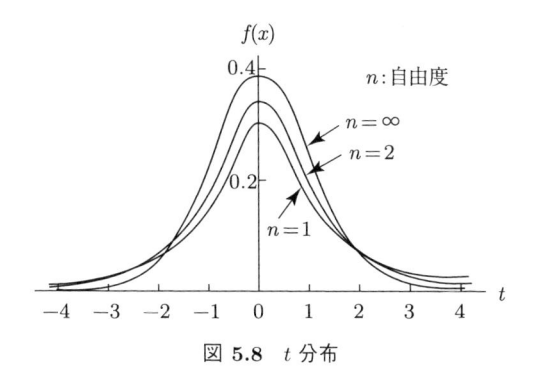

図 5.8 t 分布

ただし，$\Gamma(\cdot)$ はガンマ関数[2]と呼ばれる関数である．次章以降で詳しく説明するが，t 分布は母平均の推定や検定の際に用いられる重要な分布である．ただし，実際の分析では，確率密度関数を直接的には扱わず，正規分布の場合と同様の数表が用いられる．したがって，確率密度関数を暗記する必要は特段ない．

5.6.2 χ^2 分布（カイ 2 乗分布）

母集団の分散 σ^2 について推論を行う際に役立つ標本分布について述べる．母集団が正規分布 $N(\mu, \sigma^2)$ に従うとする．仮に，母平均 μ が既知であるとしよ

---

[2]p を正の数とするとき，無限積分で定義された p の関数：

$$\Gamma(p) = \int_0^\infty x^{p-1} e^{-x} dx$$

をガンマ関数という．自然数 n について，以下の性質が成り立つ．

$$\Gamma(n+1) = n! \quad (n = 1, 2, \cdots)$$

$$\Gamma\left(\frac{n}{2}\right) = \begin{cases} \left(\frac{n}{2} - 1\right)! & (n：偶数) \\ \left(\frac{n}{2} - 1\right)\left(\frac{n}{2} - 2\right) \cdots \frac{1}{2}\sqrt{\pi} & (n：奇数) \end{cases}$$

う．このとき，母集団から無作為抽出された n 個の標本値 $x_1, \cdots, x_n$ とすれば，

$$\chi^2 = \sum_{i=1}^{n} \left(\frac{x_i - \mu}{\sigma}\right)^2 \tag{5.10}$$

は自由度 n の χ^2 分布に従う[3]．図 5.9 は，異なる自由度についての χ^2 分布の形を示している．

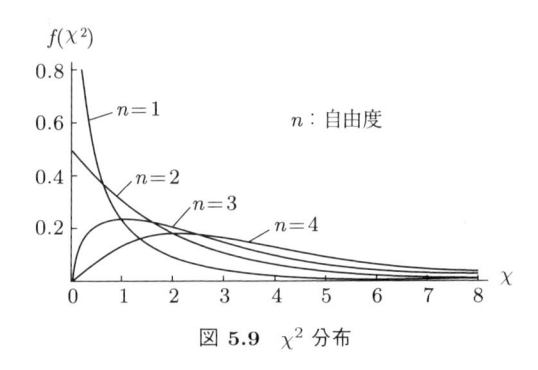

図 5.9 χ^2 分布

自由度 n の χ^2 分布の確率密度関数は，以下のように定義される．

$$f(\chi^2) = \frac{1}{2^{\frac{n}{2}} \Gamma\left(\frac{n}{2}\right)} (\chi^2)^{\frac{n}{2} - 1} \cdot e^{-\frac{\chi^2}{2}} \tag{5.11}$$

このとき，χ^2 の平均は n，分散は $2n$ である．

母平均 μ が未知であるとき，μ の代わりに標本平均 $\bar{x}$ を用いれば，

$$\chi^2 = \sum_{i=1}^{n} \left(\frac{x_i - \bar{x}}{\sigma}\right)^2 = \frac{(n-1)\hat{\sigma}^2}{\sigma^2} \tag{5.12}$$

は自由度 $n-1$ の χ^2 分布に従う．自由度が $n-1$ となるのは，やはり $\hat{\sigma}^2$ の自由度が $n-1$ であるからである．

---

[3]標準正規分布 $N(0,1)$ から大きさ n の標本 $x_1, \cdots, x_n$ を無作為抽出したとき，$x = x_1^2 + \cdots + x_n^2$ は自由度 n の χ^2 分布に従う．

5.6. 代表的な標本分布

いま，式 (5.12) を変形して，母分散 σ^2 と標本分散 $\hat{\sigma}^2$ の比率

$$C^2 = \frac{\chi^2}{n-1} = \frac{\hat{\sigma}^2}{\sigma^2} \tag{5.13}$$

を考えよう．C^2 は修正 χ^2 と呼ばれる統計量であり，図 5.10 に示すように自由度毎に異なる分布形を持つ．標本分散 $\hat{\sigma}^2$ は不偏性をもつため，平均的に母分散 σ^2 と等しくなる．したがって，分布の平均は n に依らず常に 1 である．標本サイズ n が大きくなると，修正 χ^2 分布の形は対称的になり，正規分布に近づいていく．さらに，n が大きくなるにしたがって 1 のまわりに集中する度合いが高まり，$n \to \infty$ としたとき，C^2 は 1 に一致する．すなわち，標本分散 $\hat{\sigma}^2$ が母分散 σ^2 に一致する．これは，推定量の一致性と呼ばれる性質である．不偏性，一致性については，第 6 章で詳しく述べる．

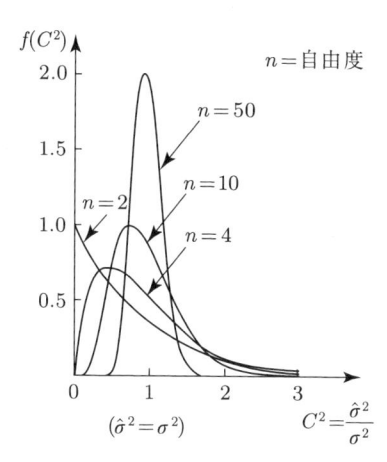

図 5.10　修正 χ^2 分布

5.6.3　F 分布

2 つの確率変数 v_1 と v_2 があり，互いに独立でそれぞれ自由度 n_1 および n_2 の χ^2 分布に従うとき，

$$F = \frac{v_1/n_1}{v_2/n_2} \tag{5.14}$$

の分布は **F 分布**といい，$F(n_1, n_2)$ と書く．自由度 n_1, n_2 を F 分布の確率密度関数は，以下のように定義される．

$$f(F) = \begin{cases} \dfrac{\Gamma\left(\frac{n_1+n_2}{2}\right)}{\Gamma\left(\frac{n_1}{2}\right)\Gamma\left(\frac{n_2}{2}\right)} \left(\dfrac{n_1}{n_2}\right)^{\frac{n_1}{2}} \dfrac{F^{\left(\frac{n_1}{2}-1\right)}}{\left(1+\frac{n_1}{n_2}F\right)^{\frac{n_1+n_2}{2}}} & (x > 0) \\ 0 & (x \leq 0) \end{cases} \tag{5.15}$$

図 5.11 は，自由度 $n_1, n_2 (= n_1)$ としたときの F 分布の形を示している．

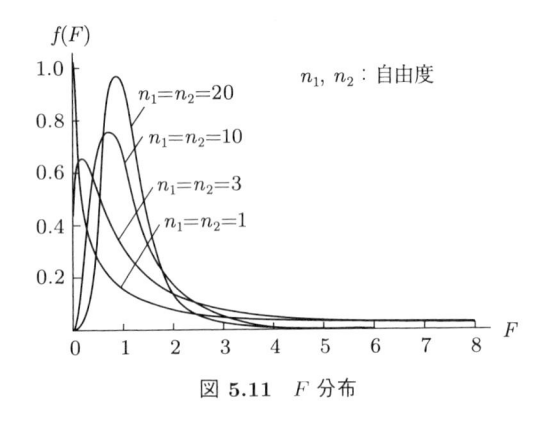

図 5.11 F 分布

2つの正規母集団 $N(\mu_1, \sigma_1^2)$ および $N(\mu_2, \sigma_2^2)$ があるとしよう．母集団 $N(\mu_1, \sigma_1^2)$ から抽出した大きさ n_1 の標本の標本分散が $\hat{\sigma}_1^2$ であるとき，$(n_1-1)\hat{\sigma}_1^2/\sigma_1^2$ は n_1-1 の χ^2 分布に従う．同様に，母集団 $N(\mu_2, \sigma_2^2)$ から抽出した大きさ n_2 の標本の標本分散が $\hat{\sigma}_2^2$ であるとき，$(n_2-1)\hat{\sigma}_2^2/\sigma_2^2$ は n_2-1 の χ^2 分布に従う．このとき，**F 統計量**は，両者の比によって

$$F = \frac{\hat{\sigma}_1^2/\sigma_1^2}{\hat{\sigma}_2^2/\sigma_2^2} \tag{5.16}$$

と定義され，自由度 (n_1-1, n_2-1) の F 分布に従って分布する．F 統計量は，2つの母集団の分散が等しいかどうかを検定する際に用いられる．

章末問題 5

(1) サイコロに関する以下の問いに答えよ．
  (a) 1回サイコロを振ったとき，サイコロの出る目の平均と分散を求めよ．
  (b) サイコロを10回振って出た目の（標本）平均をとる．標本平均の平均と標本平均の分散を求めよ．

(2) ある大学の確率統計学の講義における学生の期末試験の点数が正規分布 $N(72, 8^2)$ に従っているとする．
  (a) 試験結果から大きさ4の標本を無作為に抽出したとき，標本平均 $\overline{X}$ が従う分布を答えよ．また，その概略図を示せ．
  (b) 実際に無作為抽出の作業を3回行った結果，以下のような3つの標本が得られた．
      標本1: 68,74,81,70, 標本2: 66,78,63,72, 標本3: 81,74,76,89
    (i) 標本1,2,3の標本平均 $\overline{X}_1, \overline{X}_2, \overline{X}_3$ を求めよ．また，(a)で描いた図中に $\overline{X}_1, \overline{X}_2, \overline{X}_3$ を書き入れよ．
    (ii) 標本平均の値が $\overline{X}_3$ よりも大きな標本が抽出されることはどれくらい稀な出来事であるか．$P(\overline{X} \geq \overline{X}_3)$ を求めて確認せよ．

(3) ある専門家は内閣支持率は50％であると予想しているのに対し，ある新聞社が1000人を対象に世論調査を行ったところ内閣支持率は47％であった．専門家の内閣支持率の予想が真であると仮定する．内閣を「支持する」を1,「支持しない」を0と数値化して以下の問いに答えよ．
  (a) 標本比率の平均及び分散を求めよ．
  (b) 標本比率の標本分布が近似的に正規分布に従うと仮定して，標本比率が47％以下である確率を求めよ．

(4) ある高校の先生は毎年300人の生徒に対して100点満点の実力試験を行っており，試験問題は毎年同じ内容にしている．その先生は長年その試験問

題を生徒にやらせることにより，300人の平均点の平均は75点，平均点の標準偏差は0.4点であることが分かった．その高校に通う生徒全体を母集団としたとき，その母平均と母分散を求めよ．

(5) 母集団は母平均 $\mu = 66.17$ の正規分布に従う．大きさ10の標本を無作為に抽出したところ標本分散は $\hat{\sigma}^2 = 36$ であった．母分散が未知であるとき，標本平均が60以下である確率を求めよ．

第6章 推定

6.1 推定とは

推定とは，標本に基づいて母集団の性質はこれこれであるというように推論することである．推定には，点推定と区間推定がある．点推定とは，例えば，「母平均は○○である」というように，母数を最も良い単一の値で推定する考え方であり，区間推定は，「母平均は◇◇%の確率で○○の範囲にある」というように，母数がある確率で含まれる範囲を推定する考え方である．まずは，母平均 μ の区間推定について説明しよう．

6.2 母平均の区間推定

例 6.1：全国の男子大学生の体重の平均（母平均）について調べるために，標本として学生 16 人を無作為に抽出し体重を計測したところ，学生の体重の平均（標本平均）は $\bar{x} = 68.0$kg であった．このとき，母平均は何 kg から何 kg の範囲に含まれるといえるか？

区間推定とは母数が含まれていそうな区間を推定することである．その区間を**信頼区間** (confidence interval) という．信頼区間が極めて広ければ（例 6.1 で信頼区間を 0 kg から 100 kg とすれば），未知母数は当然その区間に含まれるだ

ろう．しかし，それではわざわざ推定を行う意味がない．一方で，信頼区間が極めて狭ければ（例 6.1 で 67.5 kg から 68.5 kg とすれば），未知母数がその区間から外れる可能性が高まり，推定結果の信頼性は低下してしまう．未知母数がその区間に含まれていると考えたとき，それが正しいと確信できる程度を **信頼係数** (confidence coefficient) という．区間推定では，予め信頼係数の値を定めた上で信頼区間を求めるという考え方を用いる．すなわち，母数がある確率で含まれる範囲を推定する考え方である．なお，信頼係数としては，90%，95%，99% といった値がよく用いられる．

区間推定を行うには，前章で説明した母集団分布と標本分布の間にある確率的関係を利用する．しかし，母集団分布について何がわかっていて，どのような未知母数を考えるかによって用いる標本分布が異なることに注意が必要である．以下では，準備として前章の復習を行ってから，母分散 σ^2 が既知の場合 (6.2.2) と σ^2 が未知の場合 (6.2.3) について順に説明していく．

6.2.1 準備

区間推定を理解するために必要な知識として，標本分布とその性質について復習しよう．

1. 標本平均 $\bar{x}$ をはじめとする標本統計量は確率変数であり，確率的に分布する．
2. 母集団の分布が正規分布 $N(\mu, \sigma^2)$ であるとき，そこからとられた大きさ n の無作為標本 $x_1, x_2, \cdots, x_n$ の平均値（標本平均）$\bar{x} = \frac{1}{n}(x_1 + x_2 + \cdots + x_n)$ の標本分布は正規分布 $N(\mu, \frac{\sigma^2}{n})$ である．したがって，$\bar{x}$ を標準化した変数 $z \equiv \frac{\bar{x} - \mu}{\sigma/\sqrt{n}}$ は，標準正規分布 $N(0, 1)$ に従う．
3. （中心極限定理）分布がどのようなものであっても，平均 μ，分散 σ^2 の母集団から無作為抽出された標本平均 $\bar{x}$ は，標本サイズ n が大きいとき，正規分布 $N(\mu, \frac{\sigma^2}{n})$ に従う（と近似できる）．また，$\bar{x}$ を標準化した変数 $z \equiv \frac{\bar{x} - \mu}{\sigma/\sqrt{n}}$ は，標準正規分布 $N(0, 1)$ に従う．

6.2. 母平均の区間推定

6.2.2 母分散が既知の場合

母平均 μ の推定を行うわけだから当然 μ の値は未知である．一方，何らかの情報により，母分散 σ^2 の値がわかっているとする．母平均がわからないのに，母分散を知っているという状況は幾分不自然に感じるかもしれないが，ひとまずそのような状況から説明を始めよう（母分散もわからない場合は次節で述べる）．

母集団が正規分布する場合，もしくは標本サイズ n が十分に大きい場合を考えよう．**準備**より，標本平均 $\bar{x}$ は $N(\mu, \frac{\sigma^2}{n})$ に従い，標準化された変数 $z = \frac{\bar{x}-\mu}{\sigma/\sqrt{n}}$ は $N(0,1)$ に従う．このとき，例えば $z = 10$，もしくは -10 といった非常に大きい，もしくは小さい z が実現することは極めて希な事象である．というのも，z は 95% の確率で区間 $[-1.96, 1.96]$ に含まれるからである（付表 1 参照）．すなわち，

$$\Pr\left\{-1.96 < z \equiv \frac{\bar{x}-\mu}{\sigma/\sqrt{n}} < 1.96\right\} = 0.95 \tag{6.1}$$

である（図 6.1）．

いま，式 (6.1) を $\bar{x}$ に関して書き直すと，

$$\Pr\left\{\mu - 1.96\frac{\sigma}{\sqrt{n}} < \bar{x} < \mu + 1.96\frac{\sigma}{\sqrt{n}}\right\} = 0.95 \tag{6.2}$$

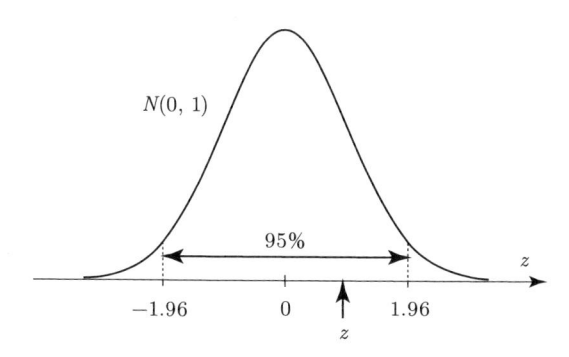

図 **6.1** z の分布 $N(0,1)$

と表すことができる.すなわち,標本平均 $\bar{x}$ は,95% の確率で区間 $[\mu-1.96\frac{\sigma}{\sqrt{n}}, \mu+1.96\frac{\sigma}{\sqrt{n}}]$(以下では,区間 **A** と呼ぶ)に含まれるはずである (図 6.2).

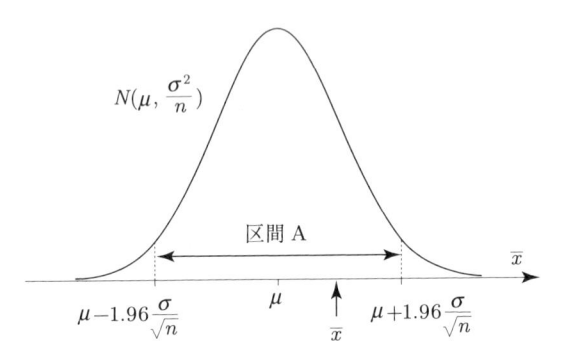

図 6.2 標本平均 $\bar{x}$ の標本分布 $N(\mu, \sigma^2/n)$

しかし,実際には,(区間 **A** の中心である)母平均 μ が未知な状態の下で標本平均 $\bar{x}$ のある実現値が観察される.このとき,この事象が 95% の確からしさで起こっているとすれば,μ はどのような範囲に含まれている必要があるだろうか? それは,図 6.3 のように標本平均の観測値 $\bar{x}$ が区間 **A** に含まれるような μ の範囲を考えればよい.図 6.3 において,左右の分布はともに標本平均 $\bar{x}$ の分布を表す.いま,左側の分布は,標本平均の観測値 $\bar{x}$ が区間 **A** の上端にある状況である.このときの分布の中心(平均)μ を下方信頼限界といい,$\underline{\mu}$ で表す.μ が $\underline{\mu}$ を下回った場合,$\bar{x}$ の分布は左方向にシフトし,$\bar{x}$ は区間 **A** から外れてしまう.逆に,右側の分布は,標本平均の観測値 $\bar{x}$ が区間 **A** の下端にある状況である.このときの μ を上方信頼限界といい,$\overline{\mu}$ で表す.μ が $\overline{\mu}$ を上回った場合,$\bar{x}$ の分布は右方向にシフトし,$\bar{x}$ はやはり区間 **A** の外に出てしまうことになる.

下方信頼限界 $\underline{\mu}$ および上方信頼限界 $\overline{\mu}$ は,式 (6.2) を μ について書き直すことによって得ることができる.

$$\Pr\left\{\bar{x} - 1.96\frac{\sigma}{\sqrt{n}} < \mu < \bar{x} + 1.96\frac{\sigma}{\sqrt{n}}\right\} = 0.95 \tag{6.3}$$

6.2. 母平均の区間推定

すなわち，標本平均の実現値 $\bar{x}$ の下で，未知の母平均 μ が区間 $[\underline{\mu}, \overline{\mu}] \equiv \left[\bar{x} - 1.96\dfrac{\sigma}{\sqrt{n}}, \bar{x} + 1.96\dfrac{\sigma}{\sqrt{n}}\right]$ にあることが 95% 確実であり，区間 $[\underline{\mu}, \overline{\mu}]$ を信頼係数 95% の信頼区間という．

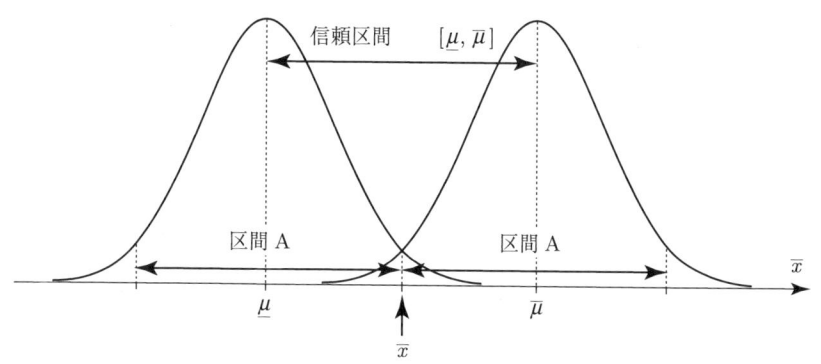

左側の分布は母平均が $\underline{\mu}$ のときの標本分布であり，右側の分布は $\overline{\mu}$ のときの標本分布である．

図 **6.3** 母平均 μ の 95% 信頼区間 $[\underline{\mu}, \overline{\mu}]$

例 6.1 のつづき（その 1）：大学生の体重の分散（母分散）が既知で，$\sigma^2 = (9.0\text{kg})^2$ であるとして信頼係数 95% の母平均の信頼区間を求めてみよう．

式 (6.3) に標本平均 $\bar{x} = 68.0$，母標準偏差 $\sigma = 9.0$，標本サイズ $n = 16$ を代入すれば，

$$\Pr\left\{68.0 - 1.96 \times \dfrac{9}{\sqrt{16}} < \mu < 68.0 + 1.96 \times \dfrac{9}{\sqrt{16}}\right\} = 0.95 \quad (6.4)$$

となる．したがって，信頼係数 95% の母平均の信頼区間は $[63.59, 72.41]$ である．

信頼係数が 95% の場合には，±1.96 という値を用いたが，例えば，90% や 99% の場合にはどの値を用いればよいだろうか？ 標準正規分布 $N(0,1)$ において z が 90%，あるいは 99% の確率でそれぞれ含まれる区間に対応した値を用いればよい．すなわち，90% の場合は ±1.645，99% の場合は ±2.576 である（付表 1 参照）．

練習問題　6.1

あるパン屋で製造されるコッペパンのうち，10 個を無作為に抽出して重さ（単位：g）を量ったところ，次の結果が得られた．

89.7　94.2　98.4　94.0　97.1　99.2　92.7　95.2　97.4　92.1

このパン屋で製造されるコッペパン全体を正規母集団と考え，母平均の信頼区間を信頼係数 95% で推定せよ．ただし，母分散は $\sigma^2 = 9.0$ であることがわかっているとする．また信頼係数を 90% とすると信頼区間はどうなるか？

解答

標本平均 $\bar{x}$ は，以下の通りである．

$$\bar{x} = (89.7 + 94.2 + 98.4 + 94.0 + 97.1 + 99.2 + 92.7 \\ + 95.2 + 97.4 + 92.1)/10 = 95.0$$

信頼係数 95% の場合：

標本サイズ $n = 10$, 標本平均 $\bar{x} = 95.0$, 母標準偏差 $\sigma = 3.0$ を式 (6.3) に代入すれば，下方信頼限界 $\underline{\mu}$, および上方信頼限界 $\bar{\mu}$ は，

$$\underline{\mu} \equiv \bar{x} - 1.96 \frac{\sigma}{\sqrt{n}} = 95.0 - 1.96 \times \frac{3.0}{\sqrt{10}} = 93.14$$

$$\bar{\mu} \equiv \bar{x} + 1.96 \frac{\sigma}{\sqrt{n}} = 95.0 + 1.96 \times \frac{3.0}{\sqrt{10}} = 96.86$$

となる．よって，母平均 μ の 95% 信頼区間 [93.1, 96.9] を得る．

信頼係数 90% の場合：

標準正規分布において中央に 90% の確率を含む区間は [−1.645, 1.645] であるから，式 (6.3) において，1.96 の代わりに 1.645 を用いればよい．信頼係数 90% の母平均の信頼区間は [93.4, 96.6] となる．

練習問題 6.1 からわかるように，信頼係数を上げる（下げる）と信頼区間は広く（狭く）なる．これは，信頼係数を上げると区間 **A** が広くなることからわ

6.2. 母平均の区間推定

かる．より直感的には，推定の間違いを減らすためには，その分区間を広く取る必要があるということである．

6.2.3 母分散が未知の場合

前項では，母平均 μ について推定を行うのに，母分散の値 σ^2 が既知である状況を想定した．母平均がわからないのに，母分散を知っているという状況はやはり不自然であり，現実には母分散も知らない場合がほとんどである．本項では，母分散 σ^2 の値が未知である場合の母平均の区間推定について説明する．

前項の式 (6.3) より母平均 μ の信頼区間を求める際には，母分散 σ^2 を知っている必要があった．したがって，σ^2 も未知である場合には，式 (6.3) をそのまま用いることができない．この場合，$z = \frac{\bar{x}-\mu}{\sigma/\sqrt{n}}$ において σ の代わりに，標本分散の平方根 $\hat{\sigma}$ を用いた t 統計量：

$$t = \frac{\bar{x} - \mu}{\hat{\sigma}/\sqrt{n}} \tag{6.5}$$

を使って区間推定を行う．

t 分布を用いれば，母分散 σ^2 の値がわからない場合でも母平均について推論を行うことができる（t 分布についての詳細は **5.6.1** を参照）．例えば，自由度 $n-1$ の t 分布において中央に 95% の確率を含む区間を $[-t_{0.025}(n-1), t_{0.025}(n-1)]$ と表そう．式 (6.1) において，z の代わりに t を，1.96 の代わりに $t_{0.025}(n-1)$ を用い，変形すれば，母平均 μ の 95% 信頼区間は以下のようになる．

$$\Pr\left\{\bar{x} - t_{0.025}(n-1)\frac{\hat{\sigma}}{\sqrt{n}} < \mu < \bar{x} + t_{0.025}(n-1)\frac{\hat{\sigma}}{\sqrt{n}}\right\} = 0.95 \tag{6.6}$$

式 (6.6) に標本サイズ n に基づく $t_{0.025}(n-1)$（付表 2 において自由度 $n-1$，$\alpha = 0.05$ に対応する値），及び観察された標本平均 $\bar{x}$ と標本分散の平方根 $\hat{\sigma}$ を代入すれば，具体的に信頼区間を求めることができる．図 6.4 は t 分布の自由度と 95% 信頼区間の関係を示している．自由度が大きくなるにつれてこの区間は小さくなり，次第に標準正規分布の区間 $[-1.96, 1.96]$ に近づく．

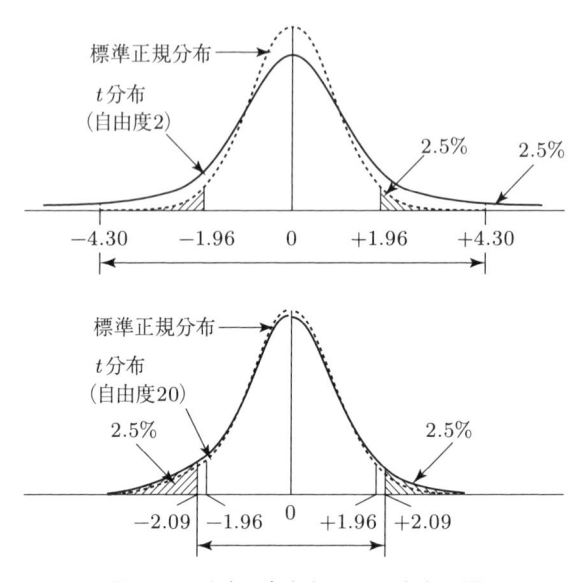

図 6.4　t 分布の自由度と 95% 信頼区間

例 6.1 のつづき（その 2）：先ほどは，母分散が既知であると想定したが，今度は母分散がわからない下で信頼係数 95% の母平均の信頼区間を求めよう．ただし，大学生の体重の標本分散を算出したところ，$\hat{\sigma}^2 = (8.8\text{kg})^2$ であったとする．

標本サイズは $n = 16$ であるから，t 統計量は自由度 15 の t 分布に従う．信頼係数は 95% だから，$t_{0.025}(15) = 2.131$ を用いればよい（付表 2 参照）．式 (6.6) に標本平均 $\bar{x} = 68.0$，標本標準偏差 $\hat{\sigma} = 8.8$，標本サイズ $n = 16$ を代入すれば，

$$\Pr\left\{68.0 - 2.131 \times \frac{8.8}{\sqrt{16}} < \mu < 68.0 + 2.131 \times \frac{8.8}{\sqrt{16}}\right\} = 0.95 \quad (6.7)$$

となる．したがって，信頼係数 95% の母平均の信頼区間は $[63.3, 72.7]$ である．この結果を例 6.1 のつづき（その 1）の推定結果と比較すれば，同じ信頼係数 95% の下で信頼区間が広くなっていることがわかる．これは，未知母数がひとつ（母分散 σ^2）増えたことにより，推定の精度が低下したことを意味している．

6.2. 母平均の区間推定

練習問題 6.2

練習問題 6.1 のコッペパンの標本から母分散が未知の下で母平均の信頼区間を信頼係数 95% で推定せよ．

解答

まず，標本分散 $\hat{\sigma}^2$ を求めよう．標本平均は $\bar{x} = 95.0$ であるから，

$$\begin{aligned}
\hat{\sigma}^2 = \{&(89.7 - 95.0)^2 + (94.2 - 95.0)^2 + (98.4 - 95.0)^2 \\
&+ (94.0 - 95.0)^2 + (97.1 - 95.0)^2 + (99.2 - 95.0)^2 \\
&+ (92.7 - 95.0)^2 + (95.2 - 95.0)^2 + (97.4 - 95.0)^2 \\
&+ (92.1 - 95.0)^2\}/9 = 9.20
\end{aligned} \tag{6.8}$$

となる (標本サイズ $n = 10$ でなく自由度 $n - 1 = 9$ で割ることに注意!!)．母分散が未知なので，t 分布を用いる．標本サイズは $n = 10$ より，t 統計量は自由度 9 の t 分布に従う．信頼係数が 95% の場合，$t_{0.025}(9) = 2.262$ を用いればよい (付表 2 参照)．以上の値を式 (6.6) に代入すれば，母平均の下方信頼限界 $\underline{\mu}$，および上方信頼限界 $\overline{\mu}$ は，

$$\underline{\mu} \equiv \bar{x} - 1.96\frac{\sigma}{\sqrt{n}} = 95.0 - 2.262 \times \sqrt{\frac{9.2}{10}} \fallingdotseq 92.8$$

$$\overline{\mu} \equiv \bar{x} - 1.96\frac{\sigma}{\sqrt{n}} = 95.0 + 2.262 \times \sqrt{\frac{9.2}{10}} \fallingdotseq 97.2$$

となる．よって，母平均 μ の 95% 信頼区間 $[92.8, 97.2]$ を得る．

6.3 比率の区間推定

例 6.2：ある大学では，学生 300 人を無作為抽出して通学手段を調査したところ，81 人がオートバイを用いて通学していることがわかった．大学全体でオートバイ通学をしている学生の比率はどの程度であろうか？

例 6.2 では，比率に関する区間推定を行えばよい．5.4.2 で述べたように，標本の大きさ n が大きいとき，標本比率 $\hat{p} = k/n$ の標本分布は近似的に正規分布 $N(p, pq/n)$ となる．ただし，$p\,(=1-q)$ は母比率を表し，k は n 回の観察（標本）のうち，着目する事柄が起こった回数（ここでは，オートバイ通学の学生数）を表す．また，$\hat{p}$ を標準化した変数

$$z = \frac{\hat{p} - p}{\sqrt{p(1-p)/n}} \tag{6.9}$$

は，$N(0,1)$ に従う．ここで，信頼係数 95% で母比率に関する区間推定を行おう．すなわち，標本から算出された z の観測値が ± 1.96 の範囲に含まれるような母比率 p の区間を求める問題である．

$$\Pr\left\{-1.96 < \frac{\hat{p} - p}{\sqrt{p(1-p)/n}} < 1.96\right\} = 0.95 \tag{6.10}$$

式 (6.10) には，母比率 p が分子だけでなく，分母にも現れていたため，これまでより少し複雑である．ここでは，近似的な推定法について説明する．分母に含まれる p の代わりに $\hat{p}$ を用いて，分子の p について整理すると，

$$\Pr\left\{\hat{p} - 1.96\sqrt{\frac{\hat{p}(1-\hat{p})}{n}} < p < \hat{p} + 1.96\sqrt{\frac{\hat{p}(1-\hat{p})}{n}}\right\} = 0.95 \tag{6.11}$$

となる[1]．したがって，母比率 p の 95% 信頼区間は，$[\underline{p}, \overline{p}] = [\hat{p} - 1.96\sqrt{\hat{p}(1-\hat{p})/n},$

6.3. 比率の区間推定

$\hat{p}+1.96\sqrt{\hat{p}(1-\hat{p})/n}]$ と表される.

例 6.2 において,信頼区間を信頼係数 95% で求めてみよう. $\hat{p}=81/300=0.27$ であるから,信頼係数 95% 信頼区間は $[\underline{p},\overline{p}]=[0.22,0.32]$ となる.

練習問題 6.3

ある新聞社では,無作為に抽出した有権者 1000 人を対象として世論調査を行ったところ,現在の内閣を支持すると答えた人は 550 人であった.内閣支持率の信頼区間を信頼係数 99% で推定せよ.

解答

標本比率 $\hat{p}=0.55$ である.99% の場合は,1.96 の代わりに 2.576 を用いて,

$$[\underline{p},\overline{p}]=[\hat{p}-2.576\sqrt{\hat{p}(1-\hat{p})/n},\hat{p}+2.576\sqrt{\hat{p}(1-\hat{p})/n}]$$
$$=[0.51,0.59]$$

となる.すなわち,内閣支持率は 51% から 59% の範囲に 99% の確率で含まれることがわかる.

---

[1] p を $\hat{p}$ で近似せずに直接信頼区間を求めることもできる.式 (6.10) の括弧内の不等式を整理すると,以下の二次不等式を得る.

$$f(p)=(n+3.84)p^2-(2n\hat{p}+3.84)p+n\hat{p}^2<0 \tag{6.12}$$

したがって,p の信頼区間は $f(p)=0$ の 2 つの根 p_1,p_2 ($p_1<p_2$) の間の区間 $[p_1,p_2]$ となる.

6.4 母分散の区間推定

次に，母分散の区間推定について述べる．なお，以下では，母集団分布を正規分布であると仮定し，母平均 μ も未知である場合を想定する．ここでは，標本サイズ n のとき，不偏分散 $\hat{\sigma}^2$ を用いた修正 χ^2：

$$C^2 = \frac{\hat{\sigma}^2}{\sigma^2} \tag{6.13}$$

が自由度 $n-1$ の修正 χ^2 分布に従う性質を利用する．例えば，自由度 $n-1$ の修正 χ^2 分布において中央に 95% の確率を含む区間を $[C^2_{0.975}(n-1), C^2_{0.025}(n-1)]$ と表せば（図 6.5 参照），母分散 σ^2 の 95% 信頼区間は以下のようになる．

$$\Pr\left\{\frac{\hat{\sigma}^2}{C^2_{0.025}(n-1)} < \sigma^2 < \frac{\hat{\sigma}^2}{C^2_{0.975}(n-1)}\right\} = 0.95 \tag{6.14}$$

式 (6.14) に標本サイズ n に基づく $C^2(n-1)$（付表 4 参照）と観察された標本分散 $\hat{\sigma}^2$ を代入すれば，具体的に信頼区間 $[\underline{\sigma}^2, \overline{\sigma}^2] = \left[\dfrac{\hat{\sigma}^2}{C^2_{0.025}(n-1)}, \dfrac{\hat{\sigma}^2}{C^2_{0.975}(n-1)}\right]$ を求めることができる．ただし，$\underline{\sigma}^2, \overline{\sigma}^2$ はそれぞれ母分散の下方信頼限界，上方信頼限界である．

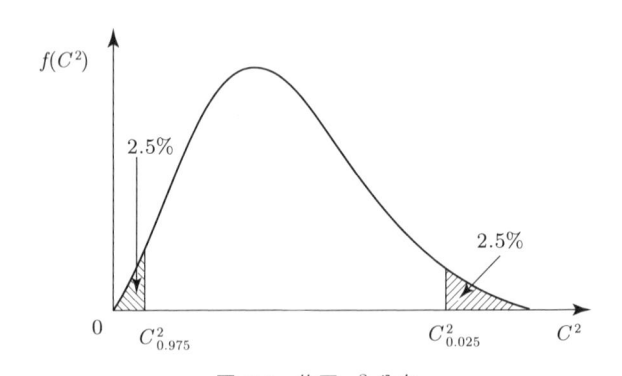

図 6.5 修正 χ^2 分布

例 6.3：例 6.1 において標本分散 $\hat{\sigma}^2 = (8.8\text{kg})^2$ の下で，母分散の信頼区間を

6.5. 点推定

信頼係数 95% で推定してみよう．

式 (6.14) の上式に標本サイズ $n = 16$, 標本分散 $\hat{\sigma}^2 = 8.8^2$, また付表 4 より $C^2_{0.975}(15) = 0.417$, $C^2_{0.025}(15) = 1.83$ を代入すれば，

$$\Pr\left\{\frac{8.8^2}{1.83} < \sigma^2 < \frac{8.8^2}{0.417}\right\} = 0.95 \tag{6.15}$$

となる．信頼係数 95% の母分散の信頼区間 $[\underline{\sigma}^2, \overline{\sigma}^2] = [42.3, 185.7]$ を得る．

練習問題 6.4

練習問題 6.1 のコッペパンの標本から，母分散の信頼区間を信頼係数 95% で推定せよ．

解答

式 (6.14) に上式に標本サイズ $n = 10$, 標本分散 $\hat{\sigma}^2 = 9.2$, また付表 4 より $C^2_{0.975}(9) = 0.30$, $C^2_{0.025}(9) = 2.11$ を代入すれば，

$$\underline{\sigma}^2 = \frac{\hat{\sigma}^2}{C^2_{0.025}(9)} = \frac{9.2}{2.11} = 4.36$$

$$\overline{\sigma}^2 = \frac{\hat{\sigma}^2}{C^2_{0.975}(9)} = \frac{9.2}{0.30} = 30.66$$

となる．信頼係数 95% の母分散の信頼区間 $[\underline{\sigma}^2, \overline{\sigma}^2] \fallingdotseq [4.4, 30.7]$ を得る．

6.5 点推定

区間推定は母数が含まれる区間を標本データから推定する考え方である．これに対して，母数を最も良い単一の値で推定しようとする考え方もある．そのような考え方が点推定 (point estimation) である．点推定において重要なのは，

最も良い推定値としてどのような値を選べばよいか．また推定値がどのような性質を持ったものであるべきかということである．

6.5.1 推定量と推定値

無数に存在する統計量の中で，対象とする母数の推定に適していると考えられる統計量をその母数の推定量と呼ぶ．推定量は確率変数である．一方，実現した標本を用いて実際に計量された推定量の値を推定値と呼ぶ．

点推定を行うとは，1) 望ましい推定量を選択し（例えば，母平均の推定量は標本平均，母分散の推定量は…），2) 実現した標本を用いて推定値を算出する（例えば，ある母集団から 3 つの独立な標本を抽出して，実現した標本として 1,2,4 を得たときの標本平均の推定値は 7/3）ことをいう．

6.5.2 推定量の性質と選択

いくつも考えられる推定量の候補から 1 つを選ぶためには，推定量として満たすべき望ましい性質について知っておく必要がある．推定量の性質は，標本の大きさに応じて次の 2 つに分類できる．一つは，どんな標本サイズにおいても成立する性質で小標本特性と呼ばれる．もう一つは，標本サイズを $n \to \infty$ と近似したときに成立する性質で漸近（大標本）特性と呼ばれる．なお，これらの分類は，推定に関する基本的な考え方及びそれに基づく推定方法と密接に関係している．推定方法についての詳細は，第 8 章及び第 9 章で述べる．

小標本特性

(a) 不偏性

不偏性とは，推定量の期待値が母数と等しくなる性質である．つまり，標本を何回も取り直して推定値を計算したとき，その平均値が母数と等しいという

6.5. 点推定

性質である．この性質を満たす推定量を**不偏推定量**と呼ぶ．

- 標本平均は母平均の不偏推定量である．

$$E[\overline{x}] = E\left[\frac{1}{n}\sum_{i=1}^{n}x_i\right] = \frac{1}{n}E[x_1 + x_2 + \cdots + x_n]$$

$$= \frac{1}{n}(E[x_1] + E[x_2] + \cdots + E[x_n]) = \frac{1}{n} \times n\mu = \mu \quad (6.16)$$

- 標本分散は母分散の不偏推定量である．

$$\hat{\sigma}^2 = \frac{1}{n-1}\sum_i (x_i - \overline{x})^2 = \frac{1}{n-1}\sum_{i=1}^{n}\{(x_i - \mu) - (\overline{x} - \mu)\}^2$$

$$= \frac{1}{n-1}\sum_{i=1}^{n}(x_i-\mu)^2 - 2\frac{1}{n-1}\sum_{i=1}^{n}(x_i-\mu)(\overline{x}-\mu) + \frac{n}{n-1}(\overline{x}-\mu)^2$$

$$= \frac{1}{n-1}\sum_{i=1}^{n}(x_i-\mu)^2 - \frac{n}{n-1}(\overline{x}-\mu)^2 \quad (6.17)$$

$E[(x_i-\mu)^2] = \sigma^2$, $E[(\overline{x}-\mu)^2] = \sigma^2/n$ を用い，標本分散の期待値をとると，

$$E[\hat{\sigma}^2] = \frac{n}{n-1}\sigma^2 - \frac{n}{n-1}\frac{\sigma^2}{n} = \sigma^2 \quad (6.18)$$

となる．よって，標本分散は不偏性を有する．標本分布は，平均からの偏差の平方和を自由度で除した統計量である．これに対して，平均からの偏差の平方和を標本サイズで割った統計量 $s^2 = \frac{1}{n}\sum_{i=1}^{n}(x_i - \overline{x})^2$ も考えることができる．しかし，この統計量の期待値は，母集団の分散 σ^2 を過小に推定するきらい (偏り) がある（$E[s^2] = \frac{n-1}{n}\sigma^2$）．すなわち，不偏性を有さない．

(b) 効率性（最小分散不偏性）

図 6.6 は，母数 θ に関する 2 つの不偏推定量 $\hat{\theta}_1$, $\hat{\theta}_2$ の標本分布を表している．母数 θ 周辺のより狭い範囲に分布している $\hat{\theta}_1$ の方が推定量として望ましいと考えることができる．

効率性（最小分散不偏性）とは，推定量の分散が他の推定量の分散よりも小さいという性質である．分散が小さいということは，母数に近い値を推定する

図 6.6 推定量の効率性

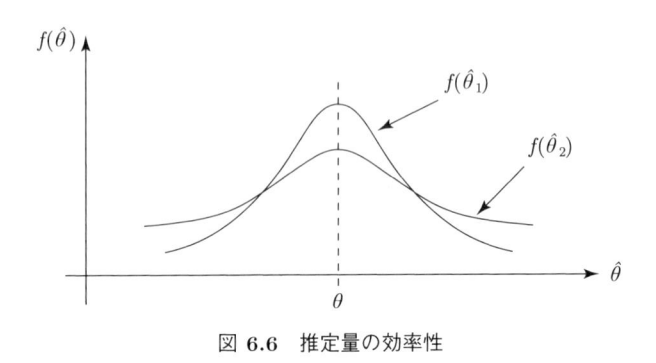

確率が高く，推定が効率的となる．このような推定量を**効率的な推定量**と表現する．

漸近特性

(a) 一致性

　一致性とは，標本サイズが大きくなると推定量が母数に近づく性質である．標本サイズが十分に大きくなる（$n \to \infty$）と，その1組の大標本から求めた推定量が母数以外の値になる確率が0となる（確率収束する）性質である．この性質を満たす推定量は**一致推定量**とよばれる．図6.7は，標本サイズ n が大きくなるにつれて，一致推定量の標本分布が母数周りに近づく様子を表している．

- 標本平均は一致推定量である．

　大数の法則によって確認できる．母集団の平均 μ，分散 σ^2 が有限であれば，無作為標本 $\{x_1, x_2, \cdots, x_n\}$ の標本平均 $\bar{x}$ は，任意の正数 δ に対して $n \to \infty$ のとき，

$$P\{|\bar{x} - \mu| > \delta\} \to 0 \tag{6.19}$$

となる．すなわち，$\bar{x}$ は μ に確率収束する（詳細は，第3章を参照せよ）．

- 標本分散は一致推定量である．なお，本書のレベルを超えるので証明は省略する．

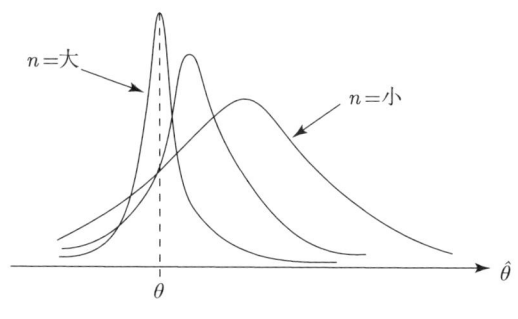

図 6.7 推定量の一致性

(b) 漸近正規性

大標本における推定量の近似的な標本分布を漸近分布といい，漸近分布が正規分布となる性質を漸近正規性という．なお，標本平均は漸近正規性を満たす（証明は省略する）．

(c) 漸近有効性

漸近正規性を満たす推定量の中で漸近分布の分散が最小となる性質を漸近有効性という．

章末問題 6

(1) あるリンゴ農家が出荷前のリンゴ 16 個を無作為に選び，その重さを測定したところ，平均が $\bar{x} = 312$ (g) であった．なお，農園で栽培されるリンゴの重さは正規分布 $N(\mu, \sigma^2)$ に従い，母分散が $\sigma^2 = 576$ (g^2) とわかっているとする．以下の問いに答えよ．

  (a) 標本平均 $\bar{x}$ の標本分布を答えよ．
  (b) 母平均の信頼区間を信頼係数 95% および 90% で推定せよ．
  (c) 信頼係数 95% の場合と 90% の場合の信頼区間はどちらが広いか？また，その理由を述べよ．

(2) ある街において広さ約 75 m² のマンション 16 戸を無作為に選び価格を調べたところ，平均 $\bar{x}$ は 2150 万円であり，標本分散 $\hat{\sigma}^2$ は $(280\text{ 万円})^2$ であった．この街の広さ約 75 m² のマンションの平均価格を信頼係数 95% で区間推定せよ．

(3) 製薬会社 A は，新薬の効果を調べるために無作為に抽出した患者 500 人に新薬を投与したところ，380 人の患者に効果が発現した．新薬によって効果が得られる患者の比率を信頼係数 90% および 95% で区間推定せよ．

(4) ある工場では無作為に抽出した製品 25 個の重さを調べたところ，標本分散 $\hat{\sigma}^2 = 36.0(\text{g}^2)$ であった．製品重量の分散を信頼係数 99% で区間推定せよ．

(5) ある菓子工場で製造したクッキーをランダムに 10 枚取り出して重さ（単位：g）を測定したところ，以下の結果を得た．
    8.9, 10.2, 10.1, 9.3, 8.8, 10.9, 9.0, 9.8, 10.0, 12.0
製造されるクッキーの全体を正規母集団と考え，以下の問いに答えよ．
(a) クッキー 1 枚の重さの 95% 信頼区間を求めよ．
(b) クッキーの重さについて，分散の 95% 信頼区間を求めよ．

第7章 検定

7.1 検定とは

7.1.1 基本的な考え方

例 7.1：スポーツ用品メーカーの A 社は主力商品であるシューズの広告を定期的に雑誌に掲載している．シューズの月間販売量は図 7.1 のように分布しており，販売量が 1800 足以上であった月は全体の 5%，2000 足以上であった月は 1%であることがわかっている．

　A 社は販売促進のため広告の掲載頻度を 2 倍に変更したところ，翌月の販売量は 1900 足であった．広告の頻度変更の効果があったといえるだろうか？

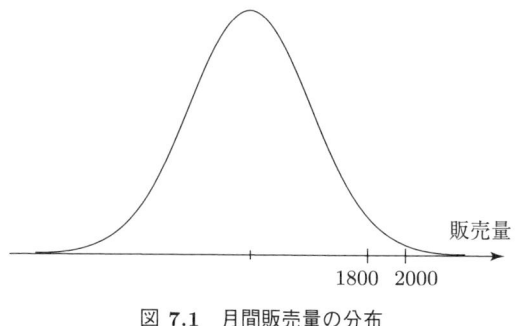

図 7.1　月間販売量の分布

また，月間販売量が何個以上だったら，新しい広告の効果があったと考えるのが妥当だろうか？

このような判断を支援するための概念が**検定** (test) である．検定とは，分析対象に関する考え方を仮説としてたてたときに，実際のデータを用いて，その考え方の妥当性を検証しようとする手続きである．推定と同様に，検定の場合も仮説が絶対に正しいとはいえない．ある規準を設けて，その規準の下で仮説の真偽を議論する．

母集団の分布についての何らかの仮定を**仮説**といい，H で表す（H は仮説を意味する英単語 hypothesis の頭文字である）．たてた仮説を**採択**する（正しいとみなす）か**棄却**する（正しくないとみなす）かを，標本をもとに判断する規準を**有意水準** (level of significance) といい，α で表す．1つの統計的仮説のもとで，ある事象の起こる確率が α 以下であるとする．つまり，その事象はあまり起こらない．ところが，標本値をもとに計算した結果，その事象が起こっていた場合，あまり起こるはずのないことが実現したという理由から仮説が正しくなかったと判断し，仮説を棄却する．仮説が棄却されるとき，検定が有意であるという．逆に，その事象が起こらなかった場合には，仮説が正しかったと判断し，仮説を採択する．ただし，**仮説が採択されることは，「仮説が正しい」ことではなく，「仮説が正しくないとはいえない」ことを意味する**．なお，有意水準 α はその時々で自由に設定しても構わないが，一般的には 1%, 5% などが用いられる．

例 7.1 のつづき：統計的仮説として，H_0：「広告頻度の変更による効果はない」をたてる．有意水準を 5% とすると，もし月間販売量が 1800 足以上なら H_0 は棄却され，1800 足以下なら採択される．いま問題とする翌月の販売量は，1900 足なので棄却される．すなわち，広告頻度の変更による効果はあるといっても，**間違っている危険性は 5% しかなく**，95% 正しいのである．

しかし，有意水準を 1% とすると，H_0 は採択される（棄却されない）．すなわち，効果がないことを否定できない．仮説の成立にとって，仮説が正しいと

7.1. 検定とは

言い難い領域を**棄却域** (reject region; R) と呼び，仮説が正しいと肯定できる領域を**採択域** (acceptance region; A) と呼ぶ．図 7.2 には，有意水準 5%, 1% の場合の棄却域及び採択域を示した．

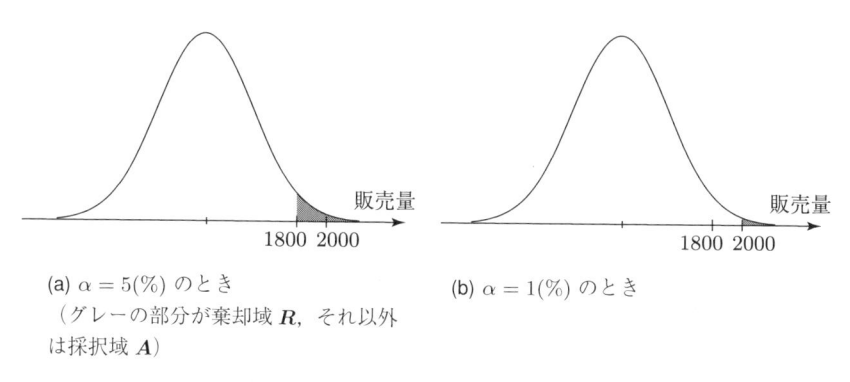

(a) $\alpha = 5(\%)$ のとき
（グレーの部分が棄却域 R，それ以外は採択域 A）

(b) $\alpha = 1(\%)$ のとき

図 **7.2** 棄却域 R と採択域 A

7.1.2 帰無仮説と対立仮説

仮説には，**帰無仮説** (null hypothesis) と，帰無仮説の逆の内容を持つ**対立仮説** (alternative hypothesis) のペアがある．帰無仮説とは，仮説が棄却されるときに意味を持つような仮説であり，棄却されなければ仮説は無に帰する．すなわち無意味になる．例 7.1 において，仮説 H_0:「広告頻度の変更による効果はない」は帰無仮説である．有意水準 5% のときのように仮説が棄却できる場合，広告頻度の変更による効果はあると（5% 程度間違っているかもしれないが）はっきりと主張できる．一方，先ほど述べたように，仮説が採択されることは，「仮説が正しい」ことではなく，「仮説が正しくないとはいえない」ことを意味する．これは，二重否定であって肯定とは異なる点に注意が必要である．例 7.1 において有意水準 1% のとき，仮説は採択される．このとき，広告頻度の変更による効果があるどうかは実際のところわからない．このように，帰無仮説が採択

されたときには，それだけで仮説が正しいか正しくないかの結論を出すことはできない．

一方，帰無仮説 H_0 が正しくないときに成立する仮説が対立仮説 H_1 である．例 7.1 において，対立仮説は H_1：「広告頻度の変更による効果はある」となる．

7.1.3 検定における誤り

検定には，正しい仮説を棄却してしまう**第 1 種の誤り**と誤った仮説を採択してしまう**第 2 種の誤り**という 2 種類の誤りが常につきまとう（表 7.1）．

表 7.1　2 種類の誤り

		母集団の真の状態	
		仮説 H_0 正	仮説 H_0 誤
検定の結論	仮説 H_0 を採択	正	第 2 種の誤り
	仮説 H_0 を棄却	第 1 種の誤り	正

帰無仮説 H_0 が正しいにも関わらず棄却してしまうことは，第 1 種の誤りである．例 7.1 においては，広告頻度の変更による効果がなくとも，販売量が 1,900 足になる可能性があるのにそうではないと誤った判断をしてしまうことである．有意水準 α と第 1 種の誤りが起こる確率は同義である．

$$\text{第 1 種の誤りの確率} = \Pr\{T_0 \in \boldsymbol{R}|H_0\text{が正しい}\} = \alpha$$

ただし，T_0 は統計量 T の観察値とする．一方，帰無仮説 H_0 が正しくない，すなわち，対立仮説 H_1 が正しいにも関わらず H_0 を採択してしまうことは，第 2 種の誤りである．例 7.1 においては，広告頻度の変更による効果があるのに，誤って効果はないと判断してしまうことである．対立仮説 H_1 を特定化することによって，第 2 種の誤りの確率は以下のように表される．

$$\text{第 2 種の誤りの確率} = \Pr\{T_0 \in \boldsymbol{A}|H_1\text{が正しい}(H_0\text{が正しくない})\} = \beta$$

7.1. 検定とは

図 7.3 には，第 1 種の誤りの確率 α と第 2 種の誤りの確率 β を図示した．図の左側の分布は，帰無仮説 H_0 が正しい場合の分布を，右側は対立仮説が正しい場合の分布を表す．これらの 2 種類の誤りは，一方を小さくしようとすれば他方は必ず大きくなってしまうという関係にあり，両者を同時に小さくすることはできない．なお，例 7.1 の場合では，左側は図 7.1 に示されるこれまでの月間販売量の分布である．右側は広告頻度の変更による効果がある場合の販売量の分布であるが，実際には十分なデータがないため分布を特定することは困難であろう．説明の便宜上，図 7.3 では H_1 に関する分布を明示的に示しているが，この例のように分布に関する十分な情報を持ち得ない場合も少なくない．しかし，上述した 2 種類の誤りの関係は常に概念として成立している．

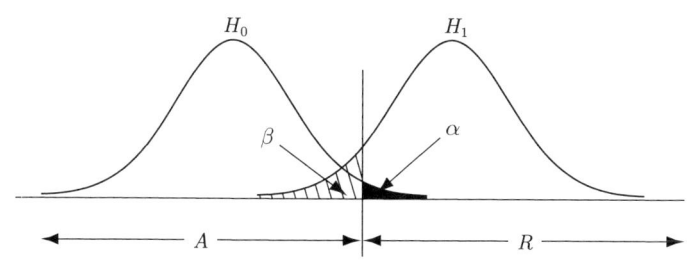

図 **7.3** 第 1 種の誤りの確率 α と第 2 種の誤りの確率 β

7.1.4 片側検定と両側検定

帰無仮説を検定するとき，常に対立仮説の存在を仮定する．どのような対立仮説をたてるかは問題によって異なる．例えば，帰無仮説 H_0 が「母平均 $\mu = 2.0$ である」という場合，対立仮説 H_1 として「$\mu > 2.0$」や「$\mu < 2.0$」とおく検定法を**片側検定** (one-tailed test) という．また，「$\mu \neq 2.0$」のように単に H_0 の否定をおく検定法を**両側検定** (two-tailed test) という．対立仮説を特に示さないときは，両側検定すなわち帰無仮説の否定を対立仮説とするのが一般的である．

7.1.5 検定の手順

この節の最後に，検定の手順を示そう．
 i) 帰無仮説および対立仮説をたてる．
 ii) 仮説を検定するために適当な統計量（**検定統計量**）を定める．
 iii) 有意水準を決定する．
 iv) 帰無仮説のもとでの検定統計量の分布にもとづき，有意水準に対応する棄却域 R を求める．
 v) 観察されたデータを用いて，検定統計量の標本値を計算する．
 vi) 計算された検定統計量の標本値が棄却域 R に入るときは，帰無仮説を棄却する．採択域 A に入るときは，帰無仮説を棄却できない．

次節以降では，検定の対象となる母数ごとに説明を進めていくが，具体的な検定の作業はいずれの場合も上記の手順に従って行う．特に，最初のうちはこの手順をそのまま覚えて用いるのが良いだろう．

7.2　1つの母集団に関する検定

7.2.1　母平均の検定

母平均の検定は，母集団の平均値 μ がある特定の値 μ_0 に等しいといえるかどうかを調べることである．母集団から抽出した大きさ n の標本からつくった標本平均 $\bar{x}$ をもとにして，帰無仮説 H_0：「母平均 $\mu = \mu_0$」を検定する．有意水準 α に対して検定統計量の標本値が棄却域にあれば，H_0 を棄却する．なお，対立仮説としては，特に示さない限り帰無仮説の否定とする．

母分散が既知の場合

母集団が正規分布する場合，もしくは標本サイズ n が十分に大きい場合を想

7.2. 1つの母集団に関する検定

定しよう．したがって，標本平均 $\bar{x}$ は $N(\mu, \frac{\sigma^2}{n})$ に従い，標準化された変数 z は $N(0,1)$ に従う．母分散 σ^2 が既知であるならば，検定統計量の分布として（標準）正規分布を用いて検定を行う．

例 7.2：先ほどの例 7.1 において，月間販売量の分布（図 7.1）が平均 $\mu = 1200$，分散 $\sigma^2 = 360^2$ の正規分布に従うものとしよう．いま，半年（6ヶ月）間にわたって広告頻度を 2 倍にした結果，その間の月間販売量の平均は 1500 足であった．このとき，広告頻度の変更による効果があったどうかについて，有意水準 5% 及び 1% として検定を行ってみよう．

まず，有意水準 5% の場合について，7.1.5 の手順に従って検定を行おう．
i) 帰無仮説 H_0 として，「広告頻度の変更による効果はない」，すなわち「変更後の母平均が変更前と同じである $(\mu = 1200)$」とおく．一方，対立仮説 H_1 としては，「広告頻度の変更による効果がある」，すなわち「変更後の母平均が変更前よりも大きい $(\mu > 1200)$」とおく．したがって，片側検定である．
ii) 母集団が正規分布に従うことから，標本平均 $\bar{x}$ は正規分布 $N(\mu, \sigma^2/n)$ に従うことがわかる．したがって，標準化した変数 $z \equiv \frac{\bar{x}-\mu}{\sigma/\sqrt{n}}$ は，標準正規分布 $N(0,1)$ に従う．
iii) 有意水準は 5% とする．
iv) 標準正規分布の右端の面積が 5% となる z の値は，図 7.4(a) より，$z = 1.645$ である．したがって，棄却域 R は $z > 1.645$ である．
v) 観測データより，半年間なので標本の大きさ $n = 6$，標本平均 $\bar{x} = 1500$ である．したがって，標本値は以下の通り．

$$\bar{z} = \frac{1500 - 1200}{360/\sqrt{6}} = 2.04$$

vi) $\bar{z} > 1.645$ より，この標本値は棄却域 R にある．したがって，帰無仮説 H_0 は棄却される（広告頻度の変更による効果はある）．

有意水準 1% の場合においても，検定の手順は 5% の場合とほぼ同様である．手順 iv) において，図 7.4(b) より，棄却域 R は $z > 2.326$ となるから，手順 vi) において，標本値は採択域 A に含まれる．したがって，仮説 H_0 は棄却されず，広告頻度の変更による効果はあるとはいえないと結論付けられる．

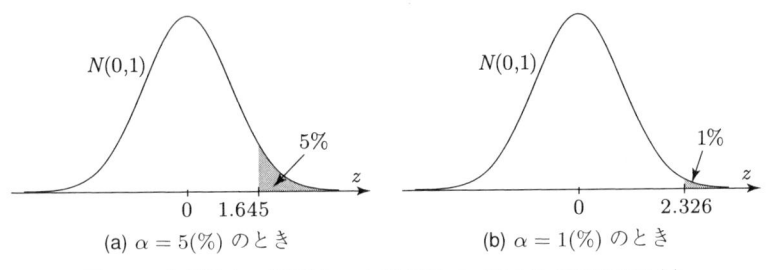

(a) $\alpha = 5(\%)$ のとき (b) $\alpha = 1(\%)$ のとき

図 **7.4** 片側検定の採択域 A と棄却域 R（母分散が既知の場合）

練習問題 7.1

サッカーボールの重さは，M 社の規格で 430 g となっている．いま，A 社製のサッカーボール 10 個の重さを量ったところ，以下の通りであった（単位：g）．

436　452　425　428　433　426　441　448　446　435

M 社で製造されるサッカーボールの重さが正規分布に従うものとして，製品が規格からずれているかどうか，有意水準 5% 及び 1% で検定せよ．ただし，ボールの重さの母分散は $\sigma^2 = 8^2$ であることがわかっているものとする．

解答

7.1.5 の手順に従って検定を行う．

i) 帰無仮説として H_0：「$\mu = 430$」，対立仮説として H_1：「$\mu \neq 430$」とおく．すなわち，両側検定である．

ii) 母集団が正規分布に従うことから,標本平均 $\bar{x}$ は正規分布 $N(\mu, \sigma^2/n)$ に従うことがわかる.したがって,標準化した変数 $z \equiv \frac{\bar{x}-\mu}{\sigma/\sqrt{n}}$ は,標準正規分布 $N(0,1)$ に従う.
iii) 有意水準は 5% (1%) とする.
iv) 標準正規分布の両端の面積の和が 5% (1%) となる z の値は,図 7.5 より,$z = 1.96 (2.576)$ である.したがって,棄却域 R は $z < -1.96(-2.576)$ 及び $z > 1.96(2.576)$ である.
v) 観測データより,標本平均は $\bar{x} = 437$ である.したがって,標本値は以下の通り.

$$\bar{z} = \frac{437 - 430}{8/\sqrt{10}} = 2.77$$

vi) $\bar{z} > 1.96(2.576)$ より,この標本値は棄却域 R にある.したがって,有意水準 5%,1% のいずれの場合も帰無仮説 H_0 は棄却される(規格からずれているといえる).

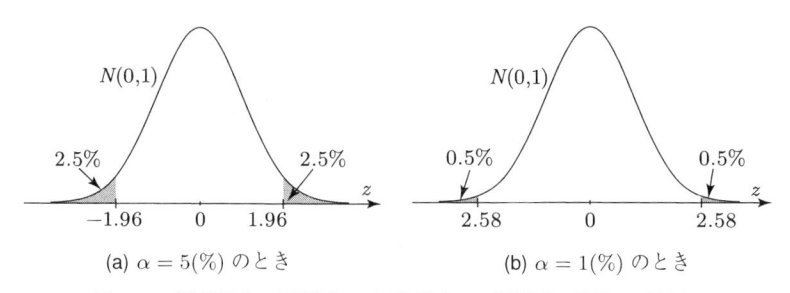

(a) $\alpha = 5(\%)$ のとき (b) $\alpha = 1(\%)$ のとき

図 **7.5** 両側検定の採択域 A と棄却域 R(母分散が既知の場合)

母分散が未知の場合

母分散 σ^2 が未知である場合には,z を用いることができない.区間推定と同様に $z = \frac{\bar{x}-\mu}{\sigma/\sqrt{n}}$ において σ の代わりに不偏性を満足する標本分散の平方根 $\hat{\sigma}$ を用いた t 統計量:

$$t = \frac{\bar{x} - \mu}{\hat{\sigma}/\sqrt{n}} \tag{7.1}$$

を使って検定を行う.ただし,標本分散は $\hat{\sigma}^2 = \frac{1}{n-1}\sum_{i=1}^{n}(X_i - \bar{x})^2$ である.標本の大きさが n のとき,t 統計量は標準正規分布ではなく,自由度 $n-1$ の

t 分布に従う．正規分布ではなく，t 分布を用いることによって生じる相違点は，正規分布の場合に用いられる 1.64（片側検定，$\alpha = 5\%$），1.96（両側検定，$\alpha = 5\%$），2.33（片側検定，$\alpha = 1\%$），2.58（両側検定，$\alpha = 1\%$）というような数値の代わりに，それぞれ t 分布の $t_{0.05}(n-1)$, $t_{0.025}(n-1)$, $t_{0.01}(n-1)$, $t_{0.005}(n-1)$ の値を用いることである．この検定は，**t 検定**と呼ばれる．

練習問題 7.2

練習問題 7.1 において，ボールの重さの母分散が未知であった場合に製品が規格からずれているかどうかを有意水準 1% で検定せよ．

解答

7.1.5 の手順に従って検定を行う．

i) 練習問題 7.1 と同様に，帰無仮説として H_0：「$\mu = 430$」，対立仮説として H_1：「$\mu \neq 430$」とおく．すなわち，両側検定である．

ii) 母集団が正規分布に従うことから，標本平均 $\bar{x}$ は正規分布 $N(\mu, \sigma^2/n)$ に従うことがわかる．しかし，母分散 σ^2 が未知であるから t 統計量を用いる．標本サイズ $n = 10$ より，t 統計量は自由度 9 の t 分布に従う．

iii) 有意水準は 1% とする．

iv) 自由度 9 の t 分布の両端の面積の和が 1% となる t の値は付表 2 より $t_{0.005}(9) = 3.25$ である．したがって，棄却域 R は $t < -3.25$ 及び $t > 3.25$ である．

v) 観測データより，標本平均は $\bar{x} = 437$，標本分散は $\hat{\sigma}^2 = \sum_i (x_i - \bar{x})^2 / (n-1) = 90$ である．したがって，標本値は

$$\bar{t} = \frac{437 - 430}{3\sqrt{10}/\sqrt{10}} = 2.33$$

となる．

vi) $\bar{t} < 3.25$ より，この標本値は採択域 A にある．したがって，帰無仮説 H_0 は棄却されない（規格からずれているとはいえない）．

7.2. 1つの母集団に関する検定

7.2.2 比率の検定

二項分布の性質に基づいた比率の検定法について説明する．母比率が p であるとする．5.4.2 で述べたように，標本の大きさが n であるとき，標本比率 $\hat{p} = k/n$ の標本分布は，二項分布を用いて，

$$P\left(\hat{p} = \frac{k}{n}\right) = P(K = k) = \binom{n}{k} p^k (1-p)^{n-k} \tag{7.2}$$

と表される．二項分布の平均 $E[K] = np$, 分散 $V[K] = np(1-p)$ より，標本比率 $\hat{p}$ の平均値および分散は，

$$E[\hat{p}] = E\left[\frac{K}{n}\right] = \frac{1}{n} E[K] = p \tag{7.3}$$

$$V[\hat{p}] = V\left[\frac{K}{n}\right] = \frac{1}{n^2} V[K] = \frac{p(1-p)}{n} \tag{7.4}$$

となる．いま，標本の大きさ n が十分に大きい場合，比率の標本分布は正規分布 $N(p, p(1-p)/n)$ と近似できる．

練習問題 7.3

コインを 100 回投げたとき，59 回表が出た．このコインは表が出やすいかどうかを有意水準 5% で検定せよ．

解答

7.1.5 の手順に従って検定を行う．

i) 帰無仮説として，H_0:「表の出る確率 $p_0 = 1/2$」をたてる．コインが表が出やすいかどうかを問題としているため，対立仮説として，H_1:「$p_0 > 1/2$」とおく．すなわち，片側検定である．

ii) 仮説 H_0 のもとで，コインの表が出る回数を X とすると，X は $n = 100, p_0 = 1/2$ の二項分布に従う．二項分布の平均は $\mu = np_0 = 50$, 分散は $\sigma^2 = np_0(1-p_0) = 100 \times 1/2 \times 1/2 = 5^2$ である．ここで，標本比率 $\hat{p} = X/n$ の平均・分散は，

$$E[\hat{p}] = \frac{\mu}{n} = p_0 = 1/2$$

$$V[\hat{p}] = \frac{\sigma^2}{n^2} = \frac{p_0(1-p_0)}{n} = (0.05)^2$$

となる．いま，n が十分に大きいから標本比率 $\hat{p}$ の標本分布は，正規分布 $N\left(p_0, \frac{p_0(1-p_0)}{n}\right)$ と近似できる．したがって，標準化した変数 $z \equiv \frac{\hat{p}-p_0}{\sqrt{p_0(1-p_0)/n}} = \frac{\hat{p}-0.50}{0.05}$ は，標準正規分布 $N(0,1)$ に従う．

iii) 有意水準を 5% とする．

iv) 標準正規分布の両端の面積の和が 5% となる z の値は，図 7.5 より，$z = 1.645$ である．したがって，棄却域 R は $z < -1.645$ 及び $z > 1.645$ である．

v) 観測データ $\hat{p} = 59/100 = 0.59$ より，標本値は $\bar{z} = (0.59 - 0.50)/0.05 = 1.8$ となる．

vi) $\bar{z} > 1.645$ より，この標本値は棄却域 R にある．したがって，帰無仮説 H_0 は棄却される．すなわち，コインは表が出やすい．

7.2.3 母分散の検定

母分散の検定は，標本分散 $\hat{\sigma}^2$ をもとにして**母集団の分散 σ がある特定の値 σ_0 に等しい**といえるかどうかを調べることである．ここで，母集団は正規分布と仮定する．標本サイズ n のとき，標本分散 $\hat{\sigma}^2$ を用いた修正 χ^2：

$$C^2 = \frac{\hat{\sigma}^2}{\sigma^2} \tag{7.5}$$

が自由度 $n-1$ の修正 χ^2 分布に従う性質を利用する．

例 7.3：ある工場では，製品重量の分散 σ^2 を 2.5 (g^2) 以内に抑えるように品質管理を行っている．いま，25 個の標本をとって標本分散を計算したところ $\hat{\sigma}^2 = 4.0$ であった．有意水準 5% として，製品が適切に品質管理されているか検定せよ．また，有意水準 1% のときはどうか？

7.1.5 の手順に従って検定を行う．これまでとの違いは，手順 ii) において，標本分布として修正 χ^2 分布を用いる点である．

i) 帰無仮説として H_0：「$\sigma^2 = 2.5$」，対立仮説としては分散が大きい場合を想定する．したがって，H_1：「$\sigma^2 > 2.5$」とおく．すなわち，片側検定である．
ii) 標本サイズ $n = 25$ より，$C^2 = \hat{\sigma}^2/\sigma^2$ は自由度 $n-1 = 24$ の修正 χ^2 分布に従う．
iii) 有意水準は 5% とする．
iv) 自由度 24 の修正 χ^2 分布の片端の面積が 5% となる C^2 の値は付表 4 より $C^2_{0.05}(24) = 1.52$ である．したがって，棄却域 R は $C^2 > 1.52$ である．
v) 観測データより，標本値は

$$\bar{C}^2 = \frac{\hat{\sigma}^2}{\sigma^2} = 1.60$$

となる．

vi) $\bar{C}^2 > 1.52$ より，この標本値は棄却域 R にある．したがって，帰無仮説 H_0 は棄却される．すなわち，製品の品質管理は適切とはいえない．一方，有意水準 1% の場合，$C^2_{0.01}(24) = 1.79$ である．$\bar{C}^2 < 1.79$ より，仮説 H_0 は棄却されない．したがって，製品の品質管理が適切でないとはいえない．

練習問題 7.4

練習問題 7.1 において，サッカーボールの重さの分散が未知であるとして，その分散 σ^2 が $45(\text{g}^2)$ 以下であるといえるか，有意水準 5% で検定せよ．

解答

7.1.5 の手順に従って検定を行う．
i) 帰無仮説として H_0：「$\sigma^2 = 45$」，対立仮説としては分散が大きい場合を想定する．したがって，H_1：「$\sigma^2 > 45$」とおく．すなわち，片側検定である．
ii) 標本サイズ $n = 10$ より，$C^2 = \hat{\sigma}^2/\sigma^2$ は自由度 $n-1 = 9$ の修正 χ^2 分布に従う．

iii) 有意水準は 5% とする．
iv) 自由度 9 の修正 χ^2 分布の片端の面積が 5% となる C^2 の値は付表 4 より $C^2_{0.05}(9) = 1.88$ である．したがって，棄却域 R は $C^2 > 1.88$ である．
v) 観測データより，標本分散は $\hat{\sigma}^2 = 90$ であるから標本値は

$$\bar{C}^2 = \frac{\hat{\sigma}^2}{\sigma^2} = 2.0$$

となる．

vi) $\bar{C}^2 > 1.88$ より，この標本値は棄却域 R にある．したがって，帰無仮説 H_0 は棄却され，製造されるボールの重さの分散 σ^2 は 45(g^2) より大きいといえる．

7.3　2 つの母集団に関する検定†

7.3.1　母平均の差の検定

2 つの母集団から抽出した標本の標本平均を基にして，母平均の差についての仮説の検定を行うことができる．

母分散が既知の場合

いま，2 つの母集団があり，それぞれの平均および分散を μ_1, μ_2 および σ_1^2, σ_2^2 とする．それぞれの母集団から独立に大きさ n_1 および n_2 の標本をとり，それぞれの標本平均を $\bar{x}_1$ および $\bar{x}_2$ とする．母集団が正規分布する場合，もしくは標本サイズ n_1 および n_2 が十分に大きい場合を想定しよう．このとき，2 つの標本平均の差 $\bar{x}_1 - \bar{x}_2$ という統計量は，次の平均および分散をもって正規分布をする．

$$\mu = \mu_1 - \mu_2 \tag{7.6}$$

7.3. 2つの母集団に関する検定

$$\sigma^2 = \frac{\sigma_1^2}{n_1} + \frac{\sigma_2^2}{n_2} \tag{7.7}$$

したがって,

$$z = \frac{\bar{x}_1 - \bar{x}_2 - (\mu_1 - \mu_2)}{\sqrt{\frac{\sigma_1^2}{n_1} + \frac{\sigma_2^2}{n_2}}} \tag{7.8}$$

は標準正規分布 $N(0,1)$ に従う.その上で,帰無仮説として,H_0:「$\mu = \mu_1 - \mu_2 = 0$」,対立仮説として H_1:「$\mu = \mu_1 - \mu_2 \neq 0$」とおき,7.1.5 の手順に従って検定を行えばよい.

練習問題 7.5

はちみつを 1,000 g 入りのびんに詰める機械が 2 台ある.経験によれば,詰めたはちみつの内容量は正規分布し,その標準偏差はそれぞれ $\sigma_1 = 10\mathrm{mg}$, $\sigma_2 = 20\mathrm{mg}$ であることがわかっている.いま,それぞれの機械で 100 びんずつ詰めたとき,一方の機械による内容量の標本平均は $\bar{x}_1 = 996\mathrm{mg}$, 他方の機械による内容量の標本平均は $\bar{x}_2 = 1006\mathrm{mg}$ であった.2 つの機械で詰められる薬の内容量の平均 μ_1, μ_2 は等しいかどうか,有意水準 1% で検定せよ.

解答

7.1.5 の手順に従って検定を行う.

i) 帰無仮説として H_0:「$\mu_1 - \mu_2 = 0$」,対立仮説として H_1:「$\mu_1 - \mu_2 \neq 0$」とおく.すなわち,両側検定である.

ii) 母集団が正規分布に従うことから,式 (7.8) のように標準化された変数 z は標準正規分布 $N(0,1)$ に従う.

iii) 有意水準は 1% とする.

iv) 標準正規分布の両端の面積の和が 1% となる z の値は $z = 2.576$ である.したがって,棄却域 R は $z < -2.576$ 及び $z > 2.576$ である.

v) 観測データより, 標本値は

$$\bar{z} = \frac{1006 - 996}{\sqrt{(10)^2/50 + (20)^2/50}} = 3.16 \tag{7.9}$$

となる.

vi) $\bar{z} > 2.58$ より, この標本値は棄却域 R にある. したがって, 帰無仮説 H_0 は棄却される. すなわち, 2つの機械で詰められたびんの内容量の平均は等しいとはいえない.

母分散が同じで未知の場合

母分散が未知の場合, 標本平均の差の標本分布として正規分布を用いることはできない. いま, 母集団が正規分布をし, もしくは標本サイズ n_1 および n_2 が十分に大きく, そして分散が等しい $(\sigma_1^2 = \sigma_2^2)$ とき, t 分布を利用して検定することができる. このとき,

$$t = \frac{\bar{x}_1 - \bar{x}_2 - (\mu_1 - \mu_2)}{\sqrt{\dfrac{(n_1-1)\hat{\sigma}_1^2 + (n_2-1)\hat{\sigma}_2^2}{n_1+n_2-2}}\sqrt{\dfrac{1}{n_1}+\dfrac{1}{n_2}}} \tag{7.10}$$

が自由度 n_1+n_2-2 の t 分布に従うことを利用する.[1]

---

[1] 式 (7.10) は一見複雑であるが, 次のように理解すればよい. 式 (7.7) において, $\sigma_1^2 = \sigma_2^2$ とすれば,

$$\sigma^2 = \sigma_1^2 \left(\frac{1}{n_1} + \frac{1}{n_2} \right)$$

である. 式 (7.8) において, 2つの母集団に共通な分散 $\sigma_1^2 (=\sigma_2^2)$ を両方の標本をプールして推定した値

$$\frac{(n_1-1)\hat{\sigma}_1^2 + (n_2-1)\hat{\sigma}_2^2}{n_1+n_2-2}$$

を代わりに用いれば, 式 (7.10) を得る. なお, 上記の推定値は以下のように導くことができる.
$\hat{\sigma}_1^2 = \frac{1}{n_1-1}\sum_{i=1}^{n_1}(X_{1i}-\bar{x}_1)^2$, $\hat{\sigma}_2^2 = \frac{1}{n_2-1}\sum_{i=1}^{n_2}(X_{2i}-\bar{x}_2)^2$ であるから, $(n_1-1)\hat{\sigma}_1^2 + (n_2-1)\hat{\sigma}_2^2 = \sum_{i=1}^{n_1}(X_{1i}-\bar{x}_1)^2 + \sum_{i=1}^{n_2}(X_{2i}-\bar{x}_2)^2$ である. ここで, 最後の式の右辺第1項の自由度が n_1-1, 第2項の自由度が n_2-1 であり, 全体の自由度はそれらの和 n_1+n_2-2 であるから, $(n_1-1)\hat{\sigma}_1^2 + (n_2-1)\hat{\sigma}_2^2$ を自由度 n_1+n_2-2 で割ることによって, $\sigma_1^2 (=\sigma_2^2)$ の推定値を得る.

7.3.2 比率の差の検定

2つの母集団の間で,ある特性を持っているものの割合に差があるかどうかという問題を考える.例えば,男性の有権者と女性の有権者との間で内閣の支持率が異なるかどうかという問題である.支持率調査の結果,仮に差があったとするとき,その差が2つの母集団の間の本質的な差から生じたものか,あるいはたまたまなのかを判断するための検定法について説明する.

まず,比率の差はどのような標本分布に従うだろうか.いま,2つの母集団があり,それぞれ母数 p_1 および p_2 をもつとする.それぞれから大きさ n_1 および n_2 の標本をとって観察した結果,標本比率 $\hat{p}_1 = X_1/n_1$ および $\hat{p}_2 = X_2/n_2$ を得たとする.このとき,標本比率の差

$$\hat{p}_1 - \hat{p}_2 = \frac{X_1}{n_1} - \frac{X_2}{n_2} \tag{7.11}$$

の平均 μ および分散 σ^2 は,p_1, p_2 が独立な確率変数であることから定理 2.2 より,

$$\mu = p_1 - p_2 \tag{7.12}$$

$$\sigma^2 = \frac{p_1(1-p_1)}{n_1} + \frac{p_2(1-p_2)}{n_2} \tag{7.13}$$

となる.n_1, n_2 が十分に大きいならば,比率の差は近似的に正規分布 $N\left(p_1 - p_2, \frac{p_1(1-p_1)}{n_1} + \frac{p_2(1-p_2)}{n_2}\right)$ に従う.

続いて,2つの母集団における比率 p_1 および p_2 の間に差があるかどうかの検定法を説明しよう.

i) 帰無仮説として,H_0:「比率に差はない $(p_1 = p_2 = p)$」をたてる.対立仮説として,H_1:「比率に差がある $(p_1 \neq p_2)$」とおく.すなわち,両側検定である.

ii) 帰無仮説 H_0 の下では,比率の差は近似的に正規分布 $N\left(0, p(1-p)\left\{\frac{1}{n_1} + \frac{1}{n_2}\right\}\right)$ に従うことから,標準化した変数

$$z \equiv \frac{\hat{p}_1 - \hat{p}_2}{\sqrt{p(1-p)\left(\frac{1}{n_1} + \frac{1}{n_2}\right)}} \tag{7.14}$$

は，標準正規分布 $N(0,1)$ に従う．ただし，p の値が不明のため，式 (7.14) をそのまま計算することができない．そこで，p の値の代わりに両方の標本を一緒に（プール）して計算した p の推定値

$$\hat{p} = \frac{X_1 + X_2}{n_1 + n_2} \tag{7.15}$$

を用いる．

iii)–iv) はこれまでと同様の手順で行えばよい．また，対立仮説として H_1：「$p_1 > p_2$」または，「$p_1 < p_2$」とおく場合には，片側検定となる．

練習問題 7.6

大学のある講義を男子学生 100 人，女子学生 80 人が履修している．そのうち，講義の単位を取得できたのは，男子学生が 76 人，女子学生が 68 人であった．単位を取得した学生の割合が男子と女子で差があるといえるかを，有意水準 5% で検定せよ．

解答

7.1.5 の手順に従って検定を行う．なお，男子学生の割合を p_1，女子学生の割合を p_2 と表す．

i) 帰無仮説として H_0：「男子と女子の間で割合に差がない ($p_1 = p_2 = p$)」，対立仮説として H_1：「$p_1 \neq p_2$」とおく．すなわち，両側検定である．

ii) 比率の差は近似的に正規分布 $N\left(0, p(1-p)\left\{\frac{1}{n_1} + \frac{1}{n_2}\right\}\right)$ に従う．したがって，標準化した変数

$$z \equiv \frac{\hat{p}_1 - \hat{p}_2}{\sqrt{p(1-p)\left(\frac{1}{n_1} + \frac{1}{n_2}\right)}}$$

は，標準正規分布 $N(0,1)$ に従う．なお，p の推定値

$$\hat{p} = \frac{76 + 68}{100 + 80} = 0.8$$

を用いる．

iii) 有意水準を 5% とする．
iv) 標準正規分布の両端の面積の和が 5% となる z の値は $z = 1.96$ である．したがって，棄却域 $\boldsymbol{R}$ は $z < -1.96$ 及び $z > 1.96$ である．
v) 観測データより，標本値は

$$\bar{z} = \frac{\frac{76}{100} - \frac{68}{80}}{\sqrt{0.8(1-0.8)\left(\frac{1}{100} + \frac{1}{80}\right)}} = -1.5$$

となる．

vi) $-1.96 < \bar{z} < 1.96$ より，この標本値は採択域 $\boldsymbol{A}$ にある．したがって，有意水準 5% のもとでは，帰無仮説 H_0 を棄却できず，男子と女子の間で単位取得できた割合に差があるとはいえない．

7.3.3 母分散の比の検定

2 つの正規母集団 $N(\mu_1, \sigma_1^2)$ および $N(\mu_2, \sigma_2^2)$ があり，それらの母分散が異なっているかどうかという問題を考えてみよう．帰無仮説 H_0 として，「2 つの母集団の母分散が等しい」，すなわち「$\sigma_1^2 = \sigma_2^2 = \sigma^2$」をおき，対立仮説 H_1 としては，「どちらか一方の分散がもう一方より大きい」，すなわち「$\sigma_1^2 \neq \sigma_2^2$」とおく．母集団 $N(\mu_1, \sigma_1^2)$ から抽出した大きさ n_1 の標本の標本分散が $\hat{\sigma}_1^2$ であるとき，$(n_1 - 1)\hat{\sigma}_1^2/\sigma_1^2$ は自由度 $n_1 - 1$ の χ^2 分布に従う．同様に，母集団 $N(\mu_2, \sigma_2^2)$ から抽出した大きさ n_2 の標本の標本分散が $\hat{\sigma}_2^2$ であるとき，$(n_2 - 1)\hat{\sigma}_2^2/\sigma_2^2$ は自由度 $n_2 - 1$ の χ^2 分布に従う．このとき，F 統計量は，両者の比によって

$$F = \frac{\hat{\sigma}_1^2/\sigma_1^2}{\hat{\sigma}_2^2/\sigma_2^2} \tag{7.16}$$

と定義され，自由度 $(n_1 - 1, n_2 - 1)$ の F 分布に従って分布する．

ここでは，帰無仮説 H_0 において $\sigma_1^2 = \sigma_2^2 = \sigma^2$ であるから，式 (7.16) から σ^2 が消えて，$F = \hat{\sigma}_1^2/\hat{\sigma}_2^2$ となり，F 統計量は標本分散比になる．

練習問題 7.7

ある電機メーカー2社が製造した充電式電池10本ずつに対して,繰り返し使用回数を調べたところ,それぞれの標本分散が $\hat{\sigma}_1^2 = 11236$ (回^2), $\hat{\sigma}_1^2 = 3600$ (回^2) であった.2社の製造する充電式電池の使用回数がそれぞれ正規分布 $N(\mu_1, \sigma_1^2)$, $N(\mu_2, \sigma_2^2)$ に従うものとして,2社間で分散に差があるかどうか,有意水準5%で検定せよ.

解答

7.1.5 の手順に従って検定を行う.

i) 帰無仮説として H_0:「分散に差がない $(\sigma_1^2 = \sigma_2^2 = \sigma^2)$」,対立仮説として H_1:「$\sigma_1^2 \neq \sigma_2^2$」とおく.

ii) 標本サイズ $n_1 = n_2 = 10$ より, $F = \hat{\sigma}_1^2/\hat{\sigma}_2^2$ は,自由度 $(9,9)$ の F 分布に従って分布する.

iii) 有意水準を 5% とする.

iv) 自由度 $(9,9)$ の F 分布の右端の面積が5%となる F の値は付表5より $F_9^9(0.05) = 3.18$ である.したがって,棄却域 R は $F > 3.18$ である.

v) 観測データより,標本値は

$$\bar{F} = \frac{11236}{3600} = 3.12$$

となる.

vi) $\bar{z} < 3.18$ より,この標本値は採択 A にある.したがって,有意水準5%のもとでは,帰無仮説 H_0 は棄却されず,2社の製造する充電池には使用回数の分散に差があるといえない.

7.4 適合度と独立性の検定†

7.4.1 分布の適合度（当てはまり）の検定

例 7.4：ある地域において，1000世帯を対象に世帯人員数に関する調査を実施したところ表7.2のような結果を得た．表中の数字はこの地域における世帯人員数ごとの観測度数を表している．また，同表には，国勢調査で既に明らかとなっている全国における分布から算出した期待度数もあわせて示されている．この地域の世帯人員数の分布は全国の分布と一致しているといえるだろうか？

表 7.2 世帯人員数の観測度数と期待度数

世帯人員数	1人	2人	3人	4人	5人	6人以上	合計
観測度数	263	269	202	164	64	38	1000
期待度数	312	271	185	149	52	31	1000

この例のように，調査や実験において経験的に観測された度数分布がある特定の分布に当てはまっているかどうかが問題となることがしばしばある．他にも例えば，例3.3においてサッカーの得点数がポアソン分布に従うか否かも同様の問題といえる．以下では，χ^2分布を用いた分布の適合度（当てはまり）に関する検定について説明する．

まず，帰無仮説として，H_0：「経験的分布がある特定の分布に当てはまっている」とおく．個体はm個の値を取り得る[2]，標本サイズはNであるとする（例7.4では$m=6, N=1000$である）．経験的分布および検定の対象となる分布もともに度数分布で表されており，それぞれの分布において，値kの度数をf_kおよびf_k^* $(k=1,2,\cdots,m)$とすると，$\sum_{k=1}^m f_k = \sum_{k=1}^m f_k^* = N$が成り立つ．このとき，帰無仮説$H_0$の下で，検定統計量$Q$：

---

[2] 連続分布の場合はある幅で区切ったm個の区間が相当する．

$$Q = \frac{(f_1 - f_1^*)^2}{f_1^*} + \frac{(f_2 - f_2^*)^2}{f_2^*} + \cdots + \frac{(f_m - f_m^*)^2}{f_m^*}$$
$$= \sum_{k=1}^{m} \frac{(f_k - f_k^*)^2}{f_k^*} \tag{7.17}$$

が自由度 $m-1$ の χ^2 分布に従うことが知られている．自由度が $m-1$ となるのは，標本サイズの制約 $\sum_{k=1}^{m} f_k = N$ があるため，m 個の度数 f_k のうちその値を自由に決定できるのは $m-1$ 個だけだからである．式 (7.17) からもわかるように2つの分布が一致しているならば，分子はゼロに近づき，Q の値は小さくなる．逆に，Q の値が非常に大きい場合，両者が一致しているという仮説 H_0 は支持されないことを意味する．具体的には，有意水準 $\alpha\%$ を定め，自由度 $m-1$ の χ^2 分布における棄却域 $\mathbf{R}$ に観測データから求めた標本値 $\overline{Q}$ が含まれるか否かを調べればよい．

練習問題 7.8

例 7.4 において，この地域の世帯人員数の分布が全国の分布と一致しているといえるかを有意水準 5% で検定せよ．

解答

7.1.5 の手順に従って検定を行う．

i) 帰無仮説として H_0：「両分布は一致する」，対立仮説として H_1：「両分布は一致しない」とおく．

ii) $m=6$ より，式 (7.17) の統計量 Q は自由度 5 の χ^2 分布に従う．

iii) 有意水準を 5% とする．

iv) 自由度 5 の χ^2 分布の右端の面積が 5% となる Q の値は，付表 3 より $Q_{0.05}(5) = 11.1$ である．したがって，棄却域 $\mathbf{R}$ は $Q > 11.1$ である．

v) 観測データより，標本値は

$$\overline{Q} = \frac{49^2}{312} + \frac{2^2}{271} + \frac{17^2}{185} + \frac{15^2}{149} + \frac{12^2}{52} + \frac{7^2}{31} = 15.13$$

7.4. 適合度と独立性の検定

となる.

vi) $\bar{Q} > 11.1$ より,この標本値は棄却域 $\mathbf{R}$ にある.したがって,帰無仮説 H_0 は棄却され,この地域の世帯人員数の分布は全国の分布と一致していないと判断できる.

7.4.2 独立性の検定

例 7.5:ある大学の学科で学生 200 人を対象に眼鏡を使用しているか否かについて調べたところ,結果は表 7.3 の通りであった.男女で眼鏡の使用率に違いがあるといえるだろうか?

表 **7.3** 性別と眼鏡の使用

	使用 (B_1)	不使用 (B_2)	計
男子 (A_1)	54	66	120
女子 (A_2)	28	52	80
計	82	118	200

表 7.3 のように,観察されたデータを 2 つの性質(要因)について分類し,行と列に分けて整理したものを分割表という.ここでは,分割表の 2 つの性質が独立である(無関係である)かどうかを判断するための検定方法について説明する.独立性に関する検定では,先ほど説明した適合度に関する検定の考え方を応用する.

全体で N 個の標本を性質 A について互いに排反な l 個のクラス $A_1, A_2, \cdots, A_l$ に,性質 B について互いに排反な m 個のクラス $B_1, B_2, \cdots, B_m$ に分類したとき,クラス「A_i かつ B_j」に属する個体の観測度数が f_{ij} であるとする.このとき,$\sum_{i=1}^{l}\sum_{j=1}^{m} f_{ij} = N$, $\sum_{j=1}^{m} f_{ij} = f_i^A$, $\sum_{i=1}^{l} f_{ij} = f_j^B$ が成立する.分割表として表せば,表 7.4 のようになる.

ひとまず,$p_i \equiv P(A_i)$ $(i = 1, \cdots, l)$, $q_j \equiv P(B_j)$ $(j = 1, \cdots, m)$ の値が

表 7.4　$l \times m$ 分割表

	B_1	B_2	$\cdots$	B_m	計
A_1	f_{11}	f_{12}	$\cdots$	f_{1m}	f_1^A
A_2	f_{21}	f_{22}	$\cdots$	f_{2m}	f_2^A
$\vdots$	$\vdots$	$\vdots$	$\ddots$	$\vdots$	$\vdots$
A_l	f_{l1}	f_{l2}	$\cdots$	f_{lm}	f_l^A
計	f_1^B	f_2^B	$\cdots$	f_m^B	N

わかっているものとして話を進めよう．性質 A と B が独立であるとすれば，$P(A_i \cap B_j) = p_i q_j$ が成り立ち，同時確率分布は表 7.5 のように表される．

表 7.5　同時確率分布

	B_1	B_2	$\cdots$	B_m	計
A_1	$p_1 q_1$	$p_1 q_2$	$\cdots$	$p_1 q_m$	p_1
A_2	$p_2 q_1$	$p_2 q_2$	$\cdots$	$p_2 q_m$	p_2
$\vdots$	$\vdots$	$\vdots$	$\ddots$	$\vdots$	$\vdots$
A_l	$p_l q_1$	$p_l q_2$	$\cdots$	$p_l q_m$	p_l
計	q_1	q_2	$\cdots$	q_m	1

性質 A と B が独立であるかどうかを調べるには，分割表 7.4 の度数分布が表 7.5 の同時確率分布に従うかについて適合度の検定を行えばよい．具体的には，帰無仮説として H_0：「性質 A と B は独立である（=観測された度数分布と同時確率分布は一致する）」とおき，先ほどと同様の手順で適合度の検定を行う．その際，分割表の観測度数 f_{ij} と同時確率分布から算出した期待度数 $p_i q_j N$ によって定義される以下の検定統計量 S が帰無仮説 H_0 の下で自由度 $l \times m - 1$ の χ^2 分布に従うことを利用する．

7.4. 適合度と独立性の検定

$$S = \frac{(f_{11} - p_1 q_1 N)^2}{p_1 q_1 N} + \frac{(f_{12} - p_1 q_2 N)^2}{p_1 q_2 N} + \cdots + \frac{(f_{lm} - p_l q_m N)^2}{p_l q_m N}$$

$$= \sum_{i=1}^{l} \sum_{j=1}^{m} \frac{(f_{ij} - p_i q_j N)^2}{p_i q_j N} \tag{7.18}$$

なお, 自由度が $lm-1$ となるのは, 全体で $(l \times m)$ 個ある度数 f_{ij} のうち, 標本サイズの制約 $(\sum_i \sum_j f_{ij} = N)$ の下, その値を自由に決定できるのは $lm-1$ 個だからである.

ここまで, p_i, q_j が既知である場合について説明したが, 実際にはこれらの値が未知である場合も多い. そうした場合には, p_i, q_j の代わりにそれぞれ標本から推定される f_i^A / N, f_j^B / N を用いざるを得ない. そこで, 新たに以下の検定統計量 S' を定義する.

$$S' = \frac{\left(f_{11} - \frac{f_1^A f_1^B}{N}\right)^2}{\frac{f_1^A f_1^B}{N}} + \frac{\left(f_{12} - \frac{f_1^A f_2^B}{N}\right)^2}{\frac{f_1^A f_3^B}{N}} + \cdots + \frac{\left(f_{lm} - \frac{f_l^A f_m^B}{N}\right)^2}{\frac{f_l^A f_m^B}{N}}$$

$$= \sum_{i=1}^{l} \sum_{j=1}^{m} \frac{\left(f_{ij} - \frac{f_i^A f_j^B}{N}\right)^2}{\frac{f_i^A f_j^B}{N}} \tag{7.19}$$

統計量 S' は自由度 $(l-1)(m-1)$ の χ^2 分布に従う. 式 (7.19) では, p_i, q_j を f_{ij} から推定しなければならず, そのためには p_i $(i=1,2,\cdots,l)$ と q_j $(j=1,2,\cdots,m)$ を推定する必要がある. $\sum_i p_i = 1$, $\sum_j q_j = 1$ の制約があるから, それぞれ $(l-1)$ 個, $(m-1)$ 個で合計 $(l+m-2)$ 個を推定することになる. 統計量 S の自由度 $lm-1$ から推定する必要のある変数の数 $(l+m-2)$ を減じた $lm-1-(l+m-2) = (l-1)(m-1)$ が統計量 S' の自由度となる. したがって, p_i と q_j が未知である場合, 検定統計量 S' が自由度 $(l-1)(m-1)$ の χ^2 分布に従うことを利用して適合度の検定を行えばよい.

練習問題 7.9

例 7.5 において，性別と眼鏡の使用は独立であると判断できるか，有意水準 5% で検定せよ．

解答

7.1.5 の手順に従って検定を行う．

i) 帰無仮説として H_0：「性別と眼鏡の使用は独立である」，対立仮説として H_1：「両者は独立ではない」とおく．

ii) $m = n = 2$ より，式 (7.19) の統計量 S' は自由度 $(2-1) \times (2-1) = 1$ の χ^2 分布に従って分布する．

iii) 有意水準を 5% とする．

iv) 自由度 1 の χ^2 分布の右端の面積が 5% となる S' の値は，付表 3 より $S'_{0.05}(1) = 3.84$ である．したがって，棄却域 **R** は $S' > 3.84$ である．

v) 観測データより，標本値は

$$\bar{S}' = \frac{(54-49.2)^2}{49.2} + \frac{(28-32.8)^2}{32.8} + \frac{(66-70.8)^2}{70.8} + \frac{(52-47.2)^2}{47.2}$$

$$= 1.98$$

となる．

vi) $\bar{S}' < 3.84$ より，この標本値は採択域 **A** にある．したがって，帰無仮説 H_0 は棄却されず，性別と眼鏡の使用は独立でないとはいえない．

章末問題 7

(1) ある自動車メーカーは主力エコカーの燃費（10・15 モード）を 31.0 km/l と公表している．いま，10 台を無作為に選び，燃費を計測したところ以下

の通りであった.

| 29.6 | 30.4 | 31.4 | 30.1 | 31.3 | 30.7 | 31.2 | 29.7 | 31.1 | 30.5 |

(単位：km/l)

燃費は正規分布に従うものとする．以下の問いに答えよ．

(a) 標本平均 $\bar{x}$ および標本分散 $\hat{\sigma}^2$ を求めよ．

(b) 実際の燃費が公表値を下回っているかどうか検定を行いたい．帰無仮説 H_0 及び対立仮説 H_1 をたてよ．

(c) 仮説を検定するために適当な統計量を定め，棄却域 R を求めよ．ただし，有意水準は 5% とする．

(d) 統計量の標本値を計算し，検定結果について結論づけよ．

(2) コインを 100 回投げると表が 56 回出た．表もしくは裏が出やすい「イカサマコイン」かどうかを有意水準 5 % で検定せよ．また表が何回以上出ると「イカサマコイン」と判定されるか．

(3) ある製品品質のばらつきを分散 $\sigma^2 = 2.5$ 以内に抑えたい．いま，25 個の標本をとって標本分散を計算したところ $\hat{\sigma}^2 = 4.0$ であった．有意水準 5 % として，製品が適切に品質管理されているか検定せよ．また，有意水準 1 % のときはどうか？

(4) ある工場にはインスタントラーメンを作る機械が 2 台ある．片方は昔からある古い機械で，もう片方は最近導入した新しい機械である．製造したインスタントラーメンの内容量は正規分布し，その標準偏差は等しいことが分かっている．それぞれの機械でインスタントラーメンを 16 個ずつ作ったとき，古い機械の内容量の標本平均は $\bar{x}_1 = 82$ g，標本分散の平方根は $\hat{\sigma}_1 = 3$ g，新しい機械の内容量の標本平均は $\bar{x}_2 = 85$ g，標本分散の平方根は $\hat{\sigma}_2 = 2$ g であった．いま古い機械を買い替えるべきかどうかを，それぞれの機械からできるインスタントラーメンの内容量の平均が等しいかどうかを検定することにより判定せよ．有意水準は 5 % とする．

(5) A国とB国において喫煙率の調査を行った．全国民の中からA国では1000人，B国では1500人を選んで喫煙者数を調べたところ，それぞれ245人および321人であった．両国間で喫煙率に差があるといえるか．有意水準1％で検定せよ．

第8章 最小2乗法による回帰分析

8.1 回帰分析

8.1.1 回帰関係

例 8.1：パン屋の売り上げ

パン屋の売り上げは，どのような要因によって決まっているだろうか？ 表 8.1 は，あるパン屋のチェーンが出店している店舗に関するデータである．

まずは，最寄り駅の乗降者数と売り上げの関係に着目してみよう．最寄り駅

表 8.1 パン屋の売り上げデータ

店舗	月間売り上げ（十万円）	最寄り駅の乗降者数（千人/日）	駅からの距離 (m)	店舗面積 (m^2)	喫茶コーナーの有無
1	21.5	22.2	110	30	無
2	48.2	40.4	50	80	有
3	18.7	13.7	25	26	無
4	32.1	27.0	100	60	有
5	25.7	17.5	30	45	有
6	29.8	35.1	140	30	無
7	27.8	22.7	80	70	有

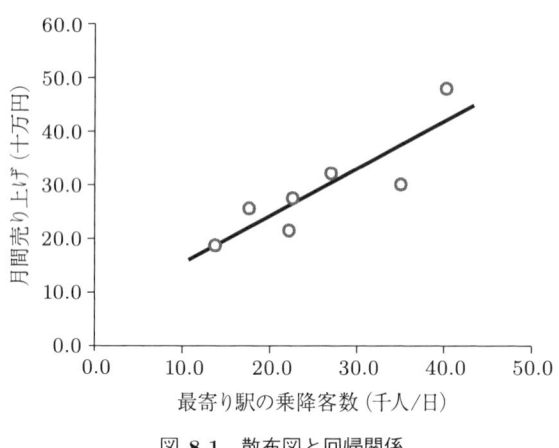

図 8.1 散布図と回帰関係

の乗降者数が多ければ，パンの売り上げは上がり，少なければ売り上げは下がるだろうということは容易に予測できる．実際に，図 8.1 の散布図からもそのような傾向が確認できる．ただし，乗降者数がほぼ同じでも売り上げが異なっていたり（店舗 1 と店舗 7），多いからといって必ずしも売り上げが高いとは限らず（店舗 1 と店舗 5，店舗 4 と店舗 6），多少のばらつきが存在している．この例のパン屋の売り上げと最寄り駅の乗降者数の売り上げの間にある，このような関係を**回帰関係** (regression relation) という．いま，乗降者数を x，売り上げを y とおけば，x の値に対応する y の（条件付き）平均値

$$\bar{y}_x = f(x) \tag{8.1}$$

と表され，$\bar{y}_x$ を x に対する y の**回帰** (regression of y on x) という．これに対して，x の値に対して y の値が正確に決まる関係 $y = f(x)$ を関数関係という．また，回帰関係は，相関関係とは異なり，変数間の原因と結果の関係，すなわち因果関係を表すことを覚えておこう．私たちは世の中の様々な現象について因果関係を考え問題にする．その際，理論的に明晰で，モデルの取り扱いも比較的に容易な**回帰分析**が役に立つわけである．

式 (8.1) において f を x の 1 次式とした場合を**線形回帰** (linear regression) と

8.1. 回帰分析

いう．

$$\overline{y}_x = a + bx \tag{8.2}$$

x を**説明変数**または，**原因変数**，y を**被説明変数**または，**結果変数**，a,b を**回帰パラメータ**と呼ぶ．図 8.1 の散布図には回帰直線も描かれている．線形回帰モデルのパラメータの値は，対応する説明変数の値をわずかに増加させたときに，それによって被説明変数の値がどの程度増加するのか，あるいは減少するのかを示している．線形回帰は，説明変数 x によって被説明変数 y を最もうまく説明できるように回帰パラメータ a,b を選ぶことであるといえる．なお，式 (8.2) のように説明変数が 1 つの場合を**単回帰**といい，複数の場合を**重回帰**という．

【Coffee break】ワインの質を方程式で予測する

プリンストン大学経済学部の O. Ashenfelter 教授は，ヴィンテージワインの価格とそのワインが生産された年の天候データから次のような予測式を導きだした．

$$[ワインの質] = 12.145 + 0.00117 \times [冬の降雨量]$$
$$+ 0.0614 \times [育成期の平均気温]$$
$$- 0.00386 \times [収穫期の降雨量]$$

この予測式は，ワイン評論家の怒りを買い批判の的となったが，1989 年，1990 年モノがヴィンテージになるという予測を見事に的中させた．余談だが，Ashenfelter 教授らのワイン愛好経済学者は，The American Association of Wine Economists を設立し，Journal of Wine Economics を発行しているとのこと．興味のある人は，こちらの URL (http://www.wine-economics.org/) へ．

（参考文献）
イアン・エアーズ著（山形浩訳）:『その数字が戦略を決める』, 文藝春秋, 2010

8.1.2 最小2乗法

式 (8.2) の回帰パラメータ a, b が決まれば，2つの変量 x と y の間の回帰関係が明らかとなる．では，x, y のデータが与えられた下で，どのようにして回帰パラメータ a, b を選べばよいだろうか？

まずは，最も簡単な単回帰の場合から説明しよう．条件付き平均値 $\overline{y}_{x_i}$ からの各 y_i の残差 $e_i = y_i - \overline{y}_{x_i}$ の2乗の和である**残差平方和** (Residual Sum of Squares; RSS):

$$S(a,b) = \sum_{i=1}^{n} e_i^2 = \sum_{i=1}^{n}[y_i - (\overline{y}_{x_i})]^2$$
$$= \sum_{i=1}^{n}[y_i - (a+bx_i)]^2 \tag{8.3}$$

を考える．そのうえで，RSS を最小とするように a, b を決定する方法が考えられるだろう．このような方法を**最小2乗法** (Least Squares Method; LSM) という．

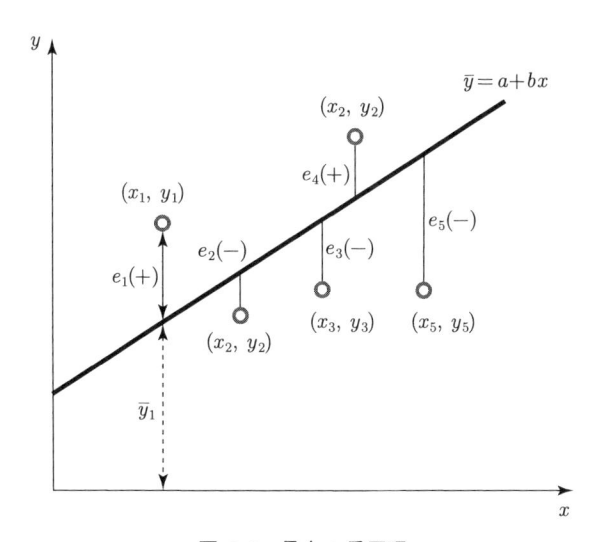

図 8.2 最小2乗原理

$S(a,b)$ を a および b について最小にするには，その必要条件として $S(a,b)$ を a,b でそれぞれ偏微分したものが 0 に等しくなければならない（一階条件）．すなわち，

$$\frac{\partial S(a,b)}{\partial a} = \sum_{i=1}^{n} 2[y_i - (a+bx_i)](-1) = 0 \tag{8.4}$$

$$\frac{\partial S(a,b)}{\partial b} = \sum_{i=1}^{n} 2[y_i - (a+bx_i)](-x_i) = 0 \tag{8.5}$$

である．こちらを整理すると，

$$\sum_{i=1}^{n} 2[y_i - (a+bx_i)] = \sum_{i=1}^{n} e_i = 0 \tag{8.6}$$

$$\sum_{i=1}^{n} 2[y_i - (a+bx_i)]x_i = \sum_{i=1}^{n} e_i x_i = 0 \tag{8.7}$$

となる．ここまでを以下のように性質としてまとめておこう．

性質 1

(1) 指定された回帰直線は $(\overline{x}, \overline{y})$ を通る[1]： $\overline{y} = a + b\overline{x}$

(2) 残差の合計は 0 である： $\sum_{i=1}^{n} e_i = 0$

(3) 残差と説明変数とは直交する（積の合計は 0 である）： $\sum_{i=1}^{n} e_i x_i = 0$

式 (8.6), (8.7) を整理すれば，以下の正規方程式を得る．

$$na + b\sum_{i=1}^{n} x_i = \sum_{i=1}^{n} y_i \tag{8.8}$$

$$a\sum_{i=1}^{n} x_i + b\sum_{i=1}^{n} x_i^2 = \sum_{i=1}^{n} x_i y_i \tag{8.9}$$

---

[1] ［証明］式 (8.6) の左辺を展開し，両辺を n で割れば (1) を得る．

8.1. 回帰分析

なお，$\overline{x} = \sum_{i=1}^{n} x_i/n, \overline{y} = \sum_{i=1}^{n} y_i/n$ であり，それぞれ x, y の平均値を表す．

未知数 a, b について連立 1 次方程式を解けば，回帰パラメータ a, b を以下のように得る．

$$a = \frac{\sum_{i=1}^{n} x^2 \sum_{i=1}^{n} y - \sum_{i=1}^{n} x \sum_{i=1}^{n} xy}{n \sum_{i=1}^{n} x^2 - (\sum_{i=1}^{n} x)^2} \tag{8.10}$$

$$b = \frac{n \sum_{i=1}^{n} xy - \sum_{i=1}^{n} x \sum_{i=1}^{n} y}{n \sum_{i=1}^{n} x^2 - \left(\sum_{i=1}^{n} x\right)^2} \tag{8.11}$$

表 8.2 のような計算表を用いることによって，a, b は容易に計算できる．

表 8.2 回帰の計算表

i	x	y	x^2	xy	y^2
1	x_1	y_1	$x_1{}^2$	$x_1 y_1$	$y_1{}^2$
2	x_2	y_2	$x_2{}^2$	$x_2 y_2$	$y_2{}^2$
$\vdots$	$\vdots$	$\vdots$	$\vdots$	$\vdots$	$\vdots$
i	x_i	y_i	$x_i{}^2$	$x_i y_i$	$y_i{}^2$
$\vdots$	$\vdots$	$\vdots$	$\vdots$	$\vdots$	$\vdots$
n	x_n	y_n	$x_n{}^2$	$x_n y_n$	$y_n{}^2$
計	$\sum_{i=1}^{n} x$	$\sum_{i=1}^{n} y$	$\sum_{i=1}^{n} x^2$	$\sum_{i=1}^{n} xy$	$\sum_{i=1}^{n} y^2$

なお，**性質 1**. と式 (8.11) を利用すれば，より簡単に a を表すことができる．

$$a = \overline{y} - b\overline{x} \tag{8.12}$$

また，式 (8.11) の分子と分母をそれぞれ n^2 で割れば，b は以下のように表される．

$$b = \frac{\frac{1}{n}\sum_{i=1}^{n}xy - \overline{x}\cdot\overline{y}}{\frac{1}{n}\sum_{i=1}^{n}x^2 - \overline{x}^2} = \frac{\frac{1}{n}\sum_{i=1}^{n}(x-\overline{x})(y-\overline{y})}{\frac{1}{n}\sum_{i=1}^{n}(x-\overline{x})^2} = \frac{s_{xy}}{s_x^2} \tag{8.13}$$

s_x^2 は x の分散，s_{xy} は x と y の共分散である．上式の分母は常に正より，s_{xy} の符号が b の符号を決定する．

例 8.1 のつづき： 表 8.1 のデータに基づき，最寄り駅の乗降者数に対するパン屋の売り上げの回帰直線を求めてみよう．計算表は以下の通りになる．

表 8.3 回帰の計算表（例 8.1）

i	x（乗降者数）	y（売り上げ）	x^2	xy	y^2
1	22.2	21.5	492.8	477.3	462.3
2	40.4	48.2	1632.2	1947.3	2323.2
3	13.7	18.7	187.7	256.2	349.7
4	27.0	32.1	729.0	866.7	1030.4
5	17.5	25.7	306.3	449.8	660.5
6	35.1	29.8	1232.0	1046.0	888.0
7	22.7	27.8	515.3	631.1	772.8
$\sum$	178.6	203.8	5095.2	5674.3	6487.0

式 (8.11), (8.12) より，$a = 6.63$, $b = 0.88$ が求められる．したがって，乗降者数 (x) の値に対応する売り上げ (y) の（条件付き）平均値は，次の回帰直線で表される．

$$\overline{y}_x = 6.63 + 0.88x \tag{8.14}$$

8.1. 回帰分析

回帰分析によって，最寄り駅の 1 日の乗降者数が 1000 人増えると，月間売り上げは 8.8 万円増えることがわかった．

練習問題 8.1

ある鉄道駅を中心に住宅地が広がっている．下表のデータは，宅地から駅までの距離と地価との関係を示している．

表 8.4 駅までの距離と住宅地価

宅地	1	2	3	4	5	6	7	8	9	10
距離 (m)	330	580	120	470	260	180	730	390	630	210
地価 (万円/m^2)	28.6	18.0	28.1	21.5	22.3	30.4	17.9	26.8	20.7	25.7

以下の問いに答えよ．

(1) 地価 (Y) を駅までの距離 (X) で説明する回帰モデルについて，最小 2 乗法を用いて回帰直線を求めよ．また，回帰分析から分かることを述べよ．
(2) データの散布図を描き，その上に回帰直線を引きなさい．
(3) 駅から 500 m の距離にある 150 m^2 の宅地を購入するためには，土地の購入予算としていくら見積もればよいか求めよ．

解答

(1) 計算表は以下の通りになる．計算表 8.5 で整理された情報を式 (8.11), (8.12) へ代入すれば，$a = 31.10$, $b = -0.018$ が求まり，回帰直線は次のように表される．

$$\bar{y}_x = 31.10 - 0.018x \tag{8.15}$$

これより，最寄り駅からの距離が 100 m 長くなると，地価は 1 m^2 あたりで 1.8 万円減少することがわかった．

表 8.5 回帰の計算表（練習問題 8.1）

i	x（距離）	y（地価）	x^2	xy	y^2
1	330	28.6	108,900	9,438	818.0
2	580	18.0	336,400	10,440	324.0
3	120	28.1	14,400	3,372	789.6
4	470	21.5	220,900	10,105	462.3
5	260	22.3	67,600	5,798	497.3
6	180	30.4	32,400	5,472	924.2
7	730	17.9	532,900	13,067	320.4
8	390	26.8	152,100	10,452	718.2
9	630	20.7	396,900	13,041	428.5
10	210	25.7	44,100	5,397	660.5
$\sum$	3,900	2,40	1,906,600	86,582	5,942.9

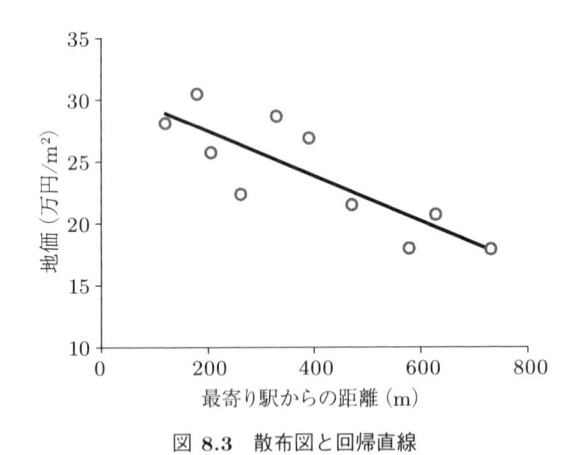

図 8.3 散布図と回帰直線

(2) 散布図と回帰直線は，以下の図 8.3 に示すとおりである．

(3) 求めた回帰式に $x = 500$ (m) を代入すれば，$1\ \mathrm{m}^2$ あたりの地価が 22.0 万円と得ることができる．したがって，$150\ \mathrm{m}^2$ の土地の購入予算としては，$22.0 \times 150 = 3,300$

万円を用意すればよい．

8.1.3 回帰の適合度

回帰直線は y の値をどれくらいの精度で説明できるだろうか？ 観測値 y_i の平均値 $\overline{y}$ からの残差 $y_i - \overline{y}$ を次のように分解する．

$$y_i - \overline{y} = (\overline{y}_x - \overline{y}) + (y_i - \overline{y}_x)$$
$$= (\overline{y}_x - \overline{y}) + e_i \tag{8.16}$$

平均値からの残差のうち，上式の右辺第 1 項は x によって説明される部分であり，第 2 項は x によって説明されない部分である（図 8.4）．上式の両辺を 2 乗して合計し，データ数 n で割ると，y の分散（左辺）を次のように表すことができる．

$$\frac{1}{n}\sum_{i=1}^{n}(y_i - \overline{y})^2 = \frac{1}{n}\sum_{i=1}^{n}(\overline{y}_{x_i} - \overline{y})^2 + \frac{1}{n}\sum_{i=1}^{n}e_i^{\,2} \tag{8.17}$$

となる．さらに書き換えると，

$$s_y^{\,2} = s_r^{\,2} + s_{y\cdot x}^{\,2} \tag{8.18}$$

となる．ただし，$s_r^{\,2} = \frac{1}{n}\sum_{i=1}^{n}(\overline{y}_{xi} - \overline{y})^2$, $s_{y\cdot x}^{\,2} = \frac{1}{n}\sum_{i=1}^{n}e_i^{\,2}$ である．y の分散のうち x によって説明（決定）される部分の割合は

$$r^2 = \frac{s_r^{\,2}}{s_y^{\,2}} = \frac{s_y^{\,2} - s_{y\cdot x}^{\,2}}{s_y^{\,2}} = 1 - \frac{s_{y\cdot x}^{\,2}}{s_y^{\,2}} \tag{8.19}$$

と表され，**決定係数** (coefficient of determination) と呼ばれる．決定係数に関しては，以下が成り立つ．

$$0 \leq r^2 \leq 1 \tag{8.20}$$

図 8.4 偏差の分解

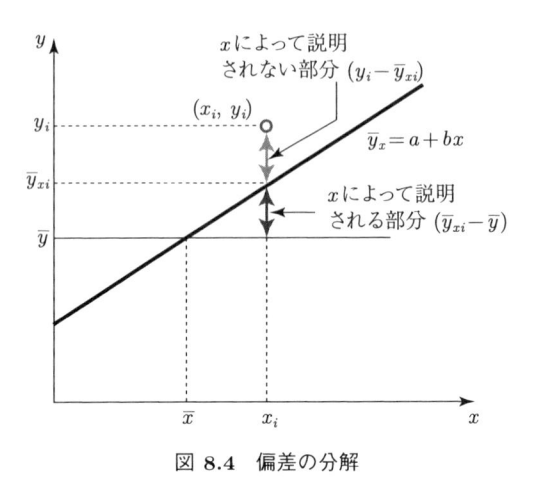

式 (8.19) より，決定係数の算出には $s_y{}^2$ と $s_{y\cdot x}{}^2$ の値を知ればよい．$s_y{}^2$ と $s_{y\cdot x}{}^2$ は，それぞれ

$$s_y^2 = \frac{1}{n}\sum_{i=1}^n (y_i - \overline{y})^2 = \frac{1}{n}\sum_{i=1}^n y_i^2 - \overline{y}^2 \tag{8.21}$$

$$s_{y\cdot x}{}^2 = \frac{1}{n}\sum_{i=1}^n e_i{}^2 = \frac{1}{n}\sum_{i=1}^n \{y_i - (a+bx_i)\}^2$$

$$= \frac{1}{n}\left\{\sum_{i=1}^n y_i{}^2 - \left(a\sum_{i=1}^n y_i + b\sum_{i=1}^n x_i y_i\right)\right\} \tag{8.22}$$

であるから，表 8.2 にまとめられた情報によって算出することができる〈性質 1 (2), (3) を利用〉．

最小 2 乗法においては，決定係数の平方根は観測値 y_i と回帰値 $\overline{y}_{x_i}$ の相関係

8.1. 回帰分析

数に一致する[2].

$$r = \pm\sqrt{\frac{s_r^2}{s_y^2}} = \pm\sqrt{\frac{\frac{1}{n}\sum_{i=1}^{n}(\overline{y}_{x_i} - \overline{y})^2}{\frac{1}{n}\sum_{i=1}^{n}(y_i - \overline{y})^2}}$$

$$= \pm\frac{\frac{1}{n}\sum_{i=1}^{n}(\overline{y}_{x_i} - \overline{y})(y_i - \overline{y})}{\sqrt{\frac{1}{n}\sum_{i=1}^{n}(\overline{y}_{x_i} - \overline{y})^2}\sqrt{\frac{1}{n}\sum_{i=1}^{n}(y_i - \overline{y})^2}} \tag{8.23}$$

ただし，r の符号は回帰係数 b の符号によってつける．x と y の変化が同方向のものであれば，正の相関（順相関），逆方向のものであれば，負の相関（逆相関）という．したがって，以下が成立する．

$$-1 \leq r \leq 1 \tag{8.24}$$

例 8.1 のつづき：回帰直線の決定係数および相関係数を求めてみよう．式 (8.21)，(8.22) より，${s_y}^2 = 79.07$，${s_{y\cdot x}}^2 = 19.34$ である．したがって，決定係数および相関係数は，以下の通りである．

$$r^2 = 1 - \frac{19.34}{79.07} = 0.76$$

$$r = +\sqrt{0.75} = +0.87$$

---

[2]［証明］ 式 (8.23) 右辺の分子は次のように変形できる．

$$\sum_{i=1}^{n}(\overline{y}_{x_i} - \overline{y})^2 = \sum_{i=1}^{n}(\overline{y}_{x_i} - \overline{y})(e_i + \overline{y}_{x_i} - \overline{y}) = \sum_{i=1}^{n}(\overline{y}_{x_i} - \overline{y})(y_i - \overline{y})$$

なお，最後の等号は，$\sum_{i=1}^{n} e_i = 0$，$\sum_{i=1}^{n} e_i x_i = 0$（性質 1 (2), (3)）より導かれる．

$$\sum_{i=1}^{n}(\overline{y}_{x_i} - \overline{y})e_i = \sum_{i=1}^{n}\overline{y}_{x_i}e_i - \sum_{i=1}^{n}\overline{y}e_i = \sum_{i=1}^{n}(a + bx_i)e_i - \overline{y}\sum_{i=1}^{n}e_i = 0$$

練習問題 8.2

練習問題 8.1 で求めた回帰直線の決定係数および相関係数を求めよ．

解答

式 (8.21), (8.22) より，$s_y{}^2 = 18.29$, $s_{y \cdot x}{}^2 = 5.52$ である．したがって，決定係数および相関係数は，以下の通りである．

$$r^2 = 1 - \frac{5.52}{18.29} = 0.698$$

$$r = -\sqrt{0.698} = -0.836$$

8.2 重回帰分析

8.2.1 重回帰関係

一般には，被説明変数を説明する要因は 1 つだけとは限らない．説明変数が複数となる場合を**重回帰**と呼ぶ．以下では，説明変数が 2 つの場合を例に重回帰分析について説明する．線形重回帰方程式は，次のように表される．

$$\overline{y}_{xz} = a + bx + cz \tag{8.25}$$

x, z は説明変数，$\overline{y}_{xz}$ は x, z の値に対する被説明変数 y の（条件つき）平均値を表す．a, b, c は回帰パラメータである．

8.2.2 重回帰関係の計算

単回帰分析と同様に，最小 2 乗法を用いて残差平方和 (RSS)

$$S(a,b,c) = \sum_{i=1}^{n} e_i^2 = \sum_{i=1}^{n} [y_i - (\overline{y}_{x_i z_i})]^2$$

$$= \sum_{i=1}^{n} [y_i - (a + bx_i + cz_i)]^2 \tag{8.26}$$

を最小とするように回帰パラメータ a, b, c を決定する．一階条件より，

$$\frac{\partial S(a,b,c)}{\partial a} = \sum_{i=1}^{n} 2[y_i - (a + bx_i + cz_i)](-1) = 0 \tag{8.27}$$

$$\frac{\partial S(a,b,c)}{\partial b} = \sum_{i=1}^{n} 2[y_i - (a + bx_i + cz_i)](-x_i) = 0 \tag{8.28}$$

$$\frac{\partial S(a,b,c)}{\partial c} = \sum_{i=1}^{n} 2[y_i - (a + bx_i + cz_i)](-z_i) = 0 \tag{8.29}$$

である．整理すると，

$$\sum_{i=1}^{n} 2[y_i - (a + bx_i + cz_i)] = \sum_{i=1}^{n} e_i = 0 \tag{8.30}$$

$$\sum_{i=1}^{n} 2[y_i - (a + bx_i + cz_i)]x_i = \sum_{i=1}^{n} e_i x_i = 0 \tag{8.31}$$

$$\sum_{i=1}^{n} 2[y_i - (a + bx_i + cz_i)]z_i = \sum_{i=1}^{n} e_i z_i = 0 \tag{8.32}$$

となり，単回帰の場合とほぼ同様の以下の性質を得る．

性質 2

(1) 指定された回帰直線は $(\overline{x}, \overline{y}, \overline{z})$ を通る：$\overline{y} = a + b\overline{x} + c\overline{z}$

(2) 残差の合計は 0 である：$\sum_{i=1}^{n} e_i = 0$

(3) 残差と説明変数とは直交する（積の合計は 0 である）：$\sum_{i=1}^{n} e_i x_i = \sum_{i=1}^{n} e_i z_i = 0$

式 (8.30)–(8.32) を整理すれば，以下の正規方程式を得る．

$$na + b\sum_{i=1}^{n} x_i + c\sum_{i=1}^{n} z_i = \sum_{i=1}^{n} y_i \tag{8.33}$$

$$a\sum_{i=1}^{n} x_i + b\sum_{i=1}^{n} x_i^2 + c\sum_{i=1}^{n} x_i z_i = \sum_{i=1}^{n} x_i y_i \tag{8.34}$$

$$a\sum_{i=1}^{n} z_i + b\sum_{i=1}^{n} x_i z_i + c\sum_{i=1}^{n} z_i^2 = \sum_{i=1}^{n} z_i y_i \tag{8.35}$$

単回帰の場合のように，正規方程式を解いて回帰パラメータ a, b, c を一般的な形で表すこともできるが，非常に煩雑となるのでここでは行わない．実際に，回帰パラメータ a, b, c を求める際は，表 8.6 のような計算表を作成し，各値を正規方程式に代入する．その上で，未知数 a, b, c について連立 1 次方程式を解けばよい．

表 8.6 重回帰の計算表

i	x	y	z	x^2	xz	xy	z^2	zy	y^2
1	x_1	y_1	z_1	x_1^2	$x_1 z_1$	$x_1 y_1$	z_1^2	$z_1 y_1$	y_1^2
2	x_2	y_2	z_2	x_2^2	$x_2 z_2$	$x_2 y_2$	z_2^2	$z_2 y_2$	y_2^2
⋮	⋮	⋮	⋮	⋮	⋮	⋮	⋮	⋮	⋮
i	x_i	y_i	z_i	x_i^2	$x_i z_i$	$x_i y_i$	z_i^2	$z_i y_i$	y_i^2
⋮	⋮	⋮	⋮	⋮	⋮	⋮	⋮	⋮	⋮
n	x_n	y_n	z_n	x_n^2	$x_n z_n$	$x_n y_n$	z_n^2	$z_n y_n$	y_n^2
計	$\sum x$	$\sum y$	$\sum z$	$\sum x^2$	$\sum xz$	$\sum xy$	$\sum z^2$	$\sum zy$	$\sum y^2$

8.2. 重回帰分析

練習問題 8.3

例 8.1 のパン屋の月間売り上げについて，最寄り駅の乗降者数に加えて，駅からの距離を説明変数として重回帰分析を行いなさい．

解答

乗降者数を x, 売り上げを y, 駅からの距離を z とおき，重回帰式：

$$\overline{y}_{xz} = a + bx + cz \tag{8.36}$$

の回帰パラメータ a, b, c を求める．計算表 8.7 を作成し，各値を正規方程式 (8.33)–(8.35) に代入すれば，連立方程式：

$$7a + 178.6b + 535.0c = 203.8 \tag{8.37}$$

$$178.6a + 5095.2b + 14759.5c = 5674.3 \tag{8.38}$$

$$535.0a + 14759.5b + 52125c = 15620 \tag{8.39}$$

となる．これを解くと，以下の回帰方程式を得る．

$$\overline{y}_{xz} = 9.12 + 1.10x - 0.10z \tag{8.40}$$

表 8.7 重回帰の計算表（練習問題 8.3）

i	x	y	z	x^2	xz	xy	z^2	zy	y^2
1	22.2	21.5	110	492.8	2442.0	477.3	12100	2365	462.3
2	40.4	48.2	50	1632.2	2020.0	1947.3	2500	2410	2323.2
3	13.7	18.7	25	187.7	342.5	256.2	625	468	349.7
4	27.0	32.1	100	729.0	2700.0	866.7	10,000	3210	1030.4
5	17.5	25.7	30	306.3	525.0	449.8	900	771	660.5
6	35.1	29.8	140	1232.0	4914.0	1046.0	19600	4172	888.0
7	22.7	27.8	80	515.3	1816.0	631.1	6400	2224	772.8
計	178.6	203.8	535.0	5095.2	14759.5	5674.3	52125	15620	6487.0

回帰方程式より，最寄り駅の乗降者数が 1000 人増えると売り上げが 11 万円増加し，駅からの距離が 10 m 長くなると 10 万円減少することがわかった．

説明変数の数をさらに増やすこともできる．以下には，より一般的な場合の回帰方程式と最小 2 乗法によって導かれる正規方程式を示す．

- 回帰方程式

$$\overline{y}_{xz\cdots} = a + bx + cz + \cdots \tag{8.41}$$

- 正規方程式

$$na + b\sum_{i=1}^{n} x_i + c\sum_{i=1}^{n} z_i + \cdots = \sum_{i=1}^{n} y_i \tag{8.42}$$

$$a\sum_{i=1}^{n} x_i + b\sum_{i=1}^{n} x_i^2 + c\sum_{i=1}^{n} x_i z_i + \cdots = \sum_{i=1}^{n} x_i y_i \tag{8.43}$$

$$a\sum_{i=1}^{n} z_i + b\sum_{i=1}^{n} x_i z_i + c\sum_{i=1}^{n} z_i^2 + \cdots = \sum_{i=1}^{n} z_i y_i \tag{8.44}$$

$$\vdots$$

なお，実際にデータを用いて回帰分析を行う場合，MS-Excel などの表計算ソフトを用いると便利である．それらのソフトには，回帰方程式や適合度を自動的に計算してくれる機能が搭載されている．

8.2.3　重回帰の適合度

重回帰分析において，回帰の適合度を表す指標として（重）決定係数が用いられる．以下では，説明変数が x, z の 2 つである場合について説明しよう．重決定係数は，被説明変数 y の分散のうち，説明変数 x, z によって説明（決定）される部分の割合：

$$R^2 = \frac{s_r^2}{s_y^2} = \frac{s_y^2 - s_{y \cdot x, z}}{s_y^2} = 1 - \frac{s_{y \cdot x, z}}{s_y^2} \tag{8.45}$$

8.2. 重回帰分析

として定義される．また，重相関係数 R は，重決定係数 R^2 の平方根：

$$R = \sqrt{R^2} \tag{8.46}$$

と一致する．なお，（単純）相関係数 r の場合と違って負の値は取らない．

$$0 \leq R \leq 1 \tag{8.47}$$

重決定係数の計算

$s_y{}^2$ と $s_{y \cdot x, z}$ の値を知ればよい．$s_y{}^2$ は単回帰の場合と同様に式 (8.21) より求めることができる．一方，$s_{y \cdot x, z}$ は，

$$s_{y \cdot x, z}{}^2 = \frac{1}{n} \sum_{i=1}^{n} e_i{}^2 = \frac{1}{n} \sum_{i=1}^{n} \{y_i - (a + bx_i + cz_i)\}^2$$

$$= \frac{1}{n} \left\{ \sum_{i=1}^{n} y_i{}^2 - \left(a \sum_{i=1}^{n} y_i + b \sum_{i=1}^{n} x_i y_i + c \sum_{i=1}^{n} z_i y_i \right) \right\} \tag{8.48}$$

となる〈性質 2 (2), (3) を利用〉．したがって，重決定係数 R^2 は表 8.6 にまとめられた情報によって算出することができる．

練習問題 8.4

練習問題 8.3 で求めた重回帰直線の重決定係数および重相関係数を求めよ．

解答

$s_y{}^2$ は単回帰の場合と同様に式 (8.21) より，$s_y{}^2 = 79.07$ である．一方，$s_{y \cdot x, z}{}^2$ は (8.48) より，$s_{y \cdot x, z}{}^2 = 5.41$ と求める．したがって，決定係数および相関係数は，以下の通りである．

$$r^2 = 1 - \frac{5.41}{79.07} = 0.93$$

$$r = +\sqrt{0.93} = +0.97$$

一般に，単回帰と重回帰の結果を比較すると，重回帰式の方が適合度（決定係数）が高くなる．説明変数の数が増えると，y の全変動は一定であるが，残差平方和 (RSS) は単調に減少することが知られている．すなわち，式 (8.45) において，分母が一定のまま分子は大きくなることから，決定係数は大きくなる．（ただし，本章の後半で説明する回帰関係の統計的推論においては，説明変数の数（推定すべき回帰係数の数）の増加は，自由度の減少を意味し，回帰直線による説明力の低下をもたらす．この点を反映できないことが，決定係数がもつ適合度の指標としての欠点といえる．）

8.2.4 ダミー変数

例えば，パン屋の売り上げは最寄り駅の乗降者数などの定量的な要因だけではなく，喫茶コーナーの有無といった定性的な要因にも影響を受けるかもしれない．こうした場合，回帰分析をどのように行えばよいだろうか．実は，回帰式の説明変数には，数量化された変数だけではなく，性質を表す変数を入れることも可能である．これを，**ダミー変数** (dummy variable) と呼ぶ．ダミー変数には，以下に示す定数項ダミーと係数ダミーがある．

- 定数項ダミー

$$\overline{y}_i = a + bx_i + cD_i$$

$$= \begin{cases} (a+c) + bx_i & : D_i = 1 \\ a + bx_i & : D_i = 0 \end{cases} \tag{8.49}$$

- 係数ダミー：$z_i = D_i x_i$ とおく．

$$\overline{y}_i = a + bx_i + cz_i$$

$$= \begin{cases} a + (b+c)x_i & : D_i = 1 \\ a + bx_i & : D_i = 0 \end{cases} \tag{8.50}$$

8.2. 重回帰分析

例 8.1 のデータを用いて，最寄り駅の乗降者数 x と喫茶コーナーの有無に関する定数項ダミー D_i に対する月間売り上げの重回帰分析を行ってみよう．ダミー変数を含む回帰直線もこれまでに説明した方法によって求めることができるが，ここでは結果のみを以下に示すことにする．ダミー変数 D_i が店舗に喫茶コーナーがあるとき 1 を，ないとき 0 をとるとすれば，

$$\overline{y}_i = 8.00 + 0.72 x_i + 6.41 D_i$$
$$= \begin{cases} 14.41 + 0.72 x_i & : D_i = 1 \\ 8.00 + 0.72 x_i & : D_i = 0 \end{cases} \tag{8.51}$$

となる．この結果から，喫茶コーナーがある店舗の月間売り上げは，ない店舗に比べて平均して 64.1 万円だけ高いことがわかった．図 8.5 には，ダミー変数を含む回帰直線 (8.51) と乗降者数のみを説明変数にもつ単回帰直線 (8.14) を示している．

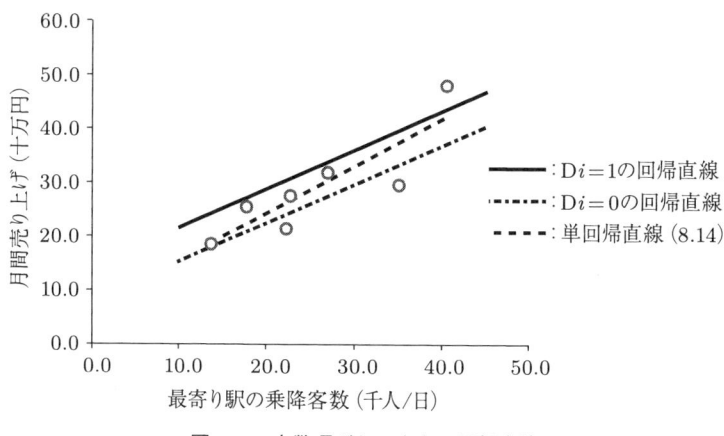

図 **8.5** 定数項ダミーをもつ回帰直線

8.3 回帰関係の統計的推論

ここまでは,与えられたデータそのものを最もよく説明する回帰を考えた.そこでは,誤差項がどのような確率分布に従うかを特定せずに議論を進めることができた.一方,本節では,データはある母集団からとられた標本であるとし,その母集団における回帰関係について統計的に推論する場合について説明する.推定値の精度を検討したり,回帰パラメータに関する区間推定や仮説検定を行うには,誤差項が従う確率分布を明示的に扱う必要がある.以下では,練習問題 8.1 と同じデータを用いて回帰関係の統計的推論について説明しよう.

表 8.8 駅までの距離と住宅地価(表 8.4 を再掲)

宅地	1	2	3	4	5	6	7	8	9	10
距離 (m)	330	580	120	470	260	180	730	390	630	210
地価 (万円/m^2)	28.6	18.0	28.1	21.5	22.3	30.4	17.9	26.8	20.7	25.7

例 8.2:下表は,住宅地全体の宅地を母集団としたとき,そこから抽出された標本データである.駅までの距離を説明変数 (x),地価を被説明変数 (y) として回帰分析を行ってみよう.

8.3.1 回帰パラメータの推定量の標本分布

母集団において,次のような回帰関係が成り立っているとする.

$$y = \alpha + \beta x + \epsilon \tag{8.52}$$

ϵ は誤差項を表す.説明変数 x は個体毎に確定的な値をとる一方で,誤差項 ϵ は確率変数である.そのため,被説明変数 y も確率変数であると想定される.大きさ n の標本が抽出され,データとして $(x_1, y_1), (x_2, y_2), \cdots, (x_n, y_n)$ が得られたとき,この回帰式は

8.3. 回帰関係の統計的推論

$$y_1 = \alpha + \beta x_1 + \epsilon_1$$
$$y_2 = \alpha + \beta x_2 + \epsilon_2$$
$$\vdots$$
$$y_i = \alpha + \beta x_i + \epsilon_i$$
$$\vdots$$
$$y_n = \alpha + \beta x_n + \epsilon_n$$

と表現される.ここで,確率変数である誤差項 ϵ_i $(i=1,2,\cdots,n)$ に関して,以下の仮定を設ける.

仮定

(1) 誤差項の期待値は 0 である:$E[\epsilon_i]=0$
(2) 誤差項の分散は標本に無関係に一定値 σ^2 をとる:$V[\epsilon_i] = \sigma^2$
(3) 誤差項は互いに独立である:$E[\epsilon_i, \epsilon_j] = 0$ $(i \neq j)$
(4) 誤差項は正規分布に従う:$\epsilon_i \sim N(0, \sigma^2)$

以上の仮定に基づけば,説明変数 x が与えられたとき,y は,平均値 $\alpha+\beta x$,分散 σ^2 の正規分布 $N(\alpha+\beta x, \sigma^2)$ に従うことになる.このような関係を x に対する y の**正規回帰関係**といい,α, β および σ^2 をこの回帰関係のパラメータという.

最小2乗法を用いれば,α および β の推定量 a, b は式 (8.11), (8.12) のように求められる.以下に,再掲する.

$$b = \frac{n\sum_{i=1}^{n}xy - \sum_{i=1}^{n}x\sum_{i=1}^{n}y}{n\sum_{i=1}^{n}x^2 - \left(\sum_{i=1}^{n}x\right)^2} \tag{8.53}$$

$$a = \bar{y} - b\bar{x} \tag{8.54}$$

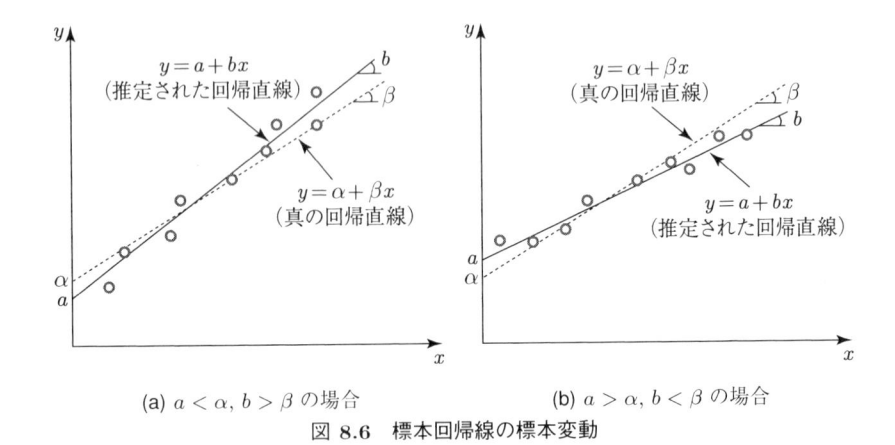

(a) $a < \alpha, b > \beta$ の場合　　　(b) $a > \alpha, b < \beta$ の場合

図 8.6　標本回帰線の標本変動

上式において確率変数 y を含んでいるため，推定量 a, b は確率変数である．すなわち，抽出された標本のいかんによって違った値をとる．図 8.6 には標本回帰線の標本変動の様子を示している．(a) は抽出された標本から推定した回帰直線 $y = a + bx$ が真の回帰直線 $y = \alpha + \beta x$ に比べて y 切片が小さく ($a < \alpha$)，傾きが大きい ($b > \beta$) 場合を表し，(b) はその逆 ($a > \alpha, b < \beta$) の場合を表している．

では，a および b の確率分布，すなわち標本分布について考えよう．結論のみを述べると，回帰パラメータ α および β の推定値 a および b の標本分布は，それぞれ次の正規分布

$$a \sim N(\alpha, \sigma_a{}^2), \quad \sigma_a{}^2 = \frac{\sum\limits_{i=1}^{n} x_i{}^2}{n^2 s_x{}^2} \sigma^2 \tag{8.55}$$

$$b \sim N(\beta, \sigma_b{}^2), \quad \sigma_b{}^2 = \frac{1}{n s_x{}^2} \sigma^2 \tag{8.56}$$

となる．ただし，$s_x \equiv \sum\limits_{i=1}^{n} (x_i - \bar{x})^2 / n$ である．また，標準化した変数 $z_a \equiv (a - \alpha)/\sigma_a$ および $z_b \equiv (b - \beta)/\sigma_b$ はともに標準正規分布 $N(0, 1)$ に従うことになる（少し話がややこしく感じるかもしれない．自信のない人は第 5 章を復習

8.3. 回帰関係の統計的推論

しよう).

式 (8.55), (8.56) が示すように, a, b の期待値はそれぞれ母係数 α, β に等しい. すなわち, 最小 2 乗推定量は不偏性を満足する. 最小 2 乗推定量は, 不偏性と効率性といった非常に望ましい性質をいくつか持っていることが知られている. なお, 不偏性は, あくまでも推定量が真の値 (母数) のまわりに偏りなく分布しているという性質であり, もし仮に標本を何度も繰り返し抽出したならば, 標本ごとに求めた推定値の平均が真の値と一致することを意味している. したがって, 1 度の観測で得られた 1 つの標本から求められる推定値が, 真の値に近い値をとる保証はない. ここで述べた考え方は, 推定法は一種の「ルール」であり, 推定を行う際にはできるだけいいルールに従うべきだという立場である. 最小 2 乗法はこのような考え方に基づく推定法といえる.

例 8.2 のつづき (その 1):式 (8.14) より, 回帰直線は

$$\overline{y}_x = 31.10 - 0.0182x$$

と表される. ここでは, 回帰パラメーターの最小 2 乗推定量 a, b の標本分布を求めよう. 式 (8.55), (8.56) に $s_x{}^2 = \sum_{i=1}^{n} x_i{}^2/n - \overline{x}^2 = 38560$ を代入すれば,

$$\sigma_a{}^2 = \frac{\sum_{i=1}^{n} x_i{}^2}{n^2 s_x{}^2}\sigma^2 = \frac{1906600}{10^2 \times 38560}\sigma^2 = 0.494\sigma^2$$

$$\sigma_b{}^2 = \frac{1}{n s_x{}^2}\sigma^2 = \frac{1}{10 \times 38560}\sigma^2 = 2.59 \times 10^{-6}\sigma^2$$

となる. したがって, a の標本分布は正規分布 $N(\alpha, 0.494\,\sigma^2)$, b の標本分布は正規分布 $N(\beta, 2.59 \times 10^{-6}\sigma^2)$ である.

8.3.2 回帰パラメータの区間推定

以上の知識を利用して回帰パラメータの推定および検定を行うことができる．ここでは，β の区間推定について考える．$z_b \equiv (b-\beta)/\sigma_b$ が標準正規分布 $N(0,1)$ に従うから，例えば

$$\Pr\left\{-1.96 < \frac{b-\beta}{\sigma_b} < 1.96\right\} = 0.95 \tag{8.57}$$

であり，したがって信頼係数 95% での β の信頼区間は

$$b - 1.96\sigma_b < \beta < b + 1.96\sigma_b \tag{8.58}$$

と求められる．

しかし，ここで問題は σ_b の値がわからないことである．$\sigma_b{}^2 = \frac{1}{n^2 s_x{}^2}\sigma^2$ において n は標本サイズであり，$s_x{}^2$ は標本から得られる値であるが，問題は未知の回帰パラメータ σ^2 である．そこで σ^2 の推定値を求める必要がある．ここで，適当な推定値としては，計算された回帰からの y の残差 $\hat{u}_i = y - (a + bx_i)$ を使って計算した

$$\hat{\sigma}^2 = \frac{1}{n-2}\sum_{i=1}^{n}\hat{u}_i^2 = \frac{1}{n-2}\sum_{i=1}^{n}[y_i - (a + bx_i)]^2 \tag{8.59}$$

を用いる．これを 8.1.3 で用いた回帰まわりの y の分散

$$s_{y \cdot x}{}^2 = \frac{1}{n}\sum_{i=1}^{n}\hat{u}^2 = \frac{1}{n}\sum_{i=1}^{n}[y_i - (a + bx_i)]^2 \tag{8.60}$$

と比較すると，この両者はともに回帰からの残差の平方和を用いているが，$s_{y \cdot x}{}^2$ ではそれをデータ数 n で割っており，それに対して $\hat{\sigma}^2$ ではそれを $n-2$ で割っているところに違いがある．したがって，$\hat{\sigma}^2 = n/(n-2)s_{y \cdot x}{}^2$ という関係にある．$n-2$ は**残差平方和の自由度**である．確率変数 y について n 個の独立な観察値 $y_1, y_2, \cdots, y_n$ はすべてそれぞれが自由な値をとることができるが，n 個の残差 $\epsilon_i = y_i - (a + bx_i)$ $(i = 1, 2, \cdots, n)$ は n 個がすべて自由な値をとること

8.3. 回帰関係の統計的推論

はできない．それは，それらの間では，式 (8.6), (8.7) に対応する 2 つの正規方程式：

$$\sum_{i=1}^{n} \epsilon_i = 0 \tag{8.61}$$

$$\sum_{i=1}^{n} x_i \epsilon_i = 0 \tag{8.62}$$

が成立するからである〈式 (8.6), (8.7) では，残差 ϵ_i を e_i と表している〉．したがって，n 個のうち $(n-2)$ 個までは自由な値をとることができても，残りの 2 個は上記 2 つの正規方程式を満足するような値をとらなければならず，自由な値をとれない．一般的には，残差平方和の自由度はデータ数 n から，残差を計算するためにデータから推定されなければならないパラメータ数 k（いまの場合 α と β の 2 つ）を引いたもの，すなわち $n-k$ となる．また，母集団の分散 σ^2 の推定値として，残差平方和を自由度で割ったものは不偏性をもつ．いまの場合は，$E(\hat{\sigma}^2) = \sigma^2$ が成り立つ．

ここで，$\sigma_b{}^2 = \sigma^2/ns_x{}^2$ において σ の代わりに $\hat{\sigma}$ を用いたときの $\sigma_b{}^2$ を $\hat{\sigma}_b{}^2$ と書くと，

$$\hat{\sigma}_b{}^2 = \frac{1}{ns_x{}^2} \hat{\sigma}^2 \tag{8.63}$$

となる．この $\hat{\sigma}_b^2$ を用いて，z_b を書き直すと，

$$t_b = \frac{b - \beta}{\hat{\sigma}_b} = \frac{b - \beta}{\hat{\sigma}/(\sqrt{n} s_x)} \tag{8.64}$$

は**自由度 $n-2$ の t 分布**に従う．このことを用いれば β の区間推定や検定を行うことができる．

いま自由度が $n-2$ の t 分布において中央に 95% の確率を含む範囲を $\{-t_{0.025}(n-2), t_{0.025}(n-2)\}$ とすると，

$$\Pr\{-t_{0.025}(n-2) < t_b < t_{0.025}(n-2)\}$$
$$= \Pr\left\{-t_{0.025}(n-2) < \frac{b-\beta}{\hat{\sigma}_b} < t_{0.025}(n-2)\right\}$$
$$= 0.95 \tag{8.65}$$

であるから，信頼係数 95% での β の信頼区間は

$$b - t_{0.025}(n-2)\hat{\sigma}_b < \beta < b + t_{0.025}(n-2)\hat{\sigma}_b \tag{8.66}$$

と求められる．α の区間推定についても同様に

$$t_a = \frac{a-\alpha}{\hat{\sigma}_a} = \frac{a-\alpha}{\sqrt{\sum_{i=1}^{n} x_i^2 \hat{\sigma}/(ns_x)}} \tag{8.67}$$

が自由度 $n-2$ の t 分布に従うことを利用すればよい．

例 8.2 のつづき（その 2）：例 8.2 において，回帰パラメータ β の 95% 信頼区間を求めてみよう．最小 2 乗推定量 b は先ほど求めた通り $b = -1.82 \times 10^{-2}$ である．$\hat{\sigma}^2 = n/(n-2)s_{y \cdot x}{}^2 = 6.90$ より，$\hat{\sigma}_b^2 = \hat{\sigma}^2/ns_x{}^2 = 6.90/(10 \times 38560) = 1.79 \times 10^{-5}$ となる．したがって，$\hat{\sigma}_b = 0.423 \times 10^{-2}$ である．また，標本サイズ $n = 10$ より，自由度 $n-2 = 8$ の t 分布において $t_{0.025}(8) = 2.306$ であるから，式 (8.66) より

$$\begin{aligned} -1.82 \times 10^{-2} - 2.306 \times 0.423 \times 10^{-2} &< \beta \\ &< -1.82 \times 10^{-2} + 2.306 \times 0.423 \times 10^{-2} \end{aligned} \tag{8.68}$$

となる．したがって，β の 95% 信頼区間は $[-2.80 \times 10^{-2}, -0.84 \times 10^{-2}]$ である．

練習問題 8.5

例 8.2 において，回帰パラメータ α の 95% 信頼区間を求めなさい．

解答

最小 2 乗推定量 a は先ほど求めた通り $b = 31.10$ である．$\hat{\sigma}^2 = n/(n-2)s_{y \cdot x}{}^2 = 6.90$ より，$\hat{\sigma}_a^2 = 0.494\hat{\sigma}^2 = 3.406$，したがって，$\hat{\sigma}_a = 1.845$ となる．標本サイズ $n = 10$ より，自由度 $n-2 = 8$ の t 分布において $t_{0.025}(8) = 2.306$ であるから，β の場合と

8.3. 回帰関係の統計的推論

同様に

$$31.10 - 2.306 \times 1.845 < \beta < 31.10 + 2.306 \times 1.845$$

と表すことができる．よって，α の 95% 信頼区間は $[26.85, 35.35]$ となる．

8.3.3 回帰パラメータの検定

次に検定について考える．ここでも β の場合について説明する．いま β の値がある特定の値 β_0 に等しいという仮説 $H_0: \beta = \beta_0$ を検定する．この仮説 H_0 が正しいとすれば，

$$t_{b0} = \frac{b - \beta_0}{\hat{\sigma}_b} = \frac{b - \beta_0}{\hat{\sigma}/\sqrt{n}s_x} \tag{8.69}$$

は自由度 $n-2$ の t 分布に従う変数の 1 つの観察値であることになる．これを利用すれば，これまでに学習した手順に則って検定を行うことができる．

回帰パラメータに関する仮説検定は，β の値が 0 であるという仮説 $H_0: \beta = 0$ を検定するというのが普通である．回帰式 (8.52) において係数 β が 0 であるということは，x が y に影響を及ぼさないということであり，この仮説が棄却されれば x が y に影響を及ぼすことが実証されたことになる．一般に科学的研究においては，2 つの変数間に因果関係があるかどうかを問題にすることが多く，このような仮説検定は広い応用可能性を持っているといえる．

そこでこの仮説が正しいとしたときの t の値

$$t_{b0} = \frac{b}{\hat{\sigma}_b} = \frac{b}{\hat{\sigma}/\sqrt{n}s_x} \tag{8.70}$$

を計算し，これを前と同様に自由度 $n-2$ の t 分布の値と比較することになる．この $\beta = 0$ という仮説を検定するための t の値 t_0 のことを **t 値**(t-value) という．当然，t 値（の絶対値）がいくらであれば有意といえるかは，検定に用いる t 分布の自由度による．また，検定においては，有意水準とともに **P 値**(P-value)

値の概念が有用である．P 値とは，「帰無仮説が正しいという条件の下で，t 統計量の実現値 $\bar{t}$ より大きな値が得られる確率」のことであり，観測された有意水準といわれる．P 値が事前に選ばれた有意水準より小さいとき，帰無仮説が棄却される．

例 8.2 のつづき（その 3）：例 8.2 において，回帰パラメータ β について有意水準 5% で検定を行ってみよう．7.1.5 の手順に従って検定を行ってみよう．

i) 帰無仮説 H_0 として，「駅までの距離 x が地価 y に影響を及ぼさない」，すなわち「$\beta = 0$」とおく．一方，対立仮説 H_1 としては，帰無仮説の否定「$\beta \neq 0$」をおく．したがって，両側検定である．

ii) 帰無仮説が正しいとき，β の最小 2 乗推定量 b の標本分布は正規分布 $N(0, \sigma^2/(ns_x^2))$ である．しかし，誤差項の分散 σ^2 が未知であるから t 統計量 $t_{b0} = b/\hat{\sigma}_b$ を用いる．標本サイズ $n = 10$ より，t 統計量は自由度 $n - 2 = 8$ の t 分布に従う．

iii) 有意水準は 5% とする．

iv) t 分布の両端の面積の和が 5% となる t の値は $t_{0.025}(8) = 2.306$ である．したがって，棄却域 R は $t < -2.306$ 及び $t > 2.306$ となる．

v) これまでの検討より，$b = -1.82 \times 10^{-2}$，$\hat{\sigma}_b = 0.423 \times 10^{-2}$ であるから t 値は以下の値となる．

$$\bar{t}_{b0} = \frac{-1.82 \times 10^{-2}}{0.423 \times 10^{-2}} = -4.30 \tag{8.71}$$

vi) $\bar{t}_{b0} < -2.306$ より，この標本値は棄却域 R にある．したがって，帰無仮説 H_0 は棄却され，駅までの距離 x が地価 y に対して説明力を持つといえる．なお，$t_{0.005}(8) = 3.355$ より P 値は 1% を下回っていることがわかる．

練習問題 8.6

例 8.2 において，回帰パラメータ α について有意水準 5% で検定を行

8.3. 回帰関係の統計的推論

いなさい.

解答

7.1.5 の手順に従って検定を行ってみよう.

i) 帰無仮説 H_0 として,「$\alpha = 0$」とおく. 一方, 対立仮説 H_1 としては, 帰無仮説の否定「$\alpha \neq 0$」をおく. したがって, 両側検定である.

ii) 帰無仮説が正しいとき, α の最小 2 乗推定量 a の標本分布は正規分布 $N\{0, (\sum_i x_i{}^2)\sigma^2/(ns_x{}^2)\}$ である. しかし, 誤差項の分散 σ^2 が未知であるから t 統計量 $t_{a0} = \frac{a}{\hat{\sigma}_a}$ を用いる. 標本サイズ $n = 10$ より, t 統計量は自由度 $n - 2 = 8$ の t 分布に従う.

iii) 有意水準は 5% とする.

iv) t 分布の両端の面積の和が 5% となる t の値は $t_{0.025}(8) = 2.306$ である. したがって, 棄却域 $\boldsymbol{R}$ は $t < -2.306$ 及び $t > 2.306$ となる.

v) これまでの検討より, $a = 31.10$, $\hat{\sigma}_a = 1.845$ であるから t 値は以下の値となる.

$$\bar{t}_{a0} = \frac{31.10}{1.845} = 16.86$$

vi) $\bar{t}_{a0} > 2.306$ より, この標本値は棄却域 $\boldsymbol{R}$ にある. したがって, 帰無仮説 H_0 は棄却され, 回帰直線の切片 α は 0 ではない.

8.3.4 決定係数・相関係数と自由度調整

統計的推論においても, 本章前半と同様に決定係数や相関係数を考えることができる. ここで注意しなければならない点は, y の分散 $s_y{}^2$ や回帰まわりの y の分散 $s_{y \cdot x}{}^2$ の計算である. 8.3.2 で説明したとおり, 残差平方和をデータ数

n ではなくその自由度で割るのが適当である．そこで，

$$\hat{\sigma}_y{}^2 = \frac{1}{n-1} \sum_{i=1}^{n} (y_i - \bar{y})^2 \tag{8.72}$$

$$\hat{\sigma}^2 = \frac{1}{n-2} \sum_{i=1}^{n} [y_i - (a + bx_i)]^2 \tag{8.73}$$

とし，

$$\bar{r}^2 = 1 - \frac{\hat{\sigma}^2}{\hat{\sigma}_y{}^2} \tag{8.74}$$

により決定係数を計算する．この $\bar{r}^2$ を**自由度調整済み決定係数**といい，式 (8.19) で示した（自由度未調整の）決定係数 r^2 と区別する．なお，重回帰の場合も同様に自由度調整済み決定係数 $\bar{R}^2$ を定義できる．自由度調整済み決定係数については，次のことがいえる．

- 自由度調整を行うと決定係数の値は調整前よりも小さくなる．
- 自由度調整済み決定係数はマイナスの値になる場合もある．

以上のような自由度調整を行うのは，説明変数の数 k が増えると r^2 の値が大きくなるため，見かけ上での回帰の説明力が高くなるという自由度未調整決定係数の問題点を是正するためである（この点については，8.2.3 でも説明している）．

例 8.2 のつづき（その 4）：例 8.2 の回帰直線の自由度調整済み決定係数及び相関係数を求めよう．ここで，$\hat{\sigma}_y{}^2 = n/(n-1)\sigma_y{}^2 = 10/9 \times 18.29 = 20.32$ であるから，式 (8.74) より自由度調整済み決定係数は，

$$\bar{r}^2 = 1 - \frac{\hat{\sigma}^2}{\hat{\sigma}_y{}^2} = 1 - \frac{6.90}{20.32} = 0.661$$

となる．また，相関係数 $\bar{r} = -\sqrt{0.661} = -0.813$ となり，回帰式がそこそこ当てはまっているといえる．

8.3.5 回帰モデル作成にあたっての留意点

実際に回帰分析を行う際に，モデルでとりあげる必要があると思える変数の候補がいろいろあったり，モデルの形式に関してもいくつかの代替案があり，そのうちどれかを選択しなければならないという場合も少なくない．いろいろモデルを作成してみて，その結果を見ながら，最終的にモデルの形式を決定したいと考える場合もあるだろう．回帰分析の枠組みでは，現実のデータと矛盾しないモデルは複数存在し，モデルを唯一に絞り込むことはできない．そのため，複数のモデルの中からいずれを選択するかは，結局のところ分析者の主観的な判断に委ねざるをえない．とはいえ，データに基づいたモデルの評価方法や，良いモデルとそうでないモデルの区別の仕方，さらにいくつかの複数のモデルの良し悪しを比較する方法について習得しておくことは重要である．

パラメータの検討

最小2乗法によって推定されたパラメータの推定値の符号が，私たちの経験的あるいは理論的な常識と一致しないとき，**符号条件**が満足されないという．符号条件を満足しないモデルを政策の分析や予測に用いるといろいろと問題が生じることは容易に理解できるだろう．符号条件のほかにも係数の大小関係やその値に対するおおよそのイメージもモデルの良さを判断する上で重要な情報を与えてくれる．特に，t値は各説明変数の説明力を検討する上で重要な統計量である．t値が0に近ければ，そのパラメータの値が0（すなわち，その説明変数は説明力をもたない）という帰無仮説を棄却できなくなる．逆にその変数が符号条件を満足しており，t値が0より隔たっていれば，その変数は説明変数として採用してよいことが明らかになる．

符号条件やt値検定を満足しないモデルが得られたとしても，それだけでモデルが間違っているとは言い切れないことに注意が必要である．複雑な因果関係を有する説明変数の組を回帰モデルに入れた場合，本来，被説明変数と正の相関関係にある説明変数のパラメータが負の値で推定されたり，両者を説明変数にもつモデルがそのうち一方を説明変数にもつモデルよりもかえって説明力

が低下することが往々にしてある.このような問題は,**多重共線性**と呼ばれる.
多重共線性の例:
例 8.1 において,以下の 2 つの重回帰モデルを比較してみよう.$\overline{R}^2$ は自由度修正済み決定係数である.

- 重回帰 I:乗降者数 (x)+店舗面積 (u) に対する売り上げ高の重回帰

$$\overline{y}_{xz} = -23,367.7 + 80.809x + 2,863.688u \quad (\overline{R}^2 = 0.916)$$

- 重回帰 II:乗降者数 (x)+店舗面積 (u)+喫茶コーナーの有無 (D) に対する売り上げ高の重回帰

$$\overline{y}_{xzu} = -33,057.7 + 87.121x + 1,249.833z + 830.289u$$
$$(\overline{R}^2 = 0.915)$$

店舗面積 (u) と喫茶コーナーの有無 (D) の間に強い相関関係が存在するため ($r_{zu} = 0.853$) ため,説明変数を増やしてもかえってモデルの説明力が低下している,すなわち多重共線性が存在していることがわかる.

符号条件が満足されない場合には,他の代替的な説明変数を用いたり,その組合せを変えたりするなど,代替的なモデルをいくつか作成してみることが重要である.そして,符号条件を満足しより説明力のあるモデルを作成するように努力しなければならない.

残差の検討

十分な説明力を持ったモデルが作成できたかどうかは,(重) 相関係数により検討できる.(重) 相関係数があまり高い値を示していない場合には,もう一度モデルの作成方法を検討してみることが必要である.その場合,モデルの残差を検討してみることが有用である場合が多い.残差をグラフにプロットしてみることにより,何が原因となってモデルの推計精度が低くなっているかを検討することができる.特に,線形回帰モデルでは不十分で非線形回帰モデルを導入する必要があったり,重要な説明変数が漏れ落ちていたりする場合,残差を検討することにより問題解決の糸口が掴める事も少なくない.また,線形回帰

8.3. 回帰関係の統計的推論

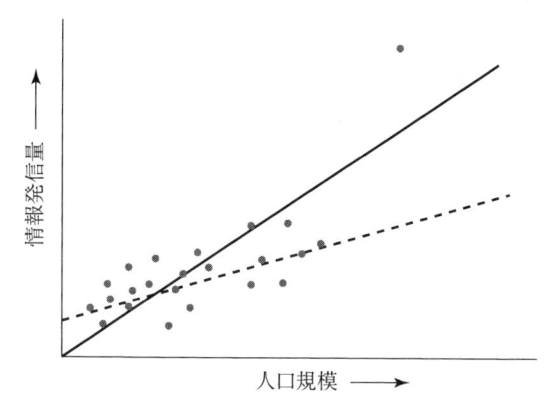

異常値の存在が回帰モデル（実線）の上方向への推計バイアスをもたらす．異常値の削除のよりバイアスが除去される．

図 8.7　異常値の影響

モデルの誤差項が最小2乗法の理論が前提とするいくつかの仮定を満足しているかどうかを検討するためにも，残差の分析は極めて有効である．

特に，観測値の中にいわゆる**異常値**が存在するとき，推定結果はおおいにゆがめられる可能性がある．このような異常値も残差分析で容易に検出できる．異常値が生じる原因はいろいろある．第一は，標本値が同一の母集団の中から抽出されたものであるとは言い難い場合である．例えば，図8.7を見てほしい．この図において，横軸は都市の人口規模，縦軸は情報発信量を表している．標本の中で一つだけ他の都市よりずば抜けて人口規模が大きい大都市が存在する．被説明変数として情報発信量を，説明変数として人口規模を採用して，回帰モデルを作成した結果を図に実線で示している．既に述べたように，最小2乗法では，標本観測値と回帰直線の間の距離の2乗和を最小にするようにパラメータを推定する．したがって，図のように人口1人あたりの情報発信量が大きい大都市が標本の中に紛れ込んでいると，回帰モデルが上方にずれて推計される結果となる．図中の破線は，大都市を標本から削除して推定した回帰モデルを示している．破線の回帰直線は残りの都市における人口規模と情報発信量の関係をおおむね説明しているように思われる．この例でも示したように，標本の中

に明らかに異質な母集団からの標本が混ざっていると考えられる場合には，例えば地方都市だけの母集団を考えるなど，標本を階層化したり，異常値を削除することにより対処できることがある．

第二の理由として，統計作成の段階で確率誤差とは思えないような大きな観測誤差が生じている場合がある．最小2乗法は異常値が存在すればその値に敏感に反応してしまうという欠点を持っているため，あらかじめ個々の観測値と対応する残差を子細に検討することにより異常値がないかどうかを検討しておかなければならない．異常値が存在する場合は，それを標本から取り除いて，改めて回帰モデルを作成するという方針が単純ではあるが正攻法である．

章末問題 8

(1) 空欄 $\boxed{\text{A}}$ - $\boxed{\text{G}}$ に当てはまる適切な語句または数字を答えよ．

2つの変数に関する n 個のデータ：

$$\{(x_1, y_1), (x_2, y_2), \cdots, (x_n, y_n)\}$$

があるとき，一方の変数を他方の変数の1次関数で表現することを $\boxed{\text{A}}$ と呼び，y の x への $\boxed{\text{A}}$ 式は次のように表される．

$$\bar{y}_{x_i} = a + bx_i$$

この式において，原因となる変数 x は $\boxed{\text{B}}$ ，結果となる変数 y は $\boxed{\text{C}}$ と呼ばれる．また，a, b は $\boxed{\text{A}}$ パラメータである．

ある (x_i, y_i) において，観測値 y_i と回帰値 $\bar{y}_{x_i} = a + bx_i$ との差を偏差といい，その2乗の和（平方和）を偏差平方和 (RSS) という．RSS は，次のように表される．

$$S(a, b) = \boxed{\text{D}}$$

RSS を最小とするように a および b の値を決定する方法を考えよう．$S(a, b)$ を a および b で偏微分したものが0となる条件（一階条件）より，次の2

式を得る．

$$\frac{\partial S(a,b)}{\partial a} = \boxed{\text{E}} = 0$$

$$\frac{\partial S(a,b)}{\partial b} = \boxed{\text{F}} = 0$$

これら2式を整理して，未知数 a,b について連立方程式を解けば，

$$b = \frac{n\sum xy - \sum x \sum y}{n\sum x^2 - (\sum x)^2}$$

$$a = \bar{y} - b\bar{x}$$

を得る．以上のように a および b を決定する方法を $\boxed{\text{G}}$ という．

(2) 下表は，ある海の家での10日間におけるビールの売上数とその日の最高気温を示したものである．以下の問いに答えなさい．

表 8.9　気温とビールの売上数

日	1	2	3	4	5	6	7	8	9	10
気温 (x)	31	34	28	31	35	27	25	28	29	32
売上数 (y)	170	210	160	170	210	170	150	190	180	190

(a) データの散布図を描きなさい．

(b) 売上 (Y) を気温 (X) で説明する回帰モデルについて，最小2乗法を用いて回帰直線を求めよ．また，(a) の散布図の上に回帰直線を引きなさい．

(c) 回帰分析から分かることを述べよ．また，天気予報によれば，明日の最高気温は34度である．この海の家における明日のビールの売上数を予測せよ．

(d) (b) で求めた回帰直線の決定係数および相関係数を求めよ．

(3) 全国の都市を母集団とし，そこから無作為に抽出した10都市における人口と1日の交通発生量に関するデータを次表に示す．都市人口（万人）を説明

変数 (x), 交通発生量（万台）(y) としたとき, 回帰関係：$y = \alpha + \beta x + \epsilon$ が成立しているとする. ただし, 誤差項 ϵ_i は互いに独立で, 正規分布 $N(0, \sigma^2)$ に従うとする. 以下の設問に答えよ.

表 8.10　都市人口と交通発生量

都市	1	2	3	4	5	6	7	8	9	10
人口 (万人)	36	52	84	72	23	63	102	67	45	56
交通発生量 (万台)	35	47	68	53	31	43	82	62	41	38

(a) 計算表を作成し, 回帰直線を求めよ.
(b) 計算表を用いて, $s_x{}^2$, $\hat{\sigma}_y^2$, $\hat{\sigma}^2$ を求めよ.
(c) 都市人口 x が交通発生量 y に影響を及ぼすかどうかについて有意水準は 5% で検定したい.
  (i) 帰無仮説 H_0 及び対立仮説 H_1 をたてよ.
  (ii) 仮説を検定するために適当な統計量を定め, 棄却域 R を求めよ. なお, 推定量 b の標本分布は正規分布 $N(\beta, \dfrac{\sigma^2}{ns_x{}^2})$ となる.
  (iii) t 値を求め, 検定結果について結論づけよ.
(d) 自由度調整済み決定係数 $\bar{r}^2 = 1 - \dfrac{\hat{\sigma}^2}{\hat{\sigma}_y{}^2}$ および相関係数を求め, 回帰の適合度を判定せよ.

第9章 最尤推定法

9.1 最尤推定法

前章で説明した最小2乗法と並んで広く用いられる推定法に最尤推定法がある．最尤推定法は，文字通り「最も尤（もっと）もらしい」推定値を求める方法であり，最小2乗法とは異なった考え方に基づいている．

9.1.1 基本的な考え方

最尤推定法は，母集団分布はわかっているがその母数が未知であるときに，標本からその母数を点推定する方法である．いま，大きさ n の標本を無作為抽出して，その標本の値が $x_1, x_2, \cdots, x_n$ であったとする．これは母集団分布に従う確率変数 $X_1, X_2, \cdots, X_n$ がそれぞれ $x_1, x_2, \cdots, x_n$ の値をとったことを意味している．最尤推定法では，『そのような値の標本が実現したのは，それが最も起こりやすい事柄だからである』という考え方に基づいて未知母数の推定を行う．

例 9.1： 内閣支持率の推定
いま，有権者の中で現在の政府を支持している人の割合を知りたいとする．そこで，n 人の有権者を無作為抽出し，調査したところ k 人が支持者であった．このとき，推定したい支持率（母集団における支持者の割合）を p とすれば，n

人の標本のうちに k 人の支持者が含まれる確率は二項分布：

$$P(k|p) = {}_nC_k p^k (1-p)^{n-k} \tag{9.1}$$

で与えられる．最尤推定法の考え方に基づけば，「n 人の中に含まれる支持者の数 x が $x=k$ であったのは，母数 p が $x=k$ の起こる可能性が最も高くなるような値であるから」であると考えるわけである．では，実際に支持率を推定するにはどうしたらよいだろうか？ ヒントは，式 (9.1) を少し違った見方で眺めてみることにある．

9.1.2 尤度関数

式 (9.1) のような確率（密度）関数は，母数を所与として，標本の実現値が起こる確率（密度）を表している．逆に，この関数を**実現値を所与として，母数の関数である**と考えてみよう．いま，式 (9.1) において，k を与えられたものとすれば，この確率は p の関数とみなすことができる．このように実現した標本が起こる確率を母数の関数として表現したものを**尤度関数** (likelihood function) という．尤度関数 $L(p|k)$ を最も大きくするような p（ここでは，$\hat{p}_{ML}$ と書く）が最尤推定量である．$L(p|k)$ を p で微分して 0 とおけば（単純な極値問題の一階の条件より），

$$\frac{\partial L(p|k)}{\partial p} = {}_nC_k p^{k-1}(1-p)^{n-k-1}\{k(1-p-(n-k)p)\} = 0 \tag{9.2}$$

となる．式 (9.2) は $p=0, 1, k/n$ の 3 つの根をもつが，$L(p)$ を最大とする $\hat{p}_{ML} = k/n$ が最尤推定値である．さらに，標本の実現値 k を確率変数 x に置き換えたものが最尤推定量となる．母集団における比率の推定量としては，標本比率が真っ先に頭に浮かぶだろう．そう考えれば，この結果はしごく当然に思えるが，ここでの議論からは標本比率が「最も尤もらしい」推定量であることが理論的に示されたわけである．

このように，最尤推定法とは実現値を所与として尤度関数を最大化する母数 θ を求める方法である．続いては，連続確率変数の場合についてより一般的な形

9.1. 最尤推定法

で説明することにしよう．無作為標本 $\{X_1, X_2, \cdots, X_n\}$ の母密度関数が $f(x|\theta)$ であるとする．同時確率密度関数は，密度関数 $f(x_i|\theta)$ の積

$$f(x_1, x_2, \cdots, x_n|\theta) = \prod_{i=1}^{n} f(x_i|\theta) \tag{9.3}$$

で表される．尤度関数は，同時確率密度関数式 (9.3) を実現値 $\{x_1, x_2, \cdots, x_n\}$ を所与とし，母数 θ の関数であると考えるから，

$$L(\theta|x_1, x_2, \cdots, x_n) = \prod_{i=1}^{n} f(x_i|\theta) \tag{9.4}$$

となる．最尤推定値は尤度関数 $L(\cdot)$ を最大化する母数 θ，すなわち

$$\frac{\partial L(\theta|x_1, x_2, \cdots, x_n)}{\partial \theta} = 0 \tag{9.5}$$

を満足する $\hat{\theta}_{ML}$ によって与えられる．ここで，標本の実現値 $\{x_1, x_2, \cdots, x_n\}$ を確率変数 $\{X_1, X_2, \cdots, X_n\}$ に置き換えたものが最尤推定量である．これまで述べてきたように，最尤推定法は実際に得られた観測データ（標本）に対してできるだけ望ましいモデルを作成しようという帰納的な考え方に基づいている．そのため，標本が小さい場合には十分な推定の精度を確保することは困難だが，標本が大きくなるにつれて推定精度は向上する性質を持ち，一般に最尤推定量は一致性を満たすことが知られている．最尤推定の考え方は，最小 2 乗法が依拠する「推定法はルールである」とする考え方とは異なる立場である．したがって最尤推定量と不偏推定量は一致するときもあるが，一般には一致しない．

実際の計算では，簡便化のため，尤度の自然対数をとった対数尤度関数

$$\log L(\theta|x_1, x_2, \cdots, x_n) = \sum_{i=1}^{n} \log f(x_i|\theta) \tag{9.6}$$

の下で最大化を行う場合が多い．

練習問題 9.1 正規分布の最尤推定

$N(\mu, \sigma^2)$ に従う正規母集団から大きさ n の独立な標本を無作為抽出したところ,その標本が $\{x_1, x_2, \cdots, x_n\}$ であった.以下の問いに答えよ.
(1) 母分散 σ^2 が既知のときの母平均 μ の最尤推定量を求めよ.
(2) 母平均 μ が既知のときの母分散 σ^2 の最尤推定量を求めよ.

解答

正規分布 $N(\mu, \sigma^2)$ の確率密度関数は,

$$f(x_i | \mu, \sigma^2) = \frac{1}{\sqrt{2\pi\sigma^2}} e^{-\frac{(x-\mu)^2}{2\sigma^2}} \tag{9.7}$$

である.このとき,独立性により同時密度関数は各確率変数 X_i の密度関数の積で表され,次のようになる.

$$\begin{aligned} f(x_1, x_2, \cdots, x_n | \mu, \sigma^2) &= \prod_{i=1}^{n} f(x_i | \mu, \sigma^2) \\ &= \prod_{i=1}^{n} \left\{ \frac{1}{\sqrt{2\pi\sigma^2}} e^{-\frac{(x-\mu)^2}{2\sigma^2}} \right\} \end{aligned} \tag{9.8}$$

尤度関数は,同時密度関数において実現値を所与として,母数の関数としてみたものであるから,

$$L(\mu, \sigma^2 | x_1, x_2, \cdots, x_n) = \prod_{i=1}^{n} \left\{ \frac{1}{\sqrt{2\pi\sigma^2}} e^{-\frac{(x-\mu)^2}{2\sigma^2}} \right\} \tag{9.9}$$

となる.ここで,自然対数をとると,

$$\begin{aligned} \log L(\mu, \sigma^2) &= \sum_{i=1}^{n} \left\{ -\frac{1}{2} \log(2\pi\sigma^2) - \frac{(x_i - \mu)^2}{2\sigma^2} \right\} \\ &= -\frac{n}{2} \log(2\pi\sigma^2) - \frac{1}{2\sigma^2} \sum_{i=1}^{n} (x_i - \mu)^2 \end{aligned} \tag{9.10}$$

9.1. 最尤推定法

となる．以下の (1), (2) の条件の下で対数尤度関数を最大化する母数 μ, σ^2 を求めよう．

(1) 母分散 σ^2 が既知のときの母平均 μ の最尤推定値は，

$$\frac{\partial \log L}{\partial \mu} = \frac{1}{\sigma^2} \sum_{i=1}^{n}(x_i - \mu) = 0 \tag{9.11}$$

を満たす．式 (9.11) を解いて，標本の実現値 $\{x_1, x_2, \cdots, x_n\}$ を確率変数 $\{X_1, X_2, \cdots, X_n\}$ に置き換えば，母平均 μ の最尤推定量

$$\hat{\mu}_{ML} = \frac{1}{n} \sum_{i=1}^{n} X_i = \bar{x} \tag{9.12}$$

を得る．したがって，最尤推定量 $\hat{\mu}_{ML}$ は不偏推定量と一致する．

(2) 母平均 μ が既知のときの母分散 σ^2 の最尤推定値は，

$$\frac{\partial \log L}{\partial \sigma^2} = -\frac{n}{2\sigma^2} + \frac{1}{2\sigma^4} \sum_{i=1}^{n}(x_i - \mu)^2 = 0 \tag{9.13}$$

を満たす．式 (9.13) を解いて，標本の実現値 $\{x_1, x_2, \cdots, x_n\}$ を確率変数 $\{X_1, X_2, \cdots, X_n\}$ に置き換えば，母分散 σ^2 の最尤推定量

$$\hat{\sigma}^2_{ML} = \frac{1}{n} \sum_{i=1}^{n}(X_i - \mu)^2 \tag{9.14}$$

を得る．実際は，母平均 μ も未知であることが多い．この場合，母分散の最尤推定量は，母平均の最尤推定量 $\hat{\mu}_{ML}$ を代わりに用いて，

$$\hat{\sigma}^2_{ML} = \frac{1}{n} \sum_{i=1}^{n}(X_i - \hat{\mu}_{ML})^2 \tag{9.15}$$

と表される．このとき，$\hat{\sigma}^2_{ML}$ は不偏推定量 $\hat{\sigma}^2 = \frac{1}{n-1} \sum_{i=1}^{n}(X_i - \bar{x})^2$ とは一致しない．

9.2 線形回帰モデルの最尤推定

回帰直線 (9.16) の回帰パラメータ α, β の最尤推定量 a, b を求めよう.

$$y_i = \alpha + \beta x_i + \epsilon_i \tag{9.16}$$

ただし, 誤差項 $\epsilon_i \ (i = 1, 2, \cdots, n)$ に関して, 8.3 と同様に以下の仮定を設ける.

仮定:
(1) 誤差項の期待値は 0 である: $E[\epsilon_i]=0$
(2) 誤差項の分散は標本に無関係に一定値 σ^2 をとる: $V[\epsilon_i] = \sigma^2$
(3) 誤差項は互いに独立である: $E[\epsilon_i, \epsilon_j] = 0 (i \neq j)$
(4) 誤差項は正規分布に従う: $\epsilon_i \sim N(0, \sigma^2)$

仮定の (4) より, 誤差項 ϵ_i は正規分布 $N(0, \sigma^2)$ に従うことから, 個々の偏差 $\hat{\epsilon}_i = y_i - (a + bx_i)$ に関する尤度 $L_i(a, b)$ は,

$$L_i(a, b) = \frac{1}{\sqrt{2\pi\sigma^2}} e^{-\frac{\{y_i - (a+bx_i)\}^2}{2\sigma^2}} \tag{9.17}$$

である. n 個すべての偏差についての同時確率密度関数を尤度関数として表現すれば,

$$L(a, b) \equiv \prod_i L_i(a, b) = L_1(a, b) \cdot L_2(a, b) \cdots L_n(a, b) \tag{9.18}$$

となる. 両辺の対数をとれば,

$$\ln L(a, b) = -\ln(2\pi)^{n/2} \sigma^n - \frac{1}{2\sigma^2} \sum_{i=1}^{n} (y_i - a - bx_i)^2 \tag{9.19}$$

が得られる. a と b について偏微分し, 一階条件を整理すれば, 以下の連立方程式が得られる.

$$\sum_{i=1}^{n} [y_i - (a + bx_i)] = 0 \tag{9.20}$$

$$\sum_{i=1}^{n} [y_i - (a + bx_i)] x_i = 0 \tag{9.21}$$

9.3. ロジットモデルの最尤推定　　　　　　　　　　　　　　　　　　233

この式を変形すれば,

$$na + b\sum_{i=1}^{n} x_i = \sum_{i=1}^{n} y_i \tag{9.22}$$

$$a\sum_{i=1}^{n} x_i + b\sum_{i=1}^{n} x_i^2 = \sum_{i=1}^{n} x_i y_i \tag{9.23}$$

となる．読者の皆さんは上式に見覚えがあると感じるだろう．実際に，前章で示した最小2乗法による線形回帰モデルを推定する場合に用いた正規方程式と同じ式である．すなわち，**仮定**のように線形回帰モデルの誤差項が正規分布に従う場合，最小2乗法による推計結果と最尤推定法による推定結果は一致する．その結果，線形回帰モデルの最尤推定値は，最小2乗法による推定値がもつ性質，すなわち，不偏性と効率性を満足する．

さらに，重線形回帰モデルの場合にも，両手法による推定結果は一致する．このように線形回帰モデルの場合には，最小2乗法も最尤推定法も同一の推計結果を導くが，非線形回帰モデルのような複雑な回帰モデルの場合，両者の推計結果は一般に一致しない．

9.3 ロジットモデルの最尤推定[†]

9.3.1　二項ロジットモデル

私たちは生活の様々な場面でいくつかの選択肢の中からどれを選択するかといった問題に直面する．例えば，「通勤に自動車を利用するか公共交通であるバスを利用するか？」，「ゴールデンウィークに旅行するか否か」，するとすれば，「行き先は北海道か九州か，はたまた沖縄か」といった具合である．ロジットモデルは，このように複数個の選択肢からある特定の選択肢を選択するような行動を記述したり，分析するためによく用いられるモデルである．このように複

数個の（離散的な）選択肢のうち，いずれかを選ぶような選択行動を表現するモデルを離散選択モデルという[1]．ロジットモデルの他にもいろいろなモデルが開発されているが，ロジットモデルは他の離散選択モデルと比較して操作性が高く，都市・地域計画や交通計画，マーケティングなどの分野で広く利用されている．ロジットモデル自体に興味のある読者は参考文献を参照してほしい．本書では，選択肢が2つだけの場合を対象とした二項ロジットモデルを取り上げ，それを最尤推定する方法について説明する．

いま，通勤者が交通手段としてマイカーを利用するか，あるいはバスを利用するかという選択問題に直面しているとしよう．通勤に要する時間，費用，道路やバスの混雑度，通勤先での駐車場の有無など，通勤手段の選択に影響を及ぼす要因はいろいろあるだろう．ここでは，まずバスあるいはマイカーを利用した際に要する時間及び費用だけに着目してみよう．ある個人 i ($i = 1, \cdots, n$) がバスを選択したときに得られる効用（選択から得られる「満足度」といってもよい）を U_b^i，マイカーを選択したときに得られる効用を U_c^i と表そう．いま，それぞれを利用したときの効用関数を

$$V_b^i = \beta_1 x_{1b}^i + \beta_2 x_{2b}^i$$
$$V_c^i = \beta_1 x_{1c}^i + \beta_2 x_{2c}^i$$

と表す．x_{1b}^i は個人 i がバスを利用した場合の通勤時間を，x_{2b}^i は通勤費用を表す．同様に，x_{1c}^i は個人 i がマイカーを利用した場合の通勤時間を，x_{2c}^i は通勤費用を表す．β_1, β_2 はこれから推計しようとするパラメータである．先ほど述べたように，各個人の通勤手段選択は通勤時間や通勤費用以外にもいろいろな要因に影響を受ける．したがって，各個人の知覚する効用は，通勤時間や通勤費用で説明される効用とその他の要因によってもたらされる効用の和として表現されると考えるのが自然であろう．ここでは，その他の要因によってもたらされる効用を確率的な誤差項 ϵ_b^i, ϵ_c^i として扱い，個人 i の知覚する効用（知覚

---

[1] 離散選択分析理論とその計算手法を開発した功績に対して，ダニエル・マクファデンとジェームズ・ヘックマンが2000年にノーベル経済学賞を受賞している．

9.3. ロジットモデルの最尤推定

効用と呼ばれる）を

$$U_b^i = V_b^i + \epsilon_b^i = \beta_1 x_{1b}^i + \beta_2 x_{2b}^i + \epsilon_b^i \tag{9.24}$$

$$U_c^i = V_c^i + \epsilon_c^i = \beta_1 x_{1c}^i + \beta_2 x_{2c}^i + \epsilon_c^i \tag{9.25}$$

と表す．なお，通勤時間および通勤費用によって確定的に説明される効用 V_b^i, V_c^i を確定効用と呼ぶ．式 (9.24),(9.25) が既に述べた線形回帰モデルと一見よく似ていることに気が付いた読者もいるだろう．ところが，式 (9.24),(9.25) の左辺の効用水準 U_b^i, U_c^i を分析者が直接観察できない（あるいは，困難である）という点が線形回帰モデルとは大きく異なる．その代わり，分析者にとっては，個々の通勤者の通勤手段選択の結果，すなわちバスを利用したか，あるいはマイカーを利用したかということは容易に観測できる．このように，観察可能な離散選択の結果から効用関数を構成するパラメータの値を推定するというのが，ロジットモデルの枠組みである．

いま，観測対象のある通勤者がバスを利用したとしよう．このとき，その通勤者がバスを利用することによって得られる知覚効用は，マイカーを利用した場合の知覚効用よりも大きかった，すなわち $U_b^i > U_c^i$ が成立していたと考えることができる．このような表現を用いれば，個人 i がバスを選択する確率 p_b^i を

$$\begin{aligned}
p_b^i &= P(U_b^i > U_c^i) \\
&= P(\beta_1 x_{1b}^i + \beta_2 x_{2b}^i + \epsilon_b^i > \beta_1 x_{1c}^i + \beta_2 x_{2c}^i + \epsilon_c^i) \\
&= 1 - P\{\epsilon^i \leq \beta_1 (x_{1c}^i - x_{1b}^i) + \beta_2 (x_{2c}^i - x_{2b}^i)\} \\
&= 1 - F\{\beta_1 (x_{1c}^i - x_{1b}^i) + \beta_2 (x_{2c}^i - x_{2b}^i)\}
\end{aligned} \tag{9.26}$$

と表すことができる．ここで，$\epsilon^i = \epsilon_b^i - \epsilon_c^i$ であり，F は ϵ^i の分布関数とする．

離散選択モデルのうち，式 (9.24), (9.25) の誤差項 $\epsilon_b^i, \epsilon_c^i$ がそれぞれ独立なガンベル分布に従って分布していると仮定した場合がロジットモデルである[2]．こ

---

[2] 誤差項が正規分布に従うと仮定したモデルは，プロビットモデルと呼ばれる．

のとき，バスを選択する確率 p_b^i は，

$$p_b^i = \frac{\exp(\lambda V_b^i)}{\exp(\lambda V_b^i) + \exp(\lambda V_c^i)} = \frac{1}{1 + \exp\{\lambda(V_c^i - V_b^i)\}}$$
$$= \frac{1}{1 + \exp[\lambda\{\beta_1(x_{1c}^i - x_{1b}^i) + \beta_2(x_{2c}^i - x_{2b}^i)\}]} \quad (9.27)$$

となる．二項選択なので，マイカーを選択する確率 p_c^i は，

$$p_c^i = 1 - p_b^i$$
$$= \frac{\exp\left[\lambda\left\{\beta_1(x_{1c}^i - x_{1b}^i) + \beta_2(x_{2c}^i - x_{2b}^i)\right\}\right]}{1 + \exp\left[\lambda\left\{\beta_1(x_{1c}^i - x_{1b}^i) + \beta_2(x_{2c}^i - x_{2b}^i)\right\}\right]} \quad (9.28)$$

である．なお，λ は誤差項のばらつきを示すパラメータである．これらの選択確率の導出方法について参考文献を参考にしてほしい．なお，2項ロジットモデルにおける，2つの選択肢から得られる確定効用の差 ΔV と選択確率 p の関係は図 9.1 のようになる．ここでは，バス利用の確定効用からマイカー利用の確定効用を引いた効用差 $\Delta V = V_b - V_c$ を横軸に，バスの選択確率 p_b を縦軸にとったグラフを示している．図 9.1 より，確定効用に差がない ($\Delta V = 0$) とき，選択確率は等しく $p_b = p_c = 0.5$ となっていることがわかる．また，確定効用の大きな選択肢 ($\Delta V \gtreqqless 0$) の方が選択されやすく ($p_b \gtreqqless 0.5$)，効用差が大きいほど選択確率は大きくなる（ただし，上昇幅は小さくなる）ことが見てとれる．この曲線は，ロジスティック曲線と呼ばれる．

以上では，効用関数に含まれる変数が2つだけの場合を取り上げたが，$m \geq 2$ の場合も二項ロジットモデルを容易に拡張できる．いま，個人 i の選択肢 b に対する効用が m 個の変数 x_{kb}^i ($k = 1, \cdots, m$) で表現できるとしよう．このとき，二項ロジットモデルは，

$$p_b^i = \frac{\exp\left\{\lambda \sum_k \beta_k x_{kb}^i\right\}}{\exp\left\{\lambda \sum_k \beta_k x_{kb}^i\right\} + \exp\left\{\lambda \sum_k \beta_k x_{kc}^i\right\}} \quad (9.29)$$

$$p_c^i = \frac{\exp\left\{\lambda \sum_k \beta_k x_{kc}^i\right\}}{\exp\left\{\lambda \sum_k \beta_k x_{kb}^i\right\} + \exp\left\{\lambda \sum_k \beta_k x_{kc}^i\right\}} \quad (9.30)$$

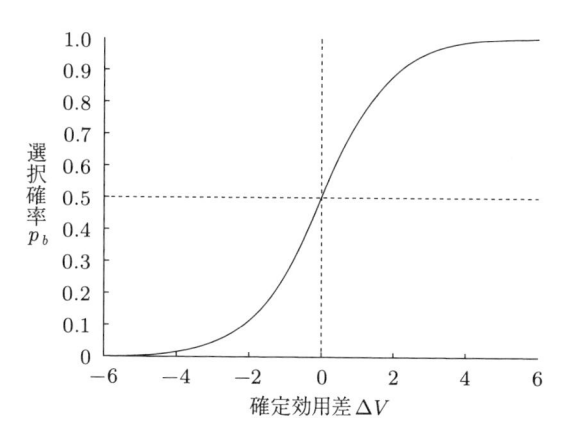

図 9.1　確定効用差 ΔV と選択確率 p_b の関係（ロジスティック曲線）

となる．さらに，選択肢が 3 つ以上ある場合を対象としたモデルにも拡張が可能であり，そのようなモデルを多項ロジットモデルという．詳細については，やはり参考文献を参照してほしい．

9.3.2　ロジットモデルの尤度関数

ここからは，ロジットモデルの尤度関数を定義し，最尤推定の考え方を示そう．まず，被験者（この場合は通勤者）に対するアンケート調査を行い，二項ロジットモデルを推定するためのデータを収集する．モデル推計にあたって必要なデータとしては，ある調査時点において，通勤にバスあるいはマイカーのいずれを用いたかという利用手段に関する情報，バス，マイカーのそれぞれを利用した場合の通勤時間，通勤費用である．いま，通勤者は必ずバスかマイカーのうち，どちらかを利用していると考える．ここで，n 人に関するデータを収集したと考え，個人 i の選択結果を示す 0-1 変数 δ^i を導入する．

$$\delta^i = \begin{cases} 0 & :\text{マイカーを利用したとき} \\ 1 & :\text{バスを利用したとき} \end{cases} \tag{9.31}$$

このように，2項選択モデルの場合，δ^i の値は個人 i の選択結果と一対一で対応し，式 (9.27) の選択確率 p_b^i は $\delta_i = 1$ となる確率を示している．0-1 変数 δ^i を用いると，n 人の個人の選択結果（選択パターン）を $\boldsymbol{\delta} = (\delta^1, \delta^2, \cdots, \delta^n)$ と表すことができる．例えば，n 人の個人の選択した交通手段を個人 1 から順番に並べると（バス，マイカー，$\cdots$，バス）であったとすれば，$\boldsymbol{\delta} = (\delta^1, \delta^2, \cdots, \delta^n) = (1, 0, \cdots, 1)$ といった具合である．

いま，各個人が互いに無関係に（独立に）通勤手段を選択する場合，選択パターン $\boldsymbol{\delta}$ が出現する尤度（同時確率密度）L は，

$$L = \prod_{i=1}^{n} p_b^{i\,\delta^i} p_c^{i\,(1-\delta^i)}$$
$$= (p_b^{1\,\delta^1} p_c^{1\,(1-\delta^1)})(p_b^{2\,\delta^2} p_c^{2\,(1-\delta^2)}) \cdots (p_b^{n\,\delta^n} p_c^{n\,(1-\delta^n)}) \tag{9.32}$$

と表すことができる．ただし，$p_b^{i\,\delta^i} p_c^{i\,(1-\delta^i)}$ は個人 i が選択 δ^i を行う確率である．例えば，$\delta_i = 1$ の場合には，個人 i が実際に選択した通勤手段を選択する確率は，個人がバスを選択する確率 $p_b^{i\,1} p_c^{i\,0} = p_b^i$ によって表される[3]．式 (9.32) は，ロジットモデルのパラメータ $\boldsymbol{\beta} = (\beta_1, \beta_2)$ が与えられたときに選択パターン $\boldsymbol{\delta}$ が出現する確率を表している．このことを明示的に示すために，尤度関数を $\boldsymbol{\beta}$ の関数として $L(\boldsymbol{\beta})$ と表そう．最尤推定量は尤度関数 $L(\boldsymbol{\beta})$ を最大にするようなパラメータ $\boldsymbol{\beta}$ として求まる．尤度関数 $L(\boldsymbol{\beta})$ を最大化することは，対数尤度関数 $L^* = \ln L(\boldsymbol{\beta})$ を最大化することと同値である．対数尤度関数は，

$$L^* = \ln L(\boldsymbol{\beta}) = \sum_{i=1}^{n} \{\delta^i \ln p_b^i + (1-\delta^i) \ln p_c^i\} \tag{9.33}$$

となる．ここで，ロジットモデルの選択確率 (9.27), (9.30) を上式に代入すれ

---

[3] このように確率 p で $x = 1$，確率 $q = 1 - p$ で $x = 0$ をとる離散型の確率分布はベルヌーイ分布と呼ばれる．ベルヌーイ分布の確率関数は以下のように表される．

$$f(x:p) = p^x (1-p)^{1-x}, \quad x = \{0, 1\}$$

9.3. ロジットモデルの最尤推定

ば，対数尤度関数は次式のようになる[4].

$$L^* = \sum_{i=1}^{n} \delta_b^i \ln \frac{\exp\left\{\sum_k \beta_k x_{kb}^i\right\}}{\exp\left\{\sum_k \beta_k x_{kb}^i\right\} + \exp\left\{\sum_k \beta_k x_{kc}^i\right\}}$$
$$+ \sum_{i=1}^{n} (1-\delta^i) \ln \frac{\exp\left\{\sum_k \beta_k x_{kc}^i\right\}}{\exp\left\{\sum_k \beta_k x_{kb}^i\right\} + \exp\left\{\sum_k \beta_k x_{kc}^i\right\}} \quad (9.34)$$

対数尤度関数 (9.34) を最大にするような推定量 $\hat{\boldsymbol{\beta}}$ は，

$$\frac{\partial L^*(\hat{\boldsymbol{\beta}})}{\partial \beta_k} = 0 \quad (k=1,\cdots,m) \quad (9.35)$$

を同時に満足するような解として求めることができる．以上の説明からわかるとおり，効用水準がわからなくとも，個人の選択行動の結果に基づいて間接的にパラメータ β_1, β_2 を推定することができる点が離散選択モデルの利点である．さらに計算を進めれば，最適条件は

$$\sum_{i=1}^{n} (\delta^i - p_b^i)(x_{kb}^i - x_{kc}^i) = 0 \quad (k=1,\cdots,m) \quad (9.36)$$

と簡略化できる．ここで，p_b^i は二項ロジットモデルによる選択確率 (9.27) を示しており，上式はパラメータ $\hat{\boldsymbol{\beta}}$ に関する連立非線形方程式となっている．なお，具体的なパラメータを求めるためには，連立非線形方程式を数値計算によって解く必要があるが，数値計算法については参考文献を参照してほしい．

9.3.3 ロジットモデルの推計精度

最後に，ロジットモデルの推計精度を判定するためによく用いられる統計量

---

[4] 式 (9.34) では，誤差項のばらつきを表すパラメータ λ が現れていない．ロジットモデルを推定する際，λ と β の値を分離して推計できない．つまり，$\lambda \beta_k$ ($k=1,2,\cdots,m$) としてかけ算の形で一緒に推定されることになる．そこで，式 (9.34) では表記上の煩雑さを避けるため λ を省略している．

である尤度比について簡単に述べておこう．尤度比 ρ^2 は

$$\rho^2 = 1 - \frac{L^*(\hat{\boldsymbol{\beta}})}{L^*(0)} \tag{9.37}$$

と定義される．ここに，$L^*(\hat{\boldsymbol{\beta}})$ は最尤推定値 $\hat{\boldsymbol{\beta}}$ を用いた場合の対数尤度である．一方，$L^*(0)$ は二項ロジットモデルのパラメータ β をすべて 0 にした場合の対数尤度であり，$L^*(0) = \sum_{i=1}^{n} \{\delta^i \ln(0.5) + (1 - \delta^i) \ln(0.5)\} = -n \ln 2$ となる．n は標本の大きさを表す．言い換えれば，$L^*(0)$ はモデルに全く説明力がなかった場合の対数尤度を表している．$L^*(\cdot)$ は尤度（確率）の対数をとったものであるから 0 または負の値をとり，尤度が大きいほど 0 に近づく．このことを踏まえれば，尤度比 ρ^2 は 0 と 1 の間の値をとり，1 に近いほどがモデルの精度が高いことを示す指標である．また，その意味合いとしては，モデルを作成することにより説明力をどの程度獲得できたかを示しているといえる．最小 2 乗法で説明した重相関係数とは異なり，尤度比が 0.2〜0.4 程度でモデルは十分高い適合度を持っていると判断してよい．尤度比に関しても，重相関係数と同様に自由度を修正する必要が生じる場合がある．自由度を修正した尤度比 $\bar{\rho}^2 = (n-k)\rho^2/n$ によって与えられる．

尤度比を算出することによってモデル全体の推計精度を判定することができるが，加えて個々の説明変数についてもその説明力を調べることが必要である．その際，標本サイズが十分に大きいとき各パラメータの推定量の分布が正規分布に近づくという性質（最尤推定量の漸近正規性）により，t 検定を適用することができる．一般的には，最小 2 乗法と同様に，それぞれのパラメータが 0 であるとする帰無仮説に基づいてパラメータ毎の t 値を求め，各説明変数の説明力について検討を行う．詳細には，参考文献に譲る．

章末問題 9

(1) 2つの溶液 A, B がある．これらの溶液にある試薬を加えると，溶液 A は確率 $p_A = 0.5$ で反応を示し $(X = 1)$, $1 - p_A = 0.5$ で反応しない $(X = 0)$. 一方，溶液 B は確率 $p_B = 0.8$ で反応を示し $(X = 1)$, $1 - p_B$ で反応しない $(X = 0)$. なお，反応の仕方で両溶液を区別することはできない．いま，目の前にある溶液が A, B のどちらかであるか分からないので，試薬を加える実験を 3 回行った．以下の問いに答えよ．

 (a) 3 回の実験結果が $\{X_1, X_2, X_3\} = \{x_1, x_2, x_3\}$ であったときの尤度関数を求めよ．【ヒント】1 回の実験結果 $X = x \in \{0, 1\}$ がベルヌーイ分布（確率関数：$f(x; p) = p^x (1-p)^{1-x}$）に従うことを利用せよ．

 (b) 実際の実験結果は $\{X_1, X_2, X_3\} = \{1, 0, 1\}$ であった．最尤推定の考え方に基づけば，目の前の溶液は A, B のどちらであると判断できるか．

(2) 母集団が平均 $1/\lambda$ の指数分布に従っているとき，そこから大きさ n の標本 $\{x_1, x_2, \cdots, x_n\}$ が無作為に抽出された．以下の問いに答えよ．

 (a) 対数尤度関数 $\log L(\lambda | x_1, x_2, \cdots, x_n)$ を求めよ．

 (b) 母数 λ の最尤推定量 $\hat{\lambda}_{ML}$ を求めよ．

(3) 例 3.3 においてポアソン分布の平均値 λ の最尤推定値を求めよ．

章末問題の解答

序章　解答

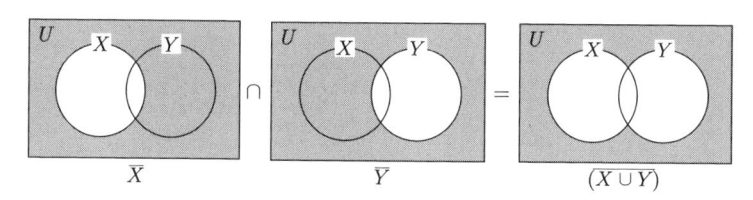

(1)
  (a) ド・モルガンの法則 $\overline{X \cup Y} = \overline{X} \cap \overline{Y}$ のベン図による証明

図 解.1　ド・モルガンの法則：$\overline{X \cup Y} = \overline{X} \cap \overline{Y}$

  (b) 分配法則 $X \cup (Y \cap Z) = (X \cup Y) \cap (X \cup Z)$ (序.19) のベン図による証明（次頁　図解.2 参照）

(2) 最初の数字は 0 以外の 5 通りで，2 つ目以降は残りの 5 つの数字から 3 つを選ぶときの順列の数で求められる．したがって，$5 \times {}_5P_3 = 5 \times 5 \times 4 \times 3 = 300$ 通りである．

(3) 対角線の本数は，12 個ある頂点から 2 個を選ぶ組合せの数から十二角形の辺の数 12 を引いた数である．したがって，

$$ {}_{12}C_2 - 12 = \frac{12 \cdot 11}{2 \cdot 1} - 12 = 66 - 12 = 54 \text{ (本)} $$

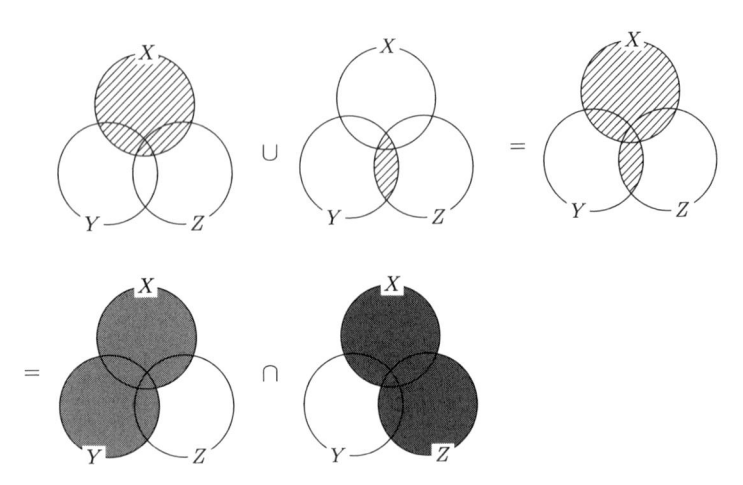

図 解.2　分配法則：$X \cup (Y \cap Z) = (X \cup Y) \cap (X \cup Z)$

(4)
  (a) 9人から4人を選ぶ組合せと残りの5人から3人を選ぶ組合せの積であるから，次のように求められる．
  $$_9C_4 \times {}_5C_3 = \frac{9 \cdot 8 \cdot 7 \cdot 6}{4 \cdot 3 \cdot 2 \cdot 1} \cdot \frac{5 \cdot 4 \cdot 3}{3 \cdot 2 \cdot 1} = 1260 \,(\text{通り})$$

  (b) A，B，Cをそれぞれ別のグループとして区別して，(a)と同様に考えればよい．
  $$_9C_3 \times {}_6C_3 = \frac{9 \cdot 8 \cdot 7}{3 \cdot 2 \cdot 1} \cdot \frac{6 \cdot 5 \cdot 4}{3 \cdot 2 \cdot 1} = 1680 \,(\text{通り})$$

  (c) (b)においてグループを区別しない場合である．すなわち，1680通りをグループに関する順列の数 $_3P_3$ で除せばよい．
  $$\frac{1680}{3 \cdot 2 \cdot 1} = 280 \,(\text{通り})$$

(5)
  (a) $(1+x)^n$ に $x = 1$ を代入すれば得られる．
  (b) $(1+x)^n$ に $x = -1$ を代入すれば得られる．

第1章 解答

(1)
  (a) 事象 ω_i は次のように表される.
$$\omega_1 = \{H\},\ \omega_2 = \{TH\},\ \omega_3 = \{TTH\}, \cdots$$
したがって, 事象 ω_i の起こる確率は, 以下の通りである.
$$P(\omega_i) = (1/2)^i$$

  (b) 実験が n 回以上続く事象 A_n の確率 $P(A_n)$ は, 以下の通りである.
$$P(A_n) = \sum_{i=n}^{\infty} P(\omega_i) = 1 - P(\overline{A}_n)$$
$$= 1 - \sum_{i=1}^{n-1} (\frac{1}{2})^i = (\frac{1}{2})^{n-1}$$

(2) $\dfrac{6+4-2}{12} = \dfrac{8}{12} = \dfrac{2}{3}$

(3)
  (a) $P(R) = \dfrac{10}{10+8} = \dfrac{5}{9}$, $P(RB|R) = \dfrac{8}{10+8+2} = \dfrac{2}{5}$, $P(RBB|RB) = \dfrac{10}{10+8+4} = \dfrac{5}{11}$

  (b) $P(RBB) = P(R)P(RB|R)P(RBB|RB) = \dfrac{5}{9} \times \dfrac{2}{5} \times \dfrac{5}{11} = \dfrac{10}{99}$

  (c) 赤玉と黒玉の数が等しくなるのは, 3 回の試行のうち 2 回黒玉を引く場合で RBB, BRB, BBR の 3 通りである. $P(RBB) = P(BRB) = P(BBR) = 10/99$ より, 赤玉と黒玉の数が異なる確率は, $1 - 10/99 \times 3 = 23/33$ となる.

(4) $P(F) = 3/13$, $P(O) = 7/13$ であるから, $P(F)P(O) = 21/169$. 一方, 絵札のうちで奇数であるのは各マークにつき 2 枚 (11 と 13) で合計 8 枚だから, $P(F \cap O) = 8/52 = 2/13$ である. したがって, $P(F \cap O) \neq P(F)P(O)$ より, 事象 F と O は独立ではない.

(5)
(a) メールに「無料」という単語が含まれている確率 $P(B)$ は以下の通り.
$$P(B) = 0.2 \times 0.2 + 0.8 \times 0.02 = 0.056$$

(b) ベイズの定理より, 『無料』が含まれているという条件の下で迷惑メールである確率 $P(A_1|B)$ は,
$$P(A_1|B) = \frac{P(B|A_1)P(A_1)}{P(B|A_1)P(A_1) + P(B|A_2)P(A_2)} = \frac{0.04}{0.056} \fallingdotseq 0.71$$
である. $P(A_1|B) > 0.7$ より, 迷惑メールと判断される.

第 2 章 解答

(1) (図は省略する)

$$\mu = E[X] = \int_{-1}^{1} xf(x)dx = \int_{-1}^{0} x \cdot (-x)dx + \int_{0}^{1} x \cdot x dx = -\frac{1}{3} + \frac{1}{3} = 0$$

$$\sigma^2 = V[X] = \int_{-1}^{1} (x-\mu)^2 f(x)dx = \int_{-1}^{0} x^2 \cdot (-x)dx + \int_{0}^{1} x^2 \cdot x dx = \frac{1}{4} + \frac{1}{4} = \frac{1}{2}$$

(2) 与えられた確率密度関数より, 確率分布関数を求めると,
$$P\{X \leq x\} = \int_{-\infty}^{x} f(y)dy = \int_{15}^{x} \frac{15}{y^2} dy = 1 - \frac{15}{x}$$

となる．ただし，上式は $x \geq 15$ においてのみ成立する．$x < 15$ においては，$P\{X \leq x\} = 0$ である．

(a) $P(X > 18) = 1 - P(X \leq 18) = 5/6$.

(b) $1 - P\{\max[X_1, X_2] \leq 18\} = 1 - P\{X_1 \leq 18\} \times P\{X_2 \leq 18\} = 1 - (1/6)^2 = 35/36$.

(3) まず，Y, Z および YZ のとりうる値と確率は以下の通りである．

$$Y = \begin{cases} 0 & (X_1 = 0) \quad 確率：1/2 \\ 1 & (X_1 = 1) \quad 確率：1/2 \end{cases}$$

$$Z = \begin{cases} 0 & (X_1 = 0, X_2 = 0) & 確率：1/4 \\ 1 & (X_1 = 1, X_2 = 0 \text{ or } X_1 = 0, X_2 = 1) & 確率：1/2 \\ 2 & (X_1 = 1, X_2 = 1) & 確率：1/4 \end{cases}$$

$$YZ = \begin{cases} 0 & (Y = 0) & 確率：1/2 \\ 1 & (Y = 1, Z = 1) & 確率：1/4 \\ 2 & (Y = 1, Z = 2) & 確率：1/4 \end{cases}$$

したがって，$E[Y] = 1/2, E[Z] = 1, E[YZ] = 3/4, V[Y] = 1/4, V[Z] = 1/2$ となる．定理 2.3 を用いれば，以下を得る．

$$\mathrm{Cov}[Y, Z] = E[YZ] - E[Y]E[Z] = 3/4 - 1/2 \times 1 = 1/4$$

$$R[Y, Z] = \frac{\mathrm{Cov}[Y, Z]}{\sqrt{V[Y]}\sqrt{V[Z]}} = \frac{1/4}{1/2 \times 1/\sqrt{2}} = \sqrt{2}/2$$

（別解）共分散の定義式を用いる．

$$\mathrm{Cov}[Y, Z] = E\big[Y - E[Y]\big]\big[Z - E[Z]\big]$$
$$= E\big[X_1 - E[X_1]\big]\big[X_1 + X_2 - E[X_1 + X_2]\big]$$

$$= E\bigl[X_1 - E[X_1]\bigr]^2 + E\bigl[X_1 - E[X_1]\bigr]\bigl[X_2 - E[X_2]\bigr]$$
$$= V[X] + \mathrm{Cov}[X_1, X_2]$$

X_1, X_2 は互いに独立であるから,$\mathrm{Cov}[X_1, X_2] = 0$. したがって,$\mathrm{Cov}[Y, Z] = V[X] = 1/4$ となる.

(4) 同時確率分布
$$E[X] = 0 \times \frac{6}{15} + 1 \times \frac{8}{15} + 2 \times \frac{1}{15} = \frac{2}{3}$$
$$E[Y] = 0 \times \frac{6}{15} + 1 \times \frac{6}{15} + 2 \times \frac{3}{15} = \frac{4}{5}$$
$$E[XY] = 1 \times \frac{4}{15} = \frac{4}{15}$$
$$\mathrm{Cov}[X, Y] = E[XY] - E[X]E[Y] = \frac{4}{15} - \frac{2}{3} \times \frac{4}{5} = -\frac{4}{15}$$

(5) 計算表は以下の通り.

	x	y	$x - \overline{x}$	$y - \overline{y}$	$(x - \overline{x})^2$	$(y - \overline{y})^2$	$(x - \overline{x})(y - \overline{y})$
1	31	170	1	-10	1	100	-10
2	34	210	4	30	16	900	120
3	28	160	-2	-20	4	400	40
4	31	170	1	-10	1	100	-10
5	35	210	5	30	25	900	150
6	27	170	-3	-10	9	100	30
7	25	150	-5	-30	25	900	150
8	28	190	-2	10	4	100	-20
9	29	180	-1	0	1	0	0
10	32	190	2	10	4	100	20
計	300	1800	0	0	90	3600	470
平均・分散・共分散	30	180			9	360	47

共分散：$s_{xy} = 47$

相関係数：$r = \dfrac{s_{xy}}{s_x s_y} = \dfrac{47}{3 \times 6\sqrt{10}} = 0.83$

よって，正の強い相関がある．

第3章　解答

(1)

(a) 10回中2回1の目が出たので，1が出る確率は $\dfrac{1}{5} = 0.2$

(b) 20回中3回1の目が出たので，1が出る確率は $\dfrac{3}{20} = 0.15$

(c) 30回中5回1の目が出たので，1が出る確率は $\dfrac{5}{30} = 0.167$

(d) $|0.2 - 0.167| = 0.033$, $|0.15 - 0.167| = 0.017$, $|0.167 - 0.167| = 0$

試行回数を増やすほど1の目が出る確率が $\dfrac{1}{6}$ に近づくことが確認できる．

(2)

(a) 1年間（15回）の講義で一度も遅刻しない確率は，$\left(\dfrac{99}{100}\right)^{15} = 0.86$

1年間（15回）の講義で1回遅刻する確率は，${}_{15}\mathrm{C}_1 \left(\dfrac{1}{100}\right)^1 \left(\dfrac{99}{100}\right)^{14} = 0.13$

1年間で遅刻する回数の平均は，$np = 15 \cdot \dfrac{1}{100} = 0.15$ 回

1 年間で遅刻する回数の分散は，$npq = 15 \cdot \dfrac{1}{100} \cdot \dfrac{99}{100} = 0.149 (回^2)$

(b) 10 年間（150 回）の講義で一度も遅刻しない確率は，$\left(\dfrac{99}{100}\right)^{150} = 0.221$

10 年間（150 回）の講義で 1 回遅刻する確率は，${}_{150}C_1 \left(\dfrac{1}{100}\right)^1 \left(\dfrac{99}{100}\right)^{149} = 0.336$

10 年間で遅刻する回数の平均は，$np = 150 \cdot \dfrac{1}{100} = 1.5$ 回

10 年間で遅刻する回数の分散は，$npq = 150 \cdot \dfrac{1}{100} \cdot \dfrac{99}{100} = 1.485 (回^2)$

(c) A 先生が 10 年間で遅刻する回数の平均は (b) より 1.5 回である．従って，A 先生が 10 年間で x 回遅刻する確率は，$P(x) = e^{-1.5} \cdot \dfrac{1.5^x}{x!}$ である．よって，$P(0) = 0.223,\ P(1) = 0.335$

(3)

(a) 成績が「優」の人の割合は，

$$P\left(x \geq \dfrac{80 - 75}{15}\right) = P(x \geq 0.33)$$
$$= 1 - P(x \leq 0.33)$$
$$= 1 - 0.6293 = 0.3707$$

成績が「良」の人の割合は，

$$P\left(\dfrac{70 - 75}{15} \leq x \leq \dfrac{80 - 75}{15}\right) = P(-0.33 \leq x \leq 0.33)$$
$$= 2\{P(x \leq 0.33) - 0.5\}$$
$$= 2(0.6293 - 0.5) = 0.2586$$

成績が「可」の人の割合は,

$$P\left(\frac{60-75}{15} \leq x \leq \frac{70-75}{15}\right) = P(-1 \leq x \leq -0.33)$$
$$= P(0.33 \leq x \leq 1)$$
$$= P(x \leq 1) - P(x \leq 0.33)$$
$$= 0.8413 - 0.6293 = 0.212$$

成績が「不可」の人の割合は,

$$P\left(x \leq \frac{60-75}{15}\right) = P(x \leq -1)$$
$$= 1 - P(x \geq 1)$$
$$= 1 - 0.8413 = 0.1587$$

(b) Bさんの偏差値は $Z = 50 + \dfrac{X-\mu}{\sigma} \cdot 10 = 50 + \dfrac{63-75}{15} \cdot 10 = 42$

(4)
(a) 1分間の客の到着人数の平均は $\lambda = \dfrac{20}{60} = \dfrac{1}{3}$[人/分]

1分間に客が x 人到着する確率は, $P(x) = e^{-\frac{1}{3}} \dfrac{\left(\frac{1}{3}\right)^x}{x!}$

よって, $P(x \geq 2) = 1 - \sum_{k=0}^{1} e^{-\frac{1}{3}} \dfrac{\left(\frac{1}{3}\right)^k}{k!} \fallingdotseq 0.045$

(b) 一人当たりのレジでの平均所要時間は $t = \dfrac{60}{30} = 2$[分/人]

一人当たりのレジでの所要時間 x(分) の確率密度関数は以下のようになる.

$$f(x) = \begin{cases} 0.5 e^{-0.5x} & (x \geq 0) \\ 0 & (x < 0) \end{cases}$$

よって、レジでの所要時間が 3 分以上になってしまう確率は、

$$P(x \geq 3) = 1 - \int_0^3 0.5 e^{-0.5x} dx$$
$$= 1 - \left[-e^{-0.5x} \right]_0^3$$
$$= 0.223$$

第 4 章　解答

(1)
  (a) 以下に推移図を示す.

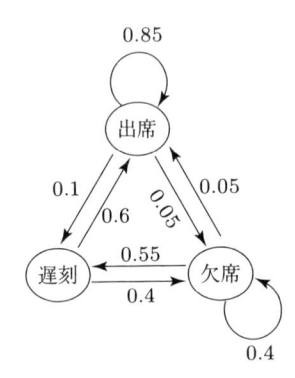

  (b) 推移確率行列 $\{p_{ij}\}$ は以下のようになる.

$$\{p_{ij}\} = \begin{bmatrix} 0.85 & 0.1 & 0.05 \\ 0.6 & 0 & 0.4 \\ 0.05 & 0.55 & 0.4 \end{bmatrix}$$

(c) 次回の講義の出席者数と遅刻者数と欠席者数は以下のように求められる．

$$\begin{bmatrix} 70 & 20 & 10 \end{bmatrix} \begin{bmatrix} 0.85 & 0.1 & 0.05 \\ 0.6 & 0 & 0.4 \\ 0.05 & 0.55 & 0.4 \end{bmatrix} = \begin{bmatrix} 72 & 12.5 & 15.5 \end{bmatrix}$$

よって，次回の講義の出席者数は 72 人，遅刻者数は 12.5 人である．

(2)
  (a) 以下に推移図を示す．

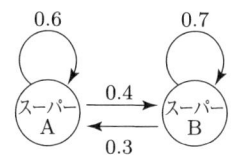

  推移確率行列を P とする．

  $$P = \begin{bmatrix} 0.6 & 0.4 \\ 0.3 & 0.7 \end{bmatrix}$$

  $$P^4 = \begin{bmatrix} 0.6 & 0.4 \\ 0.3 & 0.7 \end{bmatrix}^4 = \begin{bmatrix} 0.4332 & 0.5668 \\ 0.4251 & 0.5749 \end{bmatrix}$$

  $$\begin{bmatrix} 0.9 & 0.1 \end{bmatrix} \begin{bmatrix} 0.4332 & 0.5668 \\ 0.4251 & 0.5749 \end{bmatrix} = \begin{bmatrix} 0.4324 & 0.5676 \end{bmatrix}$$

  よって，4 週間後にスーパー A に行く人の割合は，43.2%
  (b) 定常状態におけるスーパー A に行く人の割合を s とすると，

$$\begin{bmatrix} s & 1-s \end{bmatrix} = \begin{bmatrix} s & 1-s \end{bmatrix} \begin{bmatrix} 0.6 & 0.4 \\ 0.3 & 0.7 \end{bmatrix}$$

$$s = \frac{3}{7} \fallingdotseq 0.429 \ (= 42.9\%)$$

(c) 推移確率行列 P は以下のようになる.

$$P = \begin{bmatrix} 0.8 & 0.2 \\ 0.3 & 0.7 \end{bmatrix}$$

定常状態におけるスーパー A に行く人の割合を t とすると,

$$\begin{bmatrix} t & 1-t \end{bmatrix} = \begin{bmatrix} t & 1-t \end{bmatrix} \begin{bmatrix} 0.8 & 0.2 \\ 0.3 & 0.7 \end{bmatrix}$$

$$t = \frac{3}{5} = 0.6 \ (= 60\%)$$

(3) 半年間を単位時間 1 と考える.

(a) 半年間に A さんが風邪にかかる回数の平均は, 0.5 回である. よって, 半年間に x 回風邪にかかる確率は,

$$P(x) = e^{-0.5} \frac{0.5^x}{x!}$$

1 年間で 1 回も風邪にかからない確率は,

$$P(0) \cdot P(0) = e^{-0.5} \frac{0.5^0}{0!} \cdot e^{-0.5} \frac{0.5^0}{0!} = 0.368$$

(b) 半年間風邪にかからず, 次の半年間で 1 回風邪にかかる確率は,

$$P(0) \cdot P(1) = e^{-0.5} \frac{0.5^0}{0!} \cdot e^{-0.5} \frac{0.5^1}{1!} = 0.184$$

(c) 1回風邪にかかってから，3ヶ月以内に次の風邪にかかる確率は，風邪にかかる時間間隔を T_1 とすると，

$$P(T_1 \leq 0.5) = 1 - e^{-0.5 \cdot 0.5}$$
$$= 0.221$$

(4)
(a) ある診療所における患者の到着率 λ は，$\lambda = 60/12 = 5$（人/時間）である．また，医者が1時間当たりに診療する平均人数（窓口のサービス率）μ は，$\mu = 60/10 = 6$（人/時間）である．窓口の占有率 ρ は，

$$\rho = \lambda/\mu = 5/6 = 0.83$$

である．$\rho < 1$ より，システムには定常状態が存在する．

(b) 店内にいる客の数の平均 $L = \rho/(1-\rho)$（人）は，

$$L = \frac{\rho}{1-\rho} = \frac{5/6}{1-5/6} = 5$$

である．また，客が店に入ってからサービスを受けるまでの待ち時間の平均 $W_q = L/\mu$（分）は，

$$W_q = \frac{L}{\mu} = \frac{5}{6} \times 60 = 50$$

(c) 短縮後のサービス率 $\mu' = 60/9 = 20/3$（人/時間）であるから，占有率は $\rho' = 5/(20/3) = 3/4$ である．$L' = \frac{3/4}{1-3/4} = 3$（人）より，$W_q'$（分）は，

$$W_q' = \frac{L'}{\mu'} = \frac{3}{20/3} \times 60 = 27$$

となる．したがって，$50 - 27 = 23$ 分短縮される．

第 5 章　解答

(1) サイコロに関する以下の問いに答えよ．

(a) 平均を μ，分散を σ^2 とする．

$$\mu = \frac{1}{6}(1+2+3+4+5+6) = 3.5$$

$$\sigma^2 = \frac{1}{6}\{(1-3.5)^2 + (2-3.5)^2 + (3-3.5)^2 + (4-3.5)^2$$
$$+ (5-3.5)^2 + (6-3.5)^2\} = 2.92$$

(b)

$$標本平均の平均 = \mu = 3.5$$

$$標本平均の分散 = \frac{\sigma^2}{n} = \frac{2.92}{10} = 0.292$$

(2)

(a) 正規母集団 $N(\mu, \sigma^2)$ からとられた大きさ n の標本平均は正規分布 $N(\mu, \sigma^2/n)$ に従う (p.133 の脚注参照)．したがって，$\overline{X} \sim N(72, 4^2)$ となる．図は省略する．

(b)(i) 標本平均 $\overline{X}_1, \overline{X}_2, \overline{X}_3$ は以下の通り．なお，図は省略する．

$$\overline{X}_1 = \frac{1}{4}(68+74+81+70) = 73.25$$

$$\overline{X}_2 = \frac{1}{4}(66+78+63+72) = 69.75$$

$$\overline{X}_3 = \frac{1}{4}(81+74+76+89) = 80.0$$

(ii) $z = (\overline{X} - 72)/4$ が標準正規分布に従うから，付表 1 を利用して

$$P(\overline{X} \geq \overline{X}_3) = P\left(\frac{\overline{X} - 72}{4} \geq \frac{80 - 72}{4}\right)$$

$$= P(z \geq 2.0) = 1 - P(z < 2.0) \fallingdotseq 0.023$$

となる．つまり，生起確率がわずか 0.023（2.3%）の稀な事象である．

(3)
 (a) 有権者のうち，内閣を支持する人の比率が $p = 0.5$ であるので，標本比率 $\hat{p}$ の平均 $E[\hat{p}]$ と分散 $V[\hat{p}]$ は以下のようになる．

$$E[\hat{p}] = p = 0.5$$

$$V[\hat{p}] = \frac{pq}{n} = \frac{0.5(1-0.5)}{1000} = 0.00025$$

 (b) 標本比率の標準偏差は $\sqrt{V[\hat{p}]} = 0.016$ である．

$$P\left(x \leq \frac{0.47 - 0.5}{0.016}\right) = P(x \leq -1.88)$$

$$= 1 - P(x \leq 1.88)$$
$$= 1 - 0.9699$$
$$= 0.0301$$

これは，専門家の予想を真とすると，1000 人の世論調査の結果が内閣支持率 47 % 以下になるのはわずか 3.01 % であることを示している．果たして専門家の予想は全て正しいと言えるのだろうか．

(4) 標本の大きさが 300 で十分大きいので，中心極限定理より平均点は $N(75, 0.4^2)$ に従う．また，高校に通う生徒全体を母集団として母平均を μ，母分散を σ^2 とおくと，平均点は $N(\mu, \sigma^2/n)$ に従う．よって，

$$\mu = 75$$
$$\sigma^2 = 300 \times 0.4^2 = 48$$

である.

(5) 母平均は $\mu = 66.17$,標本の大きさは $n = 10$,標本分散は $\hat{\sigma}^2 = 36$ より,標準偏差は $\hat{\sigma} = 6$ である.標本平均を $\bar{x}$ とおくと t 統計量

$$t = \frac{\bar{x} - \mu}{\hat{\sigma}/\sqrt{n}}$$

は自由度 $n-1 = 9$ の t 分布に従う.よって,標本平均が 60 以下である確率は,

$$P(\bar{x} \leq 60) = P\left(t \leq \frac{60 - 66.17}{6/\sqrt{10}}\right)$$
$$= P(t \leq -3.25)$$
$$= P(t \geq 3.25)$$

自由度 9 の t 分布において $t \geq 3.25$ となる確率は 0.005(付表 2 で自由度 9, $\alpha = 0.010$ の場合)である.

第6章 解答

(1)
  (a) 正規分布 $N(\mu, \sigma^2/n) = N(\mu, 24^2/16) = N(\mu, 6^2)$
  (b) 信頼係数 95% のとき:
$$\Pr\left\{\bar{x} - 1.96\frac{\sigma}{\sqrt{n}} < \mu < \bar{x} + 1.96\frac{\sigma}{\sqrt{n}}\right\} = 0.95$$

$\bar{x} = 312$, $\frac{\sigma}{\sqrt{n}} = 6$ より，信頼区間は $[300.2, 323.8]$．信頼係数 90% の場合は，1.96 の代わりに 1.645 を用いる．従って，信頼区間は $[302.1, 321.9]$．

(c) 信頼係数 95% の信頼区間の方が広い．理由：信頼係数を上げる，すなわち推定の間違いを減らすためには，その分，区間を広くとる必要があるため．

(2) 得られた標本の標本平均は $\bar{x} = 2150$，標本分散は $\hat{\sigma}^2 = 280^2$ である．標本サイズ $n = 16$ より，自由度 15 の t 分布における $t_{0.025}(15) = 2.131$ であるから，母平均の 95% 信頼区間は，

$$2150 - 2.131 \times \sqrt{\frac{280^2}{16}} < \mu < 2150 + 2.131 \times \sqrt{\frac{280^2}{16}}$$

と表される．これを整理すると，$[2000.8, 2299.2]$ となる．

(3) 標本比率は $\hat{p} = 0.76$ である．信頼係数 90% の場合は，

$$[\underline{p}, \overline{p}] = [\hat{p} - 1.645\sqrt{\hat{p}(1-\hat{p})/n}, \hat{p} + 1.645\sqrt{\hat{p}(1-\hat{p})/n}]$$
$$= [0.73, 0.79]$$

となる．すなわち，新薬の効果が得られる患者の比率は，73% から 79% の範囲に 90% の確率で含まれることがわかった．信頼係数 95% の場合は，1.645 の代わりに 1.96 を用いれば，信頼区間は $[0.72, 0.80]$ となる．

(4) 式 (6.14) に標本サイズ $n = 25$，標本分散 $\hat{\sigma}^2 = 36.0$，また付表 4 より $C_{0.995}^2(24) = 0.412$, $C_{0.005}^2(24) = 1.90$ を代入すれば，

$$\underline{\sigma}^2 = \frac{\hat{\sigma}^2}{C_{0.005}^2(24)} = \frac{36.0}{1.90} = 18.95$$

$$\overline{\sigma}^2 = \frac{\hat{\sigma}^2}{C_{0.995}^2(24)} = \frac{36.0}{0.412} = 87.38$$

となる．信頼係数 99% の母分散の信頼区間 $[\underline{\sigma}^2, \overline{\sigma}^2] = [19.0, 87.4]$ を得る．

(5) 得られた標本の標本平均は $\bar{x} = 9.90$, 標本分散は $\hat{\sigma}^2 = 0.993$ である.

(a) 付表2より, 自由度9の t 分布における $t_{0.025}(9) = 2.262$ であるから, 母平均の95%信頼区間は,

$$9.9 - 2.262 \times \sqrt{\frac{0.993}{10}} < \mu < 9.9 + 2.262 \times \sqrt{\frac{0.993}{10}}$$

と表される. これを整理すると, $[9.19, 10.61]$ となる.

(b) 付表4より, $C^2_{0.975}(9) = 0.30$, $C^2_{0.025}(9) = 2.11$ であるから, 母分散の95%信頼区間は,

$$\frac{0.993}{2.11} < \sigma^2 < \frac{0.993}{0.30}$$

と表される. これを整理すると, $[0.47, 3.31]$ となる.

第7章 解答

(1)

(a) 標本平均 $\bar{x} = 30.6 (\text{km}/l)$, 標本分散 $\hat{\sigma}^2 = 0.429 (\text{km}/l)^2$

(b) 帰無仮説として H_0:「$\mu = 31.0$」, 対立仮説として H_1:「$\mu < 31.0$」とおく. すなわち, 片側検定である.

(c) t 統計量 $t \equiv \frac{\bar{x} - \mu}{\hat{\sigma}/\sqrt{n}}$ を用いる. 標本サイズ $n = 10$ より, t 統計量は自由度9の t 分布に従う. 自由度9の t 分布の片端の面積の和が有意水準5%となる t の値は $t_{0.05}(9) = 1.833$ である. したがって, 棄却域 R は $t < -1.833$ である.

(d) 観測データ ($\hat{\sigma} = 0.655 (\text{km}/l)$) より, 標本値は

$$\bar{t} = \frac{30.6 - 31.0}{0.655/\sqrt{10}} = -1.93$$

となる. $\bar{t} < -1.833$ より, この標本値は棄却域 R にある. したがって, 帰無仮説 H_0 は棄却される (実際の燃費は公表値を下回っている).

(2) 7.1.5 の手順に従って検定を行う.

i) 帰無仮説 H_0 として,「イカサマコインではない」, すなわち「表が出る確率は $p = \frac{1}{2}$ である」とおく. 一方, 対立仮説 H_1 としては,「イカサマコインである」, すなわち「表が出る確率は $p \neq \frac{1}{2}$ である」とおく. したがって両側検定である.

ii) 仮説 H_0 のもとで, コインで表が出る回数を X とすると, X は $n = 100$, $p_0 = 1/2$ の二項分布に従う. 二項分布の平均は $\mu = np_0 = 50$, 分散は $\sigma^2 = np_0(1-p_0) = 5^2$ である. ここで, 標本比率 $\hat{p} = X/n$ の平均・分散は,

$$E(\hat{p}) = \frac{\mu}{n} = p_0 = 1/2$$

$$V(\hat{p}) = \frac{\sigma^2}{n} = \frac{p_0(1-p_0)}{n} = 0.05^2$$

になる. いま, n が十分に大きいから標本比率 $\hat{p}$ の標本分布は, 正規分布 $N\left(p_0, \frac{p_0(1-p_0)}{n}\right)$ と近似できる. したがって, 標準化した変数 $z \equiv \frac{\hat{p}-p_0}{\sqrt{p_0(1-p_0)/n}} = \frac{\hat{p}-0.50}{0.05}$ は標準正規分布 $N(0,1)$ に従う.

iii) 有意水準を 5 % とする.

iv) 標準正規分布の両端の面積の和が 5 % となる z の値は $z = 1.96$ である. したがって, 棄却域 R は $z < -1.96, 1.96 < z$ である.

v) 観測データ $\hat{p} = 56/100 = 0.56$ より, 標本値は $\bar{z} = (0.56 - 0.5)/0.05 = 1.2$ となる.

vi) $\bar{z} < 1.96$ より, この標本値は採択域 A にある. したがって, 有意水準のもとでは帰無仮説 H_0 は棄却されない. すなわち, このコインはイカサマコインであるとはいえない.

また, イカサマコインと判定される回数であるが,

$$z = \frac{\hat{p} - 0.50}{0.05} > 1.96$$

$$\hat{p} > 0.598$$

$$\hat{p} = X/n = X/100 > 0.598$$

$$X > 59.8$$

よって，表が 100 回中 60 回以上出ると，イカサマコインと判定される．

(3) 7.1.5 の手順に従って検定を行う．
  i) 帰無仮説として H_0：「$\sigma^2 = 2.5$」，対立仮説としては分散が大きい場合を想定する．従って，H_1：「$\sigma^2 > 2.5$」とおく．すなわち，片側検定である．
  ii) 標本サイズ $n = 25$ より，$C^2 = \hat{\sigma}^2/\sigma^2$ は自由度 $n - 1 = 24$ の修正 χ^2 分布に従う．
  iii) 有意水準は 5% とする．
  iv) 自由度 24 の修正 χ^2 分布の片端の面積が 5% となる C^2 の値は $C^2_{0.05}(24) = 1.52$ である．したがって，棄却域 R は $C^2 > 1.52$ である．
  v) 観測データより，標本値は以下の通り．
  $$\bar{C}^2 = \frac{\hat{\sigma}^2}{\sigma^2} = 1.60$$
  vi) $\bar{C}^2 > 1.52$ より，この標本値は棄却域 R にある．したがって，帰無仮説 H_0 は棄却される．すなわち，製品の品質管理は適切とはいえない．一方，有意水準 1% の場合，$C^2_{0.01}(24) = 1.79$ である．$\bar{C}^2 < 1.79$ より，仮説 H_0 は棄却されない．したがって，製品の品質管理が適切でないとはいえない．

(4) 7.1.5 の手順に従って検定を行う．
  i) 帰無仮説 H_0 として，「それぞれの機械からできるインスタントラーメンの内容量の平均は等しい」，すなわち「$\mu_1 = \mu_2$」とおく．一方，対立仮

説 H_1 としては,「それぞれの機械からできるインスタントラーメンの内容量の平均は異なる」,すなわち「$\mu_1 \neq \mu_2$」とおく.したがって両側検定である.

ii) 母集団が正規分布に従い母分散が等しいので,以下のように標準化された変数 t は自由度 $n_1 + n_2 - 2 = 30$ の t 分布に従う.

$$t = \frac{\bar{x}_1 - \bar{x}_2 - (\mu_1 - \mu_2)}{\sqrt{\frac{(n_1-1)\hat{\sigma}_1^2 + (n_2-1)\hat{\sigma}_2^2}{n_1+n_2-2}}\sqrt{\frac{1}{n_1} + \frac{1}{n_2}}}$$

iii) 有意水準を 5 % とする.

iv) 自由度が 30 の t 分布の両端の面積の和が 5 % となる t の値は $t = 2.042$ である.したがって,棄却域 R は $t < -2.042, 2.042 < t$ である.

v) 観測データより,標本値は

$$t = \frac{\bar{x}_1 - \bar{x}_2 - (\mu_1 - \mu_2)}{\sqrt{\frac{(n_1-1)\hat{\sigma}_1^2 + (n_2-1)\hat{\sigma}_2^2}{n_1+n_2-2}}\sqrt{\frac{1}{n_1} + \frac{1}{n_2}}}$$

$$= \frac{82 - 85 - (\mu_1 - \mu_2)}{\sqrt{\frac{(16-1)3^2 + (16-1)2^2}{16+16-2}}\sqrt{\frac{1}{16} + \frac{1}{16}}}$$

$$= \frac{-3 - 0}{0.9014} = -3.328$$

となる.

vi) $t < -2.042$ より,この標本値は棄却域 R にある.したがって,有意水準のもとでは帰無仮説 H_0 は棄却される.すなわち,古い機械は買い替えるべきである.

(5) A 国の喫煙率を p_a,B 国の喫煙率を p_b とする.

i) 帰無仮説 H_0 として,「両国間で喫煙率に差がない」,すなわち「$p_a = p_b = p$」とおく.一方,対立仮説 H_1 としては,「両国間で喫煙率に差がある」,すなわち「$p_a \neq p_b$」とおく.したがって両側検定である.

ii) 比率の差は近似的に正規分布 $N\left(0, p(1-p)\left\{\frac{1}{n_1}+\frac{1}{n_2}\right\}\right)$ に従う．したがって，標準化された変数

$$z \equiv \frac{\hat{p}_a - \hat{p}_b}{\sqrt{p(1-p)\left(\frac{1}{n_1}+\frac{1}{n_2}\right)}}$$

は標準正規分布 $N(0,1)$ に従う．なお，p の推計値には

$$\hat{p} = \frac{245+321}{1000+1500} = 0.2264$$

を用いる．

iii) 有意水準を 1 % とする．

iv) 標準正規分布の両端の面積の和が 1 % となる z の値は $z = 2.576$ である．したがって，棄却域 R は $z < -2.576, \; 2.576 < z$ である．

v) 観測データより，標本値は

$$\bar{z} = \frac{\frac{245}{1000} - \frac{321}{1500}}{\sqrt{0.2264(1-0.2264)\left(\frac{1}{1000}+\frac{1}{1500}\right)}} = 1.814$$

となる．

vi) $\bar{z} < 2.576$ より，この標本値は採択域 A にある．したがって，有意水準のもとでは帰無仮説 H_0 は棄却されない．すなわち，両国間で喫煙率に差があるとはいえない．

第8章 解答

(1) A: 回帰
　　B: 説明変数（原因変数）
　　C: 被説明変数（結果変数）

D: $\displaystyle\sum_{i=1}^{n} [y_i - (a + bx_i)]^2$

E: $\displaystyle\sum_{i=1}^{n} 2[y_i - (a + bx_i)](-1)$

F: $\displaystyle\sum_{i=1}^{n} 2[y_i - (a + bx_i)](-x_i)$

G: 最小 2 乗法

(2)
  (a) 散布図は以下のようになる.

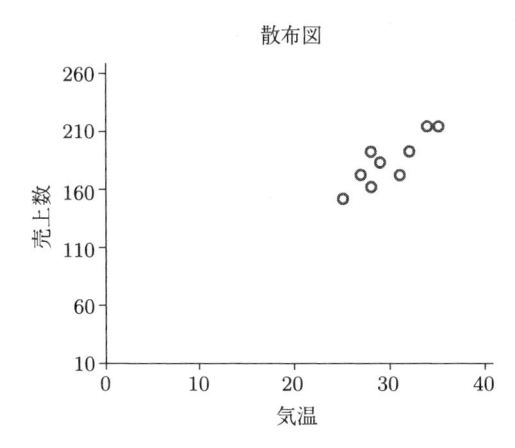

散布図

  (b) 回帰の計算表は以下のようになる.

i	x	y	x^2	xy	y^2
1	31	170	961	5270	28900
2	34	210	1156	7140	44100
3	28	160	784	4480	25600
4	31	170	961	5270	28900
5	35	210	1225	7350	44100
6	27	170	729	4590	28900
7	25	150	625	3750	22500
8	28	190	784	5320	36100
9	29	180	841	5220	32400
10	32	190	1024	6080	36100
計	300	1800	9090	54470	327600

よって，回帰パラメータ a, b は，

$$b = \frac{n\sum xy - \sum x \sum y}{n\sum x^2 - \left(\sum x\right)^2} = \frac{10 \times 54470 - 300 \times 1800}{10 \times 9090 - 300^2} = 5.222$$

$$a = \bar{y} - b\bar{x} = \frac{1800}{10} - 5.222 \times \frac{300}{10} = 23.33$$

となる．これより回帰直線は，

$$\bar{y}_x = 23.33 + 5.222x$$

となる．また，(a) の散布図の上に回帰直線を引くと以下のようになる．

散布図

$y=23.33+5.222x$

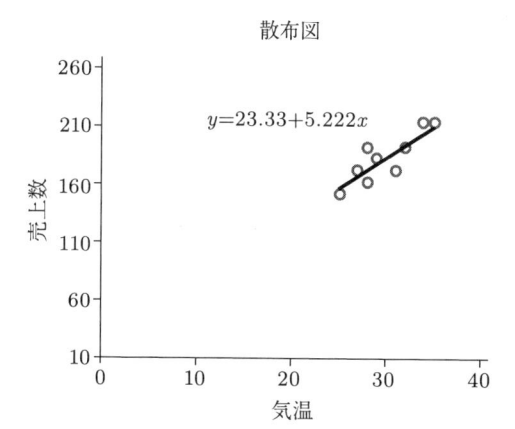

(c) (b) の回帰の結果から，最高気温が 1 度上がると 5.222 の売上数の上昇が期待できる．また，最高気温が 0 度のときは売上数は 23.33 となる．最高気温が 34 度のときの売上数は，

$$\bar{y}_{x=34} = 23.33 + 5.222 \times 34 \fallingdotseq 201$$

となる．

(d) 回帰直線の決定係数および相関係数は，

$$s_y{}^2 = \frac{1}{n}\sum_{i=1}^{n} y_i^2 - \bar{y}^2$$

$$= 327600/10 - (1800/10)^2 = 360$$

$$s_{y \cdot x}{}^2 = \frac{1}{n}\left\{\sum_{i=1}^{n} y_i^2 - (a\sum_{i=1}^{n} y_i + b\sum_{i=1}^{n} x_i y_i)\right\}$$

$$= \frac{1}{10}\{327600 - (23.33 \times 1800 + 5.222 \times 54470)\} = 116.37$$

$$r^2 = 1 - \frac{116.37}{360} = 0.677$$

$$r = \sqrt{0.677} = 0.82$$

(3)
   (a) 回帰の計算表は以下のようになる.

i	x	y	x^2	xy	y^2
1	36	35	1296	1260	1225
2	52	47	2704	2444	2209
3	84	68	7056	5712	4624
4	72	53	5184	3816	2809
5	23	31	529	713	961
6	63	43	3969	2709	1849
7	102	82	10404	8364	6724
8	67	62	4489	4154	3844
9	45	41	2025	1845	1681
10	56	38	3136	2128	1444
計	600	500	40792	33145	27370

よって, 回帰パラメータ a, b は,

$$b = \frac{n\sum xy - \sum x \sum y}{n\sum x^2 - \left(\sum x\right)^2} = \frac{10 \times 33145 - 600 \times 500}{10 \times 40792 - 600^2} = 0.6563$$

$$a = \bar{y} - b\bar{x} = \frac{500}{10} - 0.6563 \times \frac{600}{10} = 10.622$$

となる. これより回帰直線は,

$$\bar{y}_x = 10.62 + 0.656x$$

となる.

(b)
$$s_x{}^2 = \frac{1}{n}\sum_{i=1}^n x_i^2 - \bar{x}^2$$
$$= 40792/10 - (600/10)^2 = 479.2$$
$$\hat{\sigma}_y{}^2 = \frac{1}{n-1}\sum_{i=1}^n (y_i - \bar{y})^2$$
$$= \frac{1}{n-1}\left(\sum_{i=1}^n y_i^2 - n\bar{y}^2\right)$$
$$= \frac{1}{10-1}\{27370 - 10 \times (500/10)^2\} = 263.3$$
$$\hat{\sigma}^2 = \frac{1}{n-2}\sum_{i=1}^n [y_i - (a+bx_i)]^2$$
$$= \frac{1}{n-2}\left\{\sum_{i=1}^n y_i^2 - \left(a\sum_{i=1}^n y_i + b\sum_{i=1}^n x_i y_i\right)\right\}$$
$$= \frac{1}{10-2}\{27370 - (10.622 \times 500 + 0.6563 \times 33145)\} = 38.24$$

(c)(i) 帰無仮説 H_0:「$\beta = 0$」, 対立仮説 H_1:「$\beta \neq 0$」とおく. したがって, 両側検定である.

(ii) 帰無仮説が正しいとき, β の最小 2 乗推定量 b の標本分布は正規分布 $N(0, \sigma^2/(ns_x^2))$ である. しかし, 誤差項の分散 σ^2 が未知であるから t 統計量 $t_{b0} = \dfrac{b}{\hat{\sigma}_b} = \dfrac{b}{\hat{\sigma}/(\sqrt{n}s_x)}$ を用いる. 標本サイズ $n = 10$ より, t 統計量は自由度 $n - 2 = 8$ の t 分布に従う. 有意水準は 5 %なので, t 分布の両端の面積の和が 5 %となる t の値は $t_{0.025}(8) = 2.306$ である. 従って, 棄却域 **R** は $t < -2.306$, $2.306 < t$ となる.

(iii) これまでの検討より, t 値は以下の値となる.

$$\bar{t}_{b0} = \frac{b}{\hat{\sigma}_b} = \frac{b}{\hat{\sigma}/(\sqrt{n}s_x)}$$

$$= \frac{0.6563}{\sqrt{38.24/(10 \times 479.2)}} \fallingdotseq 7.35$$

$\bar{t}_{b0} > 2.306$ より，この標本値は棄却域 **R** にある．したがって，帰無仮説 H_0 は棄却され，「$\beta \neq 0$」である．よって都市人口 x は交通発生量 y に影響を及ぼす．

(d) 自由度調整済み決定係数：$\bar{r}^2 = 1 - \dfrac{\hat{\sigma}^2}{\hat{\sigma}_y^2} = 1 - \dfrac{39.61}{263.3} = 0.850$

相関係数：$\bar{r} = \sqrt{0.850} = 0.925$

よって，回帰式はかなり当てはまっていることがわかる．

第9章 解答

(1)
(a) 3回の実験は独立であるため，尤度関数はベルヌーイ分布の確率関数の積（同時確率関数）で表される．

$$L(p; x_1, x_2, x_3) = \prod_{i=1}^{3} p^{x_i}(1-p)^{1-x_i} = p^{\sum_{i=1}^{3} x_i}(1-p)^{(3-\sum_{i=1}^{3} x_i)}$$

(b) $p = 0.5$ か $p = 0.8$ のいずれかである．$\{X_1, X_2, X_3\} = \{1, 0, 1\}$ の下での尤度を計算するとそれぞれ以下の通りである．

溶液 A の場合：$L(0.5; 1, 0, 1) = \quad 0.5^2 \times 0.5^1 = 0.125$

溶液 B の場合：$L(0.8; 1, 0, 1) = \quad 0.8^2 \times 0.2^1 = 0.128$

したがって，最尤推定の考え方に基づけば，溶液 B であると判断できる．

(2)

(a) 平均 $1/\lambda$ の指数分布は，$f(x|\lambda) = \lambda e^{-\lambda x}$ であるから，尤度関数は，

$$L(\lambda|x_1, x_2, \cdots, x_n) = \prod_{i=1}^{n} \lambda e^{-\lambda x_i}$$

となる．両辺対数をとれば，以下の対数尤度関数を得る．

$$\log L(\lambda|x_1, x_2, \cdots, x_n) = n \log(\lambda) - \lambda \sum_{i=1}^{n} x_i$$

(b) 対数尤度関数を λ で微分して一階条件を解けば，最尤推定量は $\hat{\lambda}_{ML} = n/\sum_{i=1}^{n} x_i$ となる．

(3) まず，サッカーの試合で 1 チームが挙げる得点はポアソン分布 $P(Y = y) = e^{-\lambda} \lambda^y / y!$ に従うとして，λ の最尤推定量を求めよう．対数尤度関数は，

$$\log L(\lambda|y_1, y_2, \cdots, y_n) = -n\lambda + \left(\sum_{i=1}^{n} y_i\right) \log \lambda - \sum_{i=1}^{n} \log(y!)$$

となる．λ で微分して一階条件を解けば，最尤推定量は標本平均 $\hat{\lambda}_{ML} = \sum_{i=1}^{n} y_i/n$ となる（ポアソン分布と指数分布の関係を踏まえて，(2),(3) の結果を比較してみよう）．したがって，例 3.3 における λ の最尤推定値は 1.13 である．

索　引

ア行

異常値 ……………………… 223
一致性 ……………………… 158
一致推定量 ………………… 158
一様分布 …………………… 46
F 分布 …………………… 140

カ行

回帰
　　―の計算表 ……………… 195
　　―の適合度 ……………… 199
回帰関係
　　―の統計的推論 ………… 210
回帰パラメータ
　　―の区間推定 …………… 214
　　―の検定 ………………… 217
回帰分析 …………………… 190
χ^2 分布 ………………… 137
確率
　　―の与え方 ……………… 18
確率過程 …………………… 96
確率関数 …………………… 42
確率分布 …………………… 41
確率変数 …………………… 39
確率密度関数 ……………… 44
片側検定 …………………… 165
加法定理 …………………… 26

観測度数 …………………… 181
ガンマ関数 ………………… 137
棄却（域） ………………… 163
期待値 ……………………… 47
期待度数 …………………… 181
帰無仮説 …………………… 163
逆相関　→（負の）相関 ……… 66
共通部分 …………………… 3
共分散 ……………………… 59
空事象 ……………………… 24
空集合 ……………………… 3
区間推定 …………………… 143, 152
組合せ ……………………… 8
計数過程 …………………… 109
結合法則 …………………… 5
結果変数　→被説明変数 ……… 191
決定係数
　　自由度調整済み― ……… 220
原因変数　→説明変数 ………… 191
検定
　　適合度（当てはまり）の―
　　　　……………………… 181
　　独立性の― ……………… 183
　　―の誤り（第1種，第2種） 164
　　―の手順 ………………… 166
　　1つの母集団に関する― …… 166

2つの母集団に関する— ····· 174
検定統計量 ······················ 166
効率性 ···························· 157
コルモゴロフの公理 ············· 24
根元事象 ···························· 22

サ行

最小2乗法 ······················ 193
最小分散不偏性 →効率性 ······ 157
採択（域） ······················· 163
最尤推定法 ······················ 227
残差 ······························· 222
残差平方和 ······················ 193
サンプル・パス ·················· 96
小標本特性 ······················ 156
事後確率 ···························· 34
事象 ························· 17, 18
指数分布 ···························· 91
事前確率 ···························· 34
重回帰 ···························· 191
重決定係数 ······················ 207
集合 ························ 1, 2, 3
修正 χ^2 分布 ···················· 139
重相関係数 ······················ 207
自由度 ···························· 126
周辺確率（密度）関数 ·········· 56
周辺分布関数 ····················· 56
順相関 →（正の）相関 ········ 65
順列 ·································· 6
条件付き確率 ····················· 28

乗法定理 ···························· 29
信頼区間 ·························· 143
信頼係数 ·························· 144
推移確率（行列） ················ 98
推定 ······························· 143
推定値 ···························· 156
推定量 ···························· 158
正規分布 ···························· 86
正規方程式 ················ 194, 206
積事象 ······························ 24
説明変数 ·························· 191
全確率の定理 ····················· 29
漸近正規性 ······················ 159
漸近特性 ·························· 158
漸近有効性 ······················ 159
線形回帰 ·························· 190
全体集合 ······························ 3
尖度 ······························· 53
相関
　　正の— ························ 65
　　負の— ························ 66
相関係数 ···························· 61

タ行

大数の法則 ························ 79
代表的標本 ······················ 122
対立仮説 ·························· 163
互いに排反 ·························· 4
多重共線性 ······················ 222
単回帰 ···························· 191

チェビシェフの不等式 51
チャップマン・コルモゴロフの方程式
　　　............... 99
中心極限定理 133
定常分布 105
t 値 217
t 分布 136
適合度（当てはまり）の検定 ... 181
点推定 155
統計的現象 121
統計的推論 121
同時確率分布 54
独立 31
独立性の検定 183
度数 11
度数分布
　　―図　→ヒストグラム 12
ド・モルガンの法則 4

ナ行

二項定理 9
二項分布
　　負の―　→パスカル分布 84

ハ行

排反　→互いに排反 4
パスカルの三角形 10
ヒストグラム 12
被説明変数 191
標準正規分布 86
標準偏差 49

標本
　　―の大きさ 122
　　―の数 122
標本空間 22
標本統計量 126
標本点　→根元事象 22
標本比率 130
標本分散 126
標本分布 128
標本平均
　　―の平均 128
　　―の分散 130
標本変動 128
比率 122, 177
部分集合 2
不偏性 156
不偏推定量 157
分割表 183
分散 49
分配法則 5
分布関数 42
平均 48
ベイズの定理 34
ベルヌーイ試行 76
ベルヌーイ分布 238
ベン図 4
ポアソン過程 109, 110
ポアソン到着 110
ポアソン分布 81

補集合 …………………………… 3
母集団 ………………… 122, 135, 145
母数 ……………………… 122, 126
母比率 ………………………… 152
母分散 ………………………… 145
母平均 ………………………… 145

マ行

待ち行列モデル ………………… 114
マルコフ過程 …………………… 97
マルコフ性 ……………………… 97
マルコフ連鎖 …………………… 98
　　　—の推移図 …………… 100
　　　—に関する性質 ……… 103
無限集合 ………………………… 2
無作為抽出 …………………… 122
モーメント ……………………… 53

ヤ行

有意 …………………………… 217
有意水準 ……………………… 162

有限集合 ………………………… 2
尤度関数 ……………………… 228
尤度比 ………………………… 240
要素 …………………………… 1
余事象 ………………………… 24

ラ行

ランダムウォーク ……………… 101
離散確率分布 ……………… 39, 41
離散確率変数 …………………… 48
離散選択モデル ……………… 234
両側検定 ……………………… 165
連続確率分布 …………………… 44
連続確率変数 …………………… 39
ロジットモデル ……………… 233

ワ行

歪度 …………………………… 53
和事象 ………………………… 24
和集合 ………………………… 3

※ ○ →○はよく似た意味のことばを示す．

付表1　標準正規分布

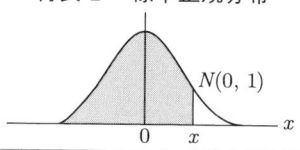

	0.00	0.01	0.02	0.03	0.04	0.05	0.06	0.07	0.08	0.09
0.0	0.5000	0.5040	0.5080	0.5120	0.5160	0.5199	0.5239	0.5279	0.5319	0.5359
0.1	0.5398	0.5438	0.5478	0.5517	0.5557	0.5596	0.5636	0.5675	0.5714	0.5753
0.2	0.5793	0.5832	0.5871	0.5910	0.5948	0.5987	0.6026	0.6064	0.6103	0.6141
0.3	0.6179	0.6217	0.6255	0.6293	0.6331	0.6368	0.6406	0.6443	0.6480	0.6517
0.4	0.6554	0.6591	0.6628	0.6664	0.6700	0.6736	0.6772	0.6808	0.6844	0.6879
0.5	0.6915	0.6950	0.6985	0.7019	0.7054	0.7068	0.7123	0.7157	0.7190	0.7224
0.6	0.7257	0.7291	0.7324	0.7357	0.7389	0.7422	0.7454	0.7486	0.7517	0.7549
0.7	0.7580	0.7612	0.7642	0.7673	0.7704	0.7734	0.7764	0.7794	0.7823	0.7852
0.8	0.7881	0.7910	0.7939	0.7967	0.7995	0.8023	0.8051	0.8078	0.8106	0.8133
0.9	0.8159	0.8186	0.8212	0.8238	0.8264	0.8289	0.8315	0.8340	0.8365	0.8389
1.0	0.8413	0.8438	0.8461	0.8455	0.8508	0.8531	0.8554	0.8577	0.8599	0.8621
1.1	0.8643	0.8665	0.8686	0.8708	0.8729	0.8749	0.8770	0.8790	0.8810	0.8830
1.2	0.8849	0.8869	0.8888	0.8907	0.8925	0.8944	0.8962	0.8980	0.8997	0.9015
1.3	0.9032	0.9049	0.9066	0.9082	0.9099	0.9115	0.9131	0.9147	0.9162	0.9177
1.4	0.9192	0.9207	0.9222	0.9236	0.9251	0.9265	0.9279	0.9292	0.9306	0.9319
1.5	0.9332	0.9345	0.9357	0.9370	0.9382	0.9394	0.9406	0.9418	0.9429	0.9441
1.6	0.9452	0.9463	0.9474	0.9484	0.9495	0.9505	0.9515	0.9525	0.9535	0.9545
1.7	0.9554	0.9564	0.9573	0.9582	0.9591	0.9599	0.9608	0.9616	0.9625	0.9633
1.8	0.9641	0.9649	0.9656	0.9664	0.9671	0.9678	0.9686	0.9693	0.9699	0.9706
1.9	0.9713	0.9719	0.9726	0.9732	0.9738	0.9744	0.9750	0.9756	0.9761	0.9767
2.0	0.9773	0.9778	0.9783	0.9788	0.9793	0.9798	0.9803	0.9808	0.9812	0.9817
2.1	0.9821	0.9826	0.9830	0.9834	0.9838	0.9842	0.9846	0.9850	0.9854	0.9857
2.2	0.9861	0.9864	0.9868	0.9871	0.9875	0.9878	0.9881	0.9884	0.9887	0.9890
2.3	0.9893	0.9896	0.9898	0.9901	0.9904	0.9906	0.9909	0.9911	0.9913	0.9916
2.4	0.9918	0.9920	0.9922	0.9925	0.9927	0.9929	0.9931	0.9932	0.9934	0.9936
2.5	0.9938	0.9940	0.9941	0.9943	0.9945	0.9946	0.9948	0.9949	0.9951	0.9952
2.6	0.9953	0.9955	0.9956	0.9957	0.9959	0.9960	0.9961	0.9962	0.9963	0.9964
2.7	0.9965	0.9966	0.9967	0.9968	0.9969	0.9970	0.9971	0.9972	0.9973	0.9974
2.8	0.9974	0.9975	0.9976	0.9977	0.9977	0.9978	0.9979	0.9979	0.9980	0.9981
2.9	0.9981	0.9982	0.9983	0.9983	0.9984	0.9984	0.9985	0.9985	0.9986	0.9986
3.0	0.9987	0.9987	0.9987	0.9988	0.9988	0.9989	0.9989	0.9989	0.9990	0.9990

負の無限大から座標値までの確率を与える。1列目は小数1位，1行目は小数2位を与える。

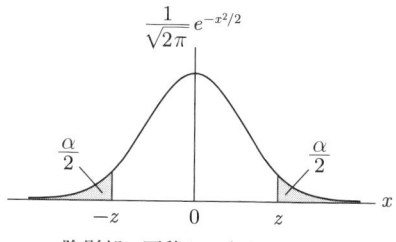

陰影部の面積が α となる z の値

α	z
0.005	2.807
0.01	2.576
0.02	2.326
0.025	2.241
0.05	1.960
0.10	1.645

付表 2 t 分布

$\int_t^\infty f_n(x)dx = \frac{\alpha}{2}$ となる α, t の値

n \ α	0.100	0.050	0.025	0.010	0.005
1	6.314	12.706	25.452	63.657	
2	2.920	4.303	6.205	9.925	14.089
3	2.353	3.182	4.176	5.841	7.453
4	2.132	2.776	3.495	4.604	5.598
5	2.015	2.571	3.163	4.032	4.773
6	1.943	2.447	2.969	3.707	4.317
7	1.895	2.365	2.841	3.499	4.029
8	1.860	2.306	2.752	3.355	3.832
9	1.833	2.262	2.685	3.250	3.690
10	1.812	2.228	2.634	3.169	3.581
11	1.796	2.201	2.593	3.106	3.497
12	1.782	2.179	2.560	3.055	3.428
13	1.771	2.160	2.533	3.012	3.372
14	1.761	2.145	2.510	2.977	3.326
15	1.753	2.131	2.490	2.947	3.286
16	1.746	2.120	2.473	2.921	3.252
17	1.740	2.110	2.458	2.898	3.222
18	1.734	2.101	2.445	2.878	3.197
19	1.729	2.093	2.433	2.861	3.174
20	1.725	2.086	2.423	2.845	3.153
30	1.697	2.042	2.360	2.750	3.030
40	1.684	2.021	2.329	2.704	2.971
50	1.676	2.008	2.310	2.678	2.937
60	1.671	2.000	2.299	2.660	2.915
70	1.667	1.994	2.290	2.648	2.899
80	1.665	1.989	2.284	2.638	2.887
90	1.662	1.986	2.279	2.631	2.878
100	1.661	1.982	2.276	2.625	2.871
120	1.658	1.980	2.270	2.617	2.860
∞	1.6448	1.9600	2.2414	2.5758	2.8070

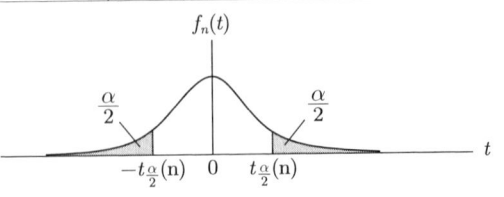

付表 3 　χ^2 分布

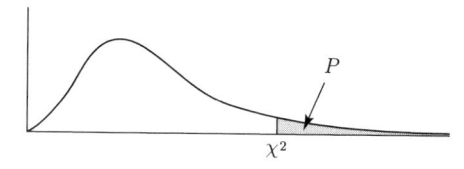

グレーの部分の確率 P に対する χ^2 の値を示す。

d.f. \ P	.250	.100	.050	.025	.010	.005	.001
1	1.32	2.71	3.84	5.02	6.63	7.88	10.8
2	2.77	4.61	5.99	7.38	9.21	10.6	13.8
3	4.11	6.25	7.81	9.35	11.3	12.8	16.3
4	5.39	7.78	9.49	11.1	13.3	14.9	18.5
5	6.63	9.24	11.1	12.8	15.1	16.7	20.5
6	7.84	10.6	12.6	14.4	16.8	18.5	22.5
7	9.04	12.0	14.1	16.0	18.5	20.3	24.3
8	10.2	13.4	15.5	17.5	20.1	22.0	26.1
9	11.4	14.7	16.9	19.0	21.7	23.6	27.9
10	12.5	16.0	18.3	20.5	23.2	25.2	29.6
11	13.7	17.3	19.7	21.9	24.7	26.8	31.3
12	14.8	18.5	21.0	23.3	26.2	28.3	32.9
13	16.0	19.8	22.4	24.7	27.7	29.8	34.5
14	17.1	21.1	23.7	26.1	29.1	31.3	36.1
15	18.2	22.3	25.0	27.5	30.6	32.8	37.7
16	19.4	23.5	26.3	28.8	32.0	34.3	39.3
17	20.5	24.8	27.6	30.2	33.4	35.7	40.8
18	21.6	26.0	28.9	31.5	34.8	37.2	42.3
19	22.7	27.2	30.1	32.9	36.2	38.6	43.8
20	23.8	28.4	31.4	34.2	37.6	40.0	45.3
21	24.9	29.6	32.7	35.5	38.9	41.4	46.8
22	26.0	30.8	33.9	36.8	40.3	42.8	48.3
23	27.1	32.0	35.2	38.1	41.6	44.2	49.7
24	28.2	33.2	36.4	39.4	43.0	45.6	51.2
25	29.3	34.4	37.7	40.6	44.3	46.9	52.6
26	30.4	35.6	38.9	41.9	45.6	48.3	54.1
27	31.5	36.7	40.1	43.2	47.0	49.6	55.5
28	32.6	37.9	41.3	44.5	48.3	51.0	56.9
29	33.7	39.1	42.6	45.7	49.6	52.3	58.3
30	34.8	40.3	43.8	47.0	50.9	53.7	59.7
40	45.6	51.8	55.8	59.3	63.7	66.8	73.4
50	56.3	63.2	67.5	71.4	76.2	79.5	86.7
60	67.0	74.4	79.1	83.3	88.4	92.0	99.6
70	77.6	85.5	90.5	95.0	100	104	112
80	88.1	96.6	102	107	112	116	125
90	98.6	108	113	118	124	128	137
100	109	118	124	130	136	140	149

付表 4　修正 χ^2 分布 ($C^2 = \chi^2/d.f.$)

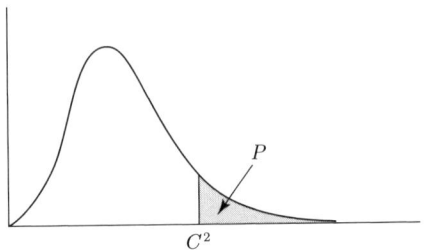

グレーの部分の確率 P に対する C^2 の値を示す。

P \ $d.f.$	.995	.99	.975	.95	.90	.10	.05	.025	.01	.005
1	.000039	.00016	.00098	.0039	.0158	2.71	3.84	5.02	6.63	7.88
2	.00501	.0101	.0253	.0513	.1054	2.30	3.00	3.69	4.61	5.30
3	.0329	.0383	.0719	.117	.195	2.08	2.60	3.12	3.78	4.28
4	.0517	.0743	.121	.178	.266	1.94	2.37	2.79	3.32	3.72
5	.0823	.111	.166	.229	.322	1.85	2.21	2.57	3.02	3.35
6	.113	.145	.206	.273	.367	1.77	2.10	2.41	2.80	3.09
7	.141	.177	.241	.310	.405	1.72	2.01	2.29	2.64	2.90
8	.168	.206	.272	.342	.436	1.67	1.94	2.19	2.51	2.74
9	.193	.232	.300	.369	.463	1.63	1.88	2.11	2.41	2.62
10	.216	.256	.325	.394	.487	1.60	1.83	2.05	2.32	2.52
11	.237	.278	.347	.416	.507	1.57	1.79	1.99	2.25	2.43
12	.256	.298	.367	.435	.525	1.55	1.75	1.94	2.18	2.36
13	.274	.316	.385	.453	.542	1.52	1.72	1.90	2.13	2.29
14	.291	.333	.402	.469	.556	1.50	1.69	1.87	2.08	2.24
15	.307	.349	.417	.484	.570	1.49	1.67	1.83	2.04	2.19
16	.321	.363	.432	.498	.582	1.47	1.64	1.80	2.00	2.14
18	.348	.390	.457	.522	.604	1.44	1.60	1.75	1.93	2.06
20	.372	.413	.480	.543	.622	1.42	1.57	1.71	1.88	2.00
24	.412	.452	.517	.577	.652	1.38	1.52	1.64	1.79	1.90
30	.460	.498	.560	.616	.687	1.34	1.46	1.57	1.70	1.79
40	.518	.554	.611	.663	.726	1.30	1.39	1.48	1.59	1.67
60	.592	.625	.675	.720	.774	1.24	1.32	1.39	1.47	1.53
120	.699	.724	.763	.798	.839	1.17	1.22	1.27	1.32	1.36
∞	1.000	1.000	1.000	1.000	1.000	1.00	1.00	1.00	1.00	1.00

付表 5 F 分布 その 1 ($\alpha = 0.05$)

$\int_t^\infty f_{m,n}(x)dx = 0.05$ となる m, n, t の値

n\m	1	2	3	4	5	6	7	8	9	10	12	15	20	30	40	60	120	∞
1	161.45	199.50	215.71	224.58	230.16	233.99	236.77	238.88	240.54	241.88	243.95	245.95	248.01	250.09	251.14	252.20	253.25	524.32
2	18.51	19.00	19.16	19.25	19.30	19.33	19.35	19.37	19.39	19.40	19.41	19.43	19.45	19.46	19.47	19.48	19.49	19.50
3	10.13	9.55	9.28	9.12	9.01	8.94	8.89	8.85	8.81	8.79	8.74	8.70	8.66	8.62	8.59	8.57	8.55	8.53
4	7.71	6.94	6.59	6.39	6.26	6.16	6.09	6.04	6.00	5.96	5.91	5.86	5.80	5.75	5.72	5.69	5.66	5.63
5	6.61	5.79	5.41	5.19	5.05	4.95	4.88	4.82	4.77	4.74	4.68	4.62	4.56	4.50	4.46	4.43	4.40	4.36
6	5.99	5.14	4.76	4.53	4.39	4.28	4.21	4.15	4.10	4.06	4.00	3.94	3.87	3.81	3.77	3.74	3.70	3.67
7	5.59	4.74	4.35	4.12	3.97	3.87	3.79	3.73	3.68	3.64	3.57	3.51	3.44	3.38	3.34	3.30	3.27	3.23
8	5.32	4.46	4.07	3.84	3.69	3.58	3.50	3.44	3.39	3.35	3.28	3.22	3.15	3.08	3.04	3.01	2.97	2.93
9	5.12	4.26	3.86	3.63	3.48	3.37	3.29	3.23	3.18	3.14	3.07	3.01	2.94	2.86	2.83	2.79	2.75	2.71
10	4.96	4.10	3.71	3.48	3.33	3.22	3.14	3.07	3.02	2.98	2.91	2.84	2.77	2.70	2.66	2.62	2.58	2.54
11	4.84	3.98	3.59	3.36	3.20	3.09	3.01	2.95	2.90	2.85	2.79	2.72	2.65	2.57	2.53	2.49	2.45	2.40
12	4.75	3.89	3.49	3.26	3.11	3.00	2.91	2.85	2.80	2.75	2.69	2.62	2.54	2.47	2.43	2.38	2.34	2.30
13	4.67	3.81	3.41	3.18	3.03	2.92	2.83	2.77	2.71	2.67	2.60	2.53	2.46	2.38	2.34	2.30	2.25	2.21
14	4.60	3.74	3.34	3.11	2.96	2.85	2.76	2.70	2.65	2.60	2.53	2.46	2.39	2.31	2.27	2.22	2.18	2.13
15	4.54	3.68	3.29	3.06	2.90	2.79	2.71	2.64	2.59	2.54	2.48	2.40	2.33	2.25	2.20	2.16	2.11	2.07
16	4.49	3.63	3.24	3.01	2.85	2.74	2.66	2.59	2.54	2.49	2.42	2.35	2.28	2.19	2.15	2.11	2.06	2.01
17	4.45	3.59	3.20	2.96	2.81	2.70	2.61	2.55	2.49	2.45	2.38	2.31	2.23	2.15	2.10	2.06	2.01	1.96
18	4.41	3.55	3.16	2.93	2.77	2.66	2.58	2.51	2.46	2.41	2.34	2.27	2.19	2.11	2.06	2.02	1.97	1.92
19	4.38	3.52	3.13	2.90	2.74	2.63	2.54	2.48	2.42	2.38	2.31	2.23	2.16	2.07	2.03	1.98	1.93	1.88
20	4.35	3.49	3.10	2.87	2.71	2.60	2.51	2.45	2.39	2.35	2.28	2.20	2.12	2.04	1.99	1.95	1.90	1.84
30	4.17	3.32	2.92	2.69	2.53	2.42	2.33	2.27	2.21	2.16	2.09	2.01	1.93	1.84	1.79	1.74	1.68	1.62
40	4.08	3.23	2.84	2.61	2.45	2.34	2.25	2.18	2.12	2.08	2.00	1.92	1.84	1.74	1.69	1.64	1.58	1.51
60	4.00	3.15	2.76	2.53	2.37	2.25	2.17	2.10	2.04	1.99	1.92	1.84	1.75	1.65	1.59	1.53	1.47	1.39
120	3.92	3.07	2.68	2.45	2.29	2.18	2.09	2.02	1.96	1.91	1.83	1.75	1.66	1.55	1.50	1.43	1.35	1.25
∞	3.84	3.00	2.60	2.37	2.21	2.10	2.01	1.94	1.88	1.83	1.75	1.67	1.57	1.46	1.39	1.32	1.22	1.00

$\int_t^\infty f_{a,b}(x)dx = 0.95$ となる t の値は，この表の $m = b, n = a$ に対する値の逆数である．

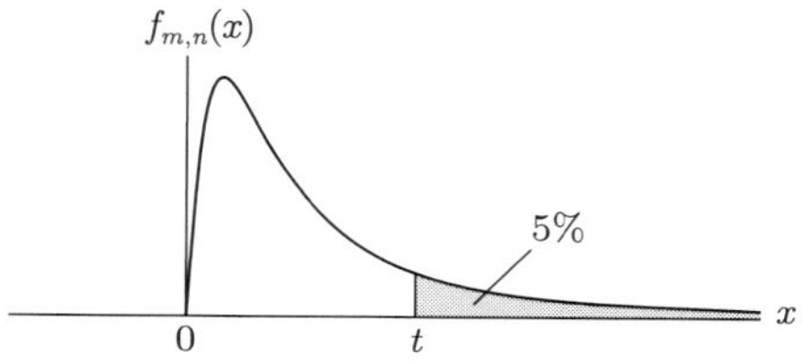

付表 5 F 分布 その 2 ($\alpha = 0.01$)

$\int_t^\infty f_{m,n}(x)dx = 0.01$ となる m, n, t の値

n \ m	1	2	3	4	5	6	7	8	9	10	12	15	20	30	40	60	120	∞
1	4052.2	4999.5	5403.3	5624.6	5763.7	5859.0	5928.3	5981.6	6022.5	6055.8	6106.3	6157.3	6208.7	6260.7	6286.8	6313.0	6339.4	6366.0
2	98.50	99.00	99.17	99.25	99.30	99.33	99.36	99.37	99.39	99.40	99.42	99.43	99.45	99.47	99.47	99.48	99.49	99.50
3	34.12	30.82	29.46	28.71	28.24	27.91	27.67	27.49	27.35	27.23	27.05	26.88	26.69	26.51	26.41	26.32	26.22	26.13
4	21.20	18.00	16.69	15.98	15.52	15.21	14.98	14.80	14.66	14.55	14.37	14.20	14.02	13.84	13.75	13.65	13.56	13.46
5	16.26	13.27	12.06	11.39	10.97	10.67	10.46	10.29	10.16	10.05	9.89	9.72	9.55	9.38	9.29	9.20	9.11	9.02
6	13.75	10.93	9.78	9.15	8.75	8.47	8.26	8.10	7.98	7.87	7.72	7.56	7.40	7.23	7.14	7.06	6.97	6.88
7	12.25	9.55	8.45	7.85	7.46	7.19	6.99	6.84	6.72	6.62	6.47	6.31	6.16	5.99	5.91	5.82	5.74	5.65
8	11.26	8.65	7.59	7.01	6.63	6.37	6.18	6.03	5.91	5.81	5.67	5.52	5.36	5.20	5.12	5.03	4.95	4.86
9	10.56	8.02	6.99	6.42	6.06	5.80	5.61	5.47	5.35	5.26	5.11	4.96	4.81	4.65	4.57	4.48	4.40	4.31
10	10.04	7.56	6.55	5.99	5.64	5.39	5.20	5.06	4.94	4.85	4.71	4.56	4.41	4.25	4.17	4.08	4.00	3.91
11	9.65	7.21	6.22	5.67	5.32	5.07	4.89	4.74	4.63	4.54	4.40	4.25	4.10	3.94	3.86	3.78	3.69	3.60
12	9.33	6.93	5.95	5.41	5.06	4.82	4.64	4.50	4.39	4.30	4.16	4.01	3.86	3.70	3.62	3.54	3.45	3.36
13	9.07	6.70	5.74	5.21	4.86	4.62	4.44	4.30	4.19	4.10	3.96	3.82	3.66	3.51	3.43	3.34	3.25	3.17
14	8.86	6.51	5.56	5.04	4.70	4.46	4.28	4.14	4.03	3.94	3.80	3.66	3.51	3.35	3.27	3.18	3.09	3.00
15	8.68	6.36	5.42	4.89	4.56	4.32	4.14	4.00	3.89	3.80	3.67	3.52	3.37	3.21	3.13	3.05	2.96	2.87
16	8.53	6.23	5.29	4.77	4.44	4.20	4.03	3.89	3.78	3.69	3.55	3.41	3.26	3.10	3.02	2.93	2.84	2.75
17	8.40	6.11	5.18	4.67	4.34	4.10	3.93	3.79	3.68	3.59	3.46	3.31	3.16	3.00	2.92	2.83	2.75	2.65
18	8.29	6.01	5.09	4.58	4.25	4.01	3.84	3.71	3.60	3.51	3.37	3.23	3.08	2.92	2.84	2.75	2.66	2.57
19	8.18	5.93	5.01	4.50	4.17	3.94	3.77	3.63	3.52	3.43	3.30	3.15	3.00	2.84	2.76	2.67	2.58	2.49
20	8.10	5.85	4.94	4.43	4.10	3.87	3.70	3.56	3.46	3.37	3.23	3.09	2.94	2.78	2.69	2.61	2.52	2.42
30	7.56	5.39	4.51	4.02	3.70	3.47	3.30	3.17	3.07	2.98	2.84	2.70	2.55	2.39	2.30	2.21	2.11	2.01
40	7.31	5.18	4.31	3.83	3.51	3.29	3.12	2.99	2.89	2.80	2.66	2.52	2.37	2.20	2.11	2.02	1.92	1.80
60	7.08	4.98	4.13	3.65	3.34	3.12	2.95	2.82	2.72	2.63	2.50	2.35	2.20	2.03	1.94	1.84	1.73	1.60
120	6.85	4.79	3.95	3.48	3.17	2.96	2.79	2.66	2.56	2.47	2.34	2.19	2.03	1.86	1.76	1.66	1.53	1.38
∞	6.63	4.61	3.78	3.32	3.02	2.80	2.64	2.51	2.41	2.32	2.18	2.04	1.88	1.70	1.59	1.47	1.32	1.00

$\int_t^\infty f_{a,b}(x)dx = 0.99$ となる t の値は, この表の $m = b, n = a$ に対する値の逆数である.

■参照文献

○確率・統計をテーマとする読み物
小島寛之：確率的発想法―数学を日常に活かす―，NHK 出版，2004．
イアン・エアーズ著（山形浩 訳）：その数学が戦略を決める，文藝春秋，2010．

○本書と同等レベルでお薦めのテキスト
小針晛宏：確率・統計入門，岩波書店，1973
Morris H. DeGroot & Mark J. Schervish: Probability and Statistics, Addison Wesley; 4 edition, 2011.

○さらに学びたい読者のために……
W. Feller（河田龍夫 監訳）：確率論とその応用 I （上・下），紀伊國屋書店，1960, 1961．
伊藤清：確率論，岩波書店，1991．
東京大学教養学部統計学教室編著：自然科学の統計学，東京大学出版会，1992
柳川尭：統計数学，近代科学社，1990．

○応用を学びたい読者のために……
・地域・都市，交通分析
飯田恭敬・岡田憲夫編著：土木計画システム分析［現象分析編］，森北出版，1992．
北村隆一・森川高行編著：交通行動の分析とモデリング，技報堂出版，2002．

・計量経済学
山本拓：計量経済学（新経済学ライブラリー 12），新世社，1995．
岩田 暁一：経済分析のための統計的方法，東洋経済新報社; 第 2 版，1983．

●著者紹介

小林　潔司（こばやし　きよし）
1976年　京都大学工学部土木工学科卒業
1978年　京都大学大学院工学研究科修士課程修了（土木工学専攻）
1978年　京都大学大学院工学研究科助手
1984年　京都大学工学博士
1987年　鳥取大学工学部助教授
1991年　同教授
1996年　京都大学大学院工学研究科教授
2006年　京都大学経営管理大学院教授（併任）
　　　　現在に至る
1993，2001，2007年土木学会論文賞，2010年土木学会研究業績賞

織田澤　利守（おたざわ　としもり）
2000年　京都大学工学部土木工学科卒業
2004年　京都大学大学院工学研究科博士課程修了（土木工学専攻），博士（工学）
2004年　東北大学大学院情報科学研究科助手
2008年　同准教授
2010年　神戸大学大学院工学研究科准教授
　　　　現在に至る

Ⓒ小林　潔司，織田澤利守　2012

確率統計学 A to Z

2012 年 10 月 17 日　　第 1 版第 1 刷発行

著　者　小　林　潔　司
　　　　織田澤　利　守
発行者　田　中　久米四郎

〈発　行　所〉
株式会社　電　気　書　院
振替口座　　00190-5-18837
〒 101-0051　東京都千代田区神田神保町 1-3 ミヤタビル 2F
電　話　03-5259-9160
Ｆ Ａ Ｘ　03-5259-9162
URL : http://www.denkishoin.co.jp

ISBN978-4-485-30063-3　　C3041
中西印刷株式会社　　＜ Printed in Japan ＞

乱丁・落丁の節は，送料弊社負担にてお取替えいたします．
上記住所までお送りください．

|JCOPY| 〈(社)出版者著作権管理機構　委託出版物〉

本書の無断複写(電子化含む)は著作権法上での例外を除き禁じ
られています．複写される場合は，そのつど事前に，(社)出版者著
作権管理機構(電話: 03-3513-6969，FAX: 03-3513-6979，e-mail:
info@jcopy.or.jp) の許諾を得てください．
また本書を代行業者等の第三者に依頼してスキャンやデジタル化
することは，たとえ個人や家庭内での利用であっても一切認めら
れません．